超深等厚度水泥土搅拌墙技术与工程应用实例

王卫东　著

中国建筑工业出版社

图书在版编目（CIP）数据

超深等厚度水泥土搅拌墙技术与工程应用实例/王卫东著. —北京：中国建筑工业出版社，2016.12
ISBN 978-7-112-20167-9

Ⅰ.①超… Ⅱ.①王… Ⅲ.①水泥搅拌桩-研究 Ⅳ.①TU472.3

中国版本图书馆 CIP 数据核字(2016)第 308610 号

本书以大量翔实的实际工程为背景，详细介绍了等厚度水泥土搅拌墙作为基坑超深隔水帷幕、内插型钢作为围护结构等形式的设计计算方法、施工工艺、施工与控制以及墙体强度和抗渗效果，可为类似工程提供参考。全书共分为5章，包括绪论、等厚度水泥土搅拌墙承载特性与设计方法、TRD工法等厚度水泥土搅拌墙施工与环境影响控制、等厚度水泥土搅拌墙的强度与抗渗性能、工程应用实例。

本书可供从事地下工程、岩土工程技术人员和科研人员学习参考，也作为高等院校相关专业师生参考用书。

责任编辑：王　梅　杨　允
责任设计：李志立
责任校对：李欣慰　张　颖

超深等厚度水泥土搅拌墙技术与工程应用实例
王卫东　著
*
中国建筑工业出版社出版、发行（北京海淀三里河路9号）
各地新华书店、建筑书店经销
北京科地亚盟排版公司制版
北京圣夫亚美印刷有限公司印刷
*
开本：787×1092毫米　1/16　印张：11¾　字数：287千字
2017年3月第一版　2017年3月第一次印刷
定价：**45.00**元
ISBN 978-7-112-20167-9
(29653)

前　言

随着沿江沿海经济发达地区城市土地资源日益紧缺，城市建设进入全新纵向立体化开发阶段，现阶段浅层地下空间的开发日趋饱和，深大地下空间开发成为土体资源利用的必然趋势；与此同时中心城区建筑物密集、管线繁多、地铁隧道纵横交错，环境条件日趋复杂敏感，深大地下空间开发难度大、风险高。以上海、天津、武汉、南京为代表的沿江沿海地区含水层深厚、水量丰富、水头压力高、渗透性强，对地下工程安全影响显著。长时间大面积开敞抽降地下水将引起周边地面大范围沉降，影响周边建（构）筑物的安全，深大地下空间开发面临严峻的深层地下水控制问题。城市地下空间开发中对深层地下水通常采取隔断控制措施，常规的水泥土搅拌桩仅适用于软土层，隔水深度有限；而混凝土地下连续墙作为隔水帷幕，造价高，且墙幅接头易渗漏。因此对安全高效、节能降耗的深层地下水控制新技术研发有着迫切的工程需求。

超深等厚度水泥土搅拌墙技术（TRD工法）的研发，为深大地下空间开发中深层地下水控制提供了一种安全可靠且节能降耗的技术手段，成为超深隔水帷幕发展的新方向。该技术通过将链锯型刀具插入地基至设计深度后，在全深度范围内对成层地基土整体上下回转切割喷浆搅拌，并持续横向推进，构筑成上下强度均一、连续无缝的高品质等厚度水泥土搅拌墙。该技术自2009年引进国内后，经过多年的吸收、创新和实践，形成了适应国内多种复杂地质条件和作业工况的国产化施工装备和关键技术，目前已在上海、天津、武汉、南京、杭州、南昌等十余个地区近百项工程中应用，水泥土墙体最大实施深度达到65m，适用软土、硬土、卵砾石和软岩等多种地层。等厚度水泥土搅拌墙技术也形成了行业标准《渠式切割水泥土搅拌墙技术规程》JGJ/T 303—2013，相关的关键设计方法和施工技术也纳入了多项国家、行业和地方标准，为该技术在国内的推广应用提供了很好的指南。

国内地质条件复杂，等厚度水泥土搅拌墙的应用形式多样，为了更全面系统地反映该技术在全国各地区的应用情况和实施效果，作者基于超深等厚度水泥土搅拌墙技术在上海、天津、武汉、南京等地区大量工程中的设计实践和在工程实践中提炼出的若干科研课题的研究成果，在总结大量成功案例的基础上形成本书。全书主要内容包括等厚度水泥土搅拌墙承载特性与设计方法、施工与环境影响控制、强度与抗渗性能及工程应用实例四部分。在承载特性与设计方法方面，结合室内试验和数值模拟，系统地分析了等厚度型钢水泥土搅拌墙的承载变形特性、型钢和水泥土的相互作用模式及水泥土抗剪承载特性等，从而提出了等厚度水泥土搅拌墙内插型钢作为隔水挡土复合围护结构以及作为超深隔水帷幕的设计计算方法及构造措施。在施工与环境影响控制方面，基于等厚度水泥土搅拌墙技术在国内多种地质条件和城市敏感环境条件下的成功实践，系统地阐述了等厚度水泥土搅拌墙的施工工艺、施工与控制以及超深墙体施工环境影响控制。在强度与抗渗性能方面，通过多种复杂地层条件下等厚度水泥土搅拌墙的室内试验和现场检测成果的统计分析，详细阐述了水泥土墙体的强度、抗渗性能和实施效果。在工程实例方面，详细介绍了上海、天津、南京和南昌地区多个地质条件、环境条件或等厚度水泥土搅拌墙应用形式各具特点的基坑工程设计和实施情况。

本书的编写得到相关人士的大力帮助，常林越博士参与了部分资料的整理和全书的校对工作，邸国恩、谭轲、黄炳德、翁其平、陈永才、胡耘、沈健、谈永卫、李青参与了部分设计资料和计算结果的整理工作。本书中相关成果得到国家“十二五”科技支撑项目（2012BAJ01B02）和上海市多项科技支撑计划的资助，并得到上海市基础工程集团有限公司、上海工程机械厂有限公司、上海广大基础工程有限公司、上海智平基础工程有限公司、上海市机械施工集团有限公司、上海远方基础工程有限公司和上海建工七建集团有限公司等单位工程技术人员的帮助，在此表示衷心的感谢！

随着地下空间往深层发展，超深等厚度水泥土搅拌墙技术的应用将越来越广泛，并可推广至水利工程、地基加固工程、环境工程等领域。希望本书能给广大工程技术人员提供参考，能对我国等厚度水泥土搅拌墙技术的推广与发展起到推动作用。由于作者水平有限，书中疏漏和不当之处在所难免，敬请广大读者不吝指正。

王卫东

2016年12月13日

目　　录

第1章 绪 论

1.1 城市深大地下空间发展

1.1.1 地下空间开发趋势

地下空间的开发和利用已经成为全球性发展趋势，是缓解城市人口、资源、环境三大危机和城市可持续发展的主要途径以及衡量城市现代化的重要标志。随着工业化、城市化进程的稳步推进，我国城市地下空间开发利用进入快速增长阶段。“十二五”时期，我国城市地下空间建设量年均增速达到20%以上，据不完全统计，地下空间与同期地面建筑竣工面积的比例从约10%增长到15%。尤其在人口和经济活动高度集聚的大城市，在轨道交通和地上地下综合建设带动下，城市地下空间开发规模增长迅速，需求动力充足。近年来，国家和地方政府提出了一系列综合开发利用城市地下空间资源的重要举措，如“推行城市地下综合管廊”、“推进城市轨道交通建设”、“大力发展海绵城市”等，将进一步促进地下空间的开发利用。

目前，我国沿江沿海地区城市建设进入地上和地下同步发展的全新纵向立体化开发阶段，地下空间的开发和利用在提高土地利用率、缓解中心城区建筑高密度、增强防灾减灾能力、保持城市历史文化景观、缓解市区交通拥堵、扩充基础设施容量、改善城市生态环境等方面发挥了积极的作用。地下空间的开发由大型建筑物向地下的自然延伸发展到复杂的地下空间综合体，再到地下城市的建设。大规模地下空间开发（如高层建筑地下室、地下商场、地下停车场、大型地铁车站、地下变电站、大型排水及污水处理系统）产生大量的深开挖工程，随着地下空间向大规模、大深度方向发展，同时周边的环境条件越来越复杂，给地下空间开发带来更高的难度和风险。

（1）地下空间规模越来越大。主楼与裙楼地下空间相连、大面积地下车库、地下商业与休闲娱乐一体化开发的模式频频出现，地下空间开发规模越来越大，占地面积在1～5万m^2的工程越来越多，有的甚至超过10万m^2。如天津117大厦项目地下空间占地面积9.6万m^2、天津于家堡项目地下空间占地总面积13.6万m^2；上海西岸传媒港地下空间项目（“九宫格”项目）占地总面积15.2万m^2；杭州国际金融会展中心项目地下空间占地15.7万m^2；上海虹桥交通枢纽工程地下空间占地面积更是高达35万m^2，成为国内规模最大的枢纽型地下空间综合体，方便地实现了航空、高铁、公交、地铁等交通换乘。

（2）地下空间开挖深度越来越深。随着城市建设用地的日趋紧张和土地价格的急剧攀升，高层建筑地下空间结构层数也不断增加，由先前的地下2层，发展到地下3～4层，部分达到地下5层，甚至6层，地下空间开挖的深度也由原来的十几米迅速增大到二十米以上，甚至达到三十几米的量级。如天津117大厦，开挖深度达到26m；武汉绿地中心大厦，裙楼开挖深度23.1m，塔楼开挖深度30.4m；上海中心大厦，裙楼开挖深度26.7m，塔楼开挖深度31.2m；上海世博500kV地下变电站，开挖深度34.0m；上海轨道交通4号线董家渡修复工程，开挖深度达到41.2m；上海正在筹建的深层排水调蓄管道系统工程工作井开挖深度更是达到60m。

（3）周边环境日趋复杂。上海、广州、天津、武汉、南京等沿江沿海城市，城区建筑物密集、管线繁多、地铁车站密布、地铁区间隧道纵横交错，地下空间开发面临的环境条件日趋复杂敏感。项目场地周边常常紧邻（或穿越）区间隧道、地铁车站、浅基础建筑、桩基础建筑、防汛墙和市政管线等复杂敏感的环境条件，如图1-1所示。实际工程中，往往面临上述多种环境条件并存，深大地下空间开发面临复杂敏感环境的保护问题。

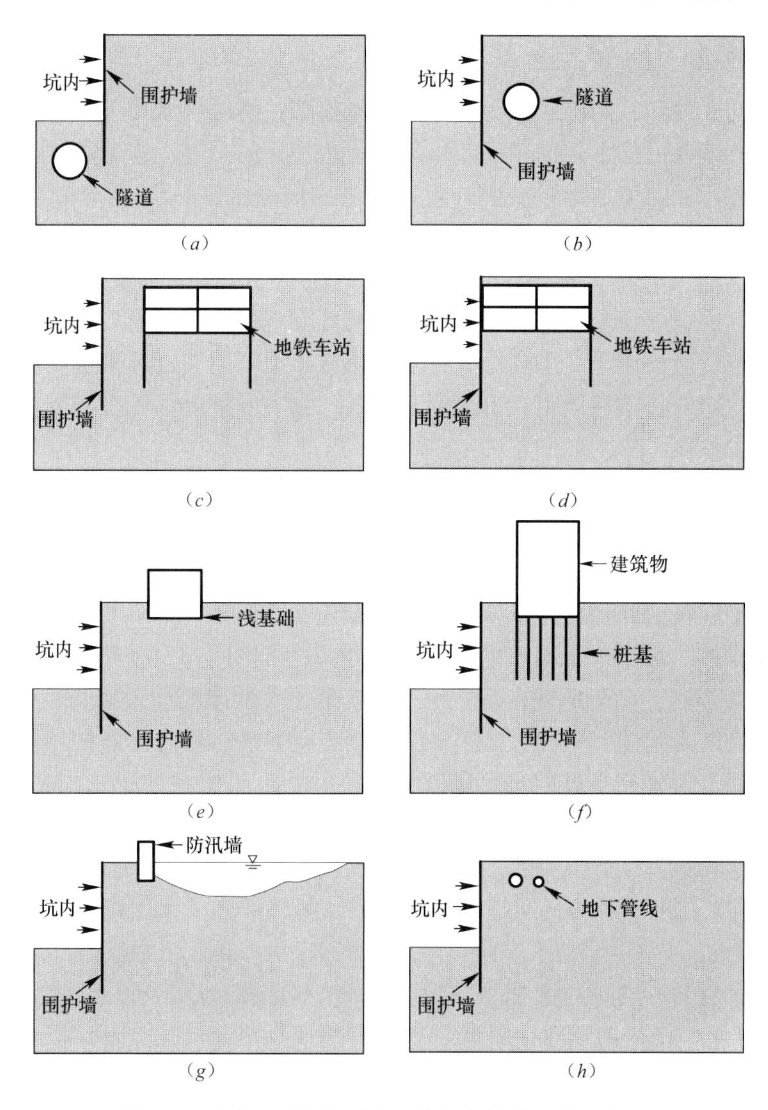

图1-1 城市地下空间开发面临复杂敏感环境示意图

（*a*）开挖面以下存在隧道；（*b*）邻近隧道；（*c*）邻近地铁车站；（*d*）紧邻地铁车站；（*e*）邻近浅基础建筑物；（*f*）邻近桩基础建筑物；（*g*）邻近防汛墙；（*h*）邻近市政管线

沿江沿海地区含水层深厚、水量丰富、水头压力高、渗透性强，地下空间开挖过程中需采取降水措施，长时间开挖和开敞降水引致的地层移动会使得周边的建（构）筑物发生附加变形，当附加变形过大时会引起结构的开裂和破坏，影响周边建（构）筑物的正常使用。随着地下空间往深层发展，面临严峻的深层地下水控制问题，地下空间建设的难度和风险越来越高，由深层地下水降水引起的安全和环境保护问题变得日益突出，对深层地下水控制技术的研发有着迫切的工程需求。

1.1.2 深大地下空间开发中的地下水控制

地下空间开发产生大量的深基坑工程，沿江沿海地区地下水位高、含水层深厚、水量丰富，为增加地下空间开挖过程中基坑底部和周边围护侧壁的稳定性，防止流砂和坑底突涌，便于施工，开挖过程中不可避免地涉及地下水的处理问题。统计资料表明，沿江沿海城市中约有70％的工程事故与地下水控制措施不当有关，因此地下空间开发过程对地下水的合理控制是确保安全的关键性因素之一。通常地下水包含上层滞水、潜水及承压水三种不同类型。对于不同的开挖深度，涉及的地下水类型也不相同，需针对性地进行地下水的处理。对于开挖深度较浅（挖深一般小于10m）的地下空间工程，一般仅涉及上层滞水和潜水，为防止浅层粉土、粉砂层发生管涌，通常在基坑周边设置隔水帷幕（一般采用水泥土搅拌桩），坑内通过轻型井点或降水井进行疏干降水。而对于挖深超过10m的地下空间工程，除了上层滞水和潜水，往往还涉及承压水，基坑周边隔水帷幕需插入基底以下足够的深度，对坑内潜水采用深井进行疏干降水，当坑底不满足抗承压水稳定性要求时，同时设置深井进行按需减压降水。

近年来，上海、武汉、南京等地区浅层地下空间开发已经具有相当的规模，浅层地下空间的利用也日趋饱和。深层地下空间开发已成为沿江沿海地区地下空间资源开发利用的必然趋势，深层地下空间的开发必然会遇到复杂的深层地下水处理问题。以上海地区为例，与地下空间开发利用紧密相关的承压含水层包括第⑤$_2$层砂质粉土微承压含水层、第⑦层粉细砂层和第⑨层中粗砂层承压含水层，其中第⑦层为上海地区的第一承压含水层，埋深约25～35m，局部地区埋深小于20m或超过40m；第⑨层为第二承压含水层，埋深约60～70m。深层地下水水量大、渗透性强、水头压力高，对地下空间的安全和环境影响非常显著，处理不慎将会引发重大安全事故和经济损失。2003年7月1日，上海轨道交通4号线（浦东南路至南浦大桥）区间隧道浦西联络通道发生渗水，随后出现大量流砂涌入，引起地面大幅沉降，导致地面建筑物倾斜和部分倒塌，造成严重的损失和恶劣的社会影响。

除上海外，武汉、天津、南京、南昌、苏州等沿江沿海地区深大地下空间开发也都面临严峻的承压水处理问题。如南京河西生态公园工程（全埋式地下结构），场地土层为南京河西地块典型地层，虽然挖深仅10.25m，但开挖范围内及基底以下为近40m厚的富含承压水的粉砂层，且场地地下水与长江存在密切的水力联系，场地北侧邻近地铁车站和区间隧道，地下水处理问题突出，如何采用合理的方式处理地下水是确保地下空间开发及周边环境安全的关键；武汉长江航运中心大厦工程，地下空间占地面积3.8万m^2，普遍挖深约19.6～22.3m，局部最大挖深约28.9m，距离长江堤防仅60m，场地承压含水层与长江存在密切的水力联系，场地周边邻近多幢保护建筑，地下水处理问题更为突出。

对于这类挖深较大的地下空间工程的承压水处理方法主要有两种，一种方法是通过在基坑内部设置降压井，根据开挖深度和降水设计计算要求按需降水，防止基坑底部管涌和隆起引发工程事故。但长时间大面积抽降承压水会引起基坑周边土体大面积沉降，而地下空间往往紧邻建筑、地铁隧道、市政管线等重要建（构）筑物，一旦发生大规模地表沉降，将影响周边环境安全，造成不良社会影响。另一种方法是通过增加基坑周边围护结构深度，形成超深隔水帷幕，隔断承压含水层，该方法也是城市地下空间开发中对深层承压水采用的最有效控制方法，通过超深隔水帷幕完全或部分隔断深层地下水，以减小抽降承压水对周边环境的影响。但是对于上海典型地层，承压含水层顶面埋深往往超过 30m，而当前常规三轴水泥土搅拌桩隔水帷幕施工技术仅能达到 25～30m 的施工深度，无法形成超深隔水帷幕有效阻隔深层地下水。目前上海地区也开展了超深三轴水泥土搅拌技术的应用研究，但该技术仍然采用垂直搅拌的工艺，在深厚密实含水砂层中施工工效和隔水效果都大幅降低。此外对南昌等地区的涉及承压水的地下空间工程，虽然隔水帷幕的深度要求不深，但场地地层复杂，隔水帷幕需穿过埋深较浅的卵砾石层、嵌入隔水性较好的软岩层，采用常规的三轴水泥土搅拌桩（一般适用于标贯击数不大于 30 的土层）也无法实施。因此工程中对于超深隔水帷幕一般采用混凝土地下连续墙，但其能耗造价高，墙幅接头位置易发生渗漏，通常需要在墙幅接头位置增设封堵体，也进一步增加了工程造价。如浦东东方路世纪大道某工程地下空间开挖到基底时地下连续墙发生深层地下水渗漏，引起邻近地铁隧道的大幅变形，最后基坑内注水并对围护结构重新封堵后再行开挖，造成了巨大的经济损失。

为解决深大地下空间开发中深层地下水控制问题，亟须研发一种深度大、抗渗性能可靠、造价经济的隔水帷幕新技术。等厚度水泥土搅拌墙技术应运而生，成为超深隔水帷幕发展的新方向。该技术通过水泥浆液和原位土体混合搅拌构筑成等厚度连续的水泥土搅拌墙作为隔水帷幕，相比常规三轴水泥土搅拌桩隔水帷幕，水泥土墙体更均匀，深度提高一倍（达到 60m），强度提高一倍以上（达到 1～3MPa），工效提高逾 50%，地层适应更广；相比混凝土地下连续墙隔水帷幕，工效提高逾 50%，能耗显著降低，造价降低逾 50%，是节能降耗、可持续发展的绿色新技术。

1.2 等厚度水泥土搅拌墙技术简介

等厚度水泥土搅拌墙技术是近些年为满足深大地下空间开发深层地下水控制以及复杂地层地下水控制需求而发展起来的安全可靠且节能降耗的新技术。根据搅拌成墙施工工艺不同，等厚度水泥土搅拌墙技术包括 CSM 工法（Cutter Soil Mixing Method）和 TRD 工法（Trench Cutting Re-Mixing Deep Wall Method）两种，本书中介绍的等厚度水泥土搅拌墙技术均指 TRD 工法。TRD 工法的原理是通过将链锯型刀具插入地基至设计深度后如图 1-2（*a*）所示，在全深度范围内对成层地基土整体上下回转切割喷浆搅拌，并持续横向推进，如图 1-2（*b*）所示，构筑成上下强度均一的等厚度连续水泥土搅拌墙，如图 1-2（*c*）所示。从施工工艺角度，TRD 工法构建的水泥土墙体连续无搭接，整个墙深范围水泥土均匀质量高，抗渗性能好，图 1-3 为 TRD 工法构建的水泥土连续墙实景照片。

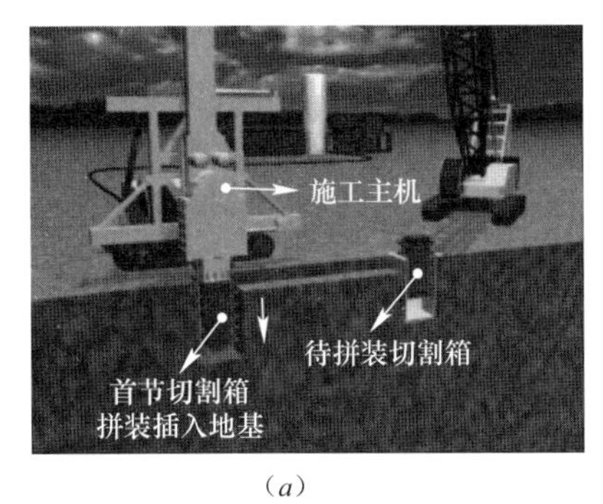

(a)

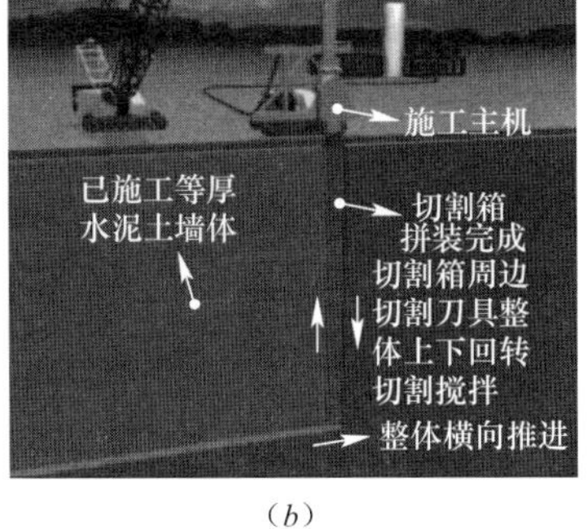

(b)

(c)

图 1-2 TRD 工法成墙工艺示意图

(a) 切割刀具插入地基；(b) 搅拌成墙施工；(c) TRD 工法构筑的墙体

(a)

(b)

图 1-3 TRD 工法等厚度水泥土搅拌墙实景

(a) 上海奉贤中小企业总部大厦；(b) 南昌绿地中央广场

TRD 工法是日本神钢集团于 1993 年开发的一种新型水泥土搅拌墙施工技术，该工法机具有自行掘削和混合喷浆搅拌的功能，施工工艺与传统三轴水泥土搅拌桩采用的垂直轴纵向切削和搅拌方式明显不同，TRD 工法通过链锯型刀具对全深度范围内的成层地基土整体切割喷浆搅拌并持续横向推进形成等厚度连续水泥土搅拌墙。1997 年，TRD 工法获得日本建设机械化协会的技术审查证明，被正式认定为一种行业施工方法。2009 年，该工法被引进国内，并在长三角地区率先开展了应用。随着等厚度水泥土搅拌墙技术的不断发展和完善，该工法施工设备已形成系列化的产品，其中进口设备中由日本神钢集团研发生产的 TRD-Ⅲ型工法机最具代表性，也是最先引进国内的设备。2012 年，上海工程机械厂有限公司自主研制了国产化 TRD-D 型工法机，如图 1-4 所示，并批量生产，进一步推动了 TRD 工法等厚度水泥土搅拌墙技术在国内的应用。

图 1-4 TRD-D 型工法机

TRD 工法构建的水泥土搅拌墙厚度和最大深度视施工设备型号不同而异，成墙厚度一般为 550～900mm，设备设计最大施工深度可达 60m。根据国内外工程实践，等厚度水泥土搅拌墙技术应用地层广泛，不仅适用于标贯击数不大于 100 击的密实砂土层，还可在粒径 10cm 内的卵砾石层及单轴饱和抗压强度 10MPa 内的软岩地层中施工，图 1-5 所示为国内典型地层中应用的工程案例。TRD 工法构建的水泥土搅拌墙质量好，沿深度方向水泥土搅拌均匀，相比传统的三轴水泥土搅拌桩隔水帷幕在相同地层条件下可节约水泥 20%～25%，整个墙身范围的水泥土搅拌更加均匀，水泥土无侧限抗压强度达到 1～3MPa（水泥掺量 20%～30%）。成墙作业连续等厚度，无接缝，隔水性能好，水泥土墙体渗透系数可以达到 10^{-7} cm/s 量级。等厚度水泥土搅拌墙在地下空间工程中可作为超深隔水帷幕，也可内插型钢等劲性构件作为隔水挡土复合围护结构，内插构件间距可以根据设计要求任意调整，相比传统的三轴水泥土搅拌桩，在适应地层和劲性构件设置方面均具有更强的适用性。TRD 工法施工装备机架重心低、稳定性好，施工机械最大高度一般不超过 12m，国产 TRD-D 型机可在 7m 高度净空范围内作业，并可紧邻建筑物（最近 0.5m）作业，对于城市狭小低空作业环境具有很好的适应性。表 1-1 为传统三轴水泥土搅拌桩技术和 TRD 工法等厚度水泥土搅拌墙技术主要特性对比。

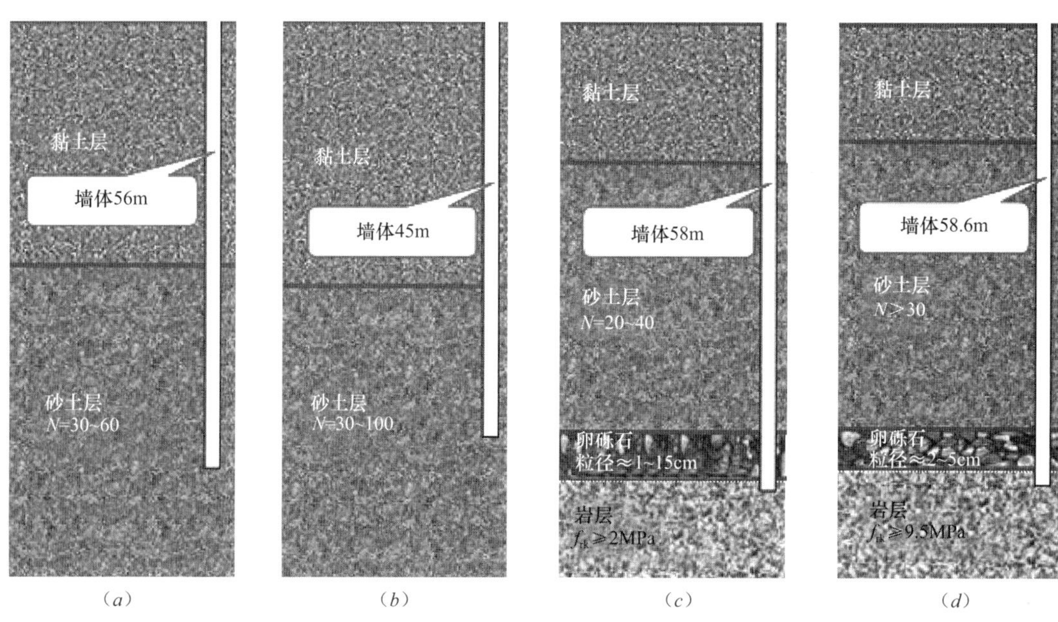

图 1-5 TRD 工法超深墙体典型应用地层示意图

(*a*) 上海典型地层（上海国金中心）；(*b*) 天津典型地层（天津中钢响螺湾）；
(*c*) 南京河西典型地层（南京安省金融大厦）；(*d*) 武汉典型地层（武汉长江航运中心）

水泥土搅拌技术对比　　**表 1-1**

隔水帷幕技术	三轴水泥土搅拌桩技术	TRD 工法等厚度水泥土搅拌墙技术
墙体示意图		

续表

隔水帷幕技术		三轴水泥土搅拌桩技术	TRD工法等厚度水泥土搅拌墙技术
最大厚度		直径1000mm，有效厚度660mm	900mm
设备最大设计深度		30m	60m
内插构件		间距受限制	无限制
搅拌方式		垂直定点搅拌	水平掘削，整体搅拌
搭接接头		多	无
墙身质量		良	优
隔水效果		良	优
施工地层	软黏土	可施工	可施工
	砂土	标贯击数 $N<30$	标贯击数 $N<100$
	卵砾石	无法实施	粒径<10cm
	岩层	无法实施	单轴抗压强度<10MPa
设备占用空间		大	小
土体置换率		中	高

1.3　施工装备的研发与发展

1993年日本神户制钢所开发了TRD工法等厚度水泥土搅拌墙技术，并先后研制生产了TRD-Ⅰ型、TRD-Ⅱ型和TRD-Ⅲ型工法机，如图1-6所示。这三种机型均采用了移动灵活的步履式底盘结构；TRD-Ⅰ型和TRD-Ⅲ型工法机采用油缸升降切割箱刀具，TRD-Ⅱ型工法机采用卷扬机升降切割箱刀具；TRD-Ⅰ型工法机最大施工墙体深度20m左右，TRD-Ⅱ型工法机最大施工深度45m左右，TRD-Ⅲ型工法机最大施工深度约60m；TRD-Ⅰ型工法机成墙深度虽不大，但可以大角度倾斜施工，最大倾斜角度约60°。随着TRD工法的发展和工程应用需求，目前日本工程界应用较多的主要是TRD-Ⅱ型和TRD-Ⅲ型工法机。

(*a*)

(*b*)

(*c*)

图1-6　日本TRD工法机

(*a*) TRD-Ⅰ型工法机；(*b*) TRD-Ⅱ型工法机；(*c*) TRD-Ⅲ型工法机

2009年上海广大基础工程有限公司和东通岩土科技（杭州）有限公司率先从日本引进了TRD-Ⅲ型工法机，如图1-6（*c*）所示，并开始在长三角地区基坑工程中进行实践。TRD-Ⅲ型工法机基于日本的地层条件和作业工况进行研发生产，成墙厚度550～850mm，最大成墙深度约60m；主机采用履带式底盘，接地比压（设备重量和设备接地面积的比值）大，对地基的承载力要求较高；主动力系统为345kW的柴油机；切割箱、引导轮、链条和刀具等易磨损部件均为日本进口部件。TRD-Ⅲ型工法机引进国内后，在多个深大基坑工程中得到应用，如天津中钢响螺湾项目（水泥土墙体厚度700mm，深度45m）、苏州国际财富广场项目（水泥土墙体厚度700mm，深度46m）等，取得良好效果，推动了等厚度水泥土搅拌墙技术在国内的应用。

2010年日本和抚挖重工机械股份有限公司合资生产了TRD-CMD850型工法机，如图1-7所示。TRD-CMD850型工法机在原型机的基础上，调整了柴油发动机配置，降低油耗，简化了驱动部件结构，提高支撑稳定性，增加横行液压油缸行程。主机总重量140t，成墙厚度550～850mm，最大设计成墙深度50m，柴油发动机总功率380kW。该机型在上海奉贤中小企业总部大厦项目中应用，墙体厚度850mm，深度26.6m，成墙效果较好。与TRD-Ⅲ型工法机一样，该机型采用了履带式底盘，接地比压大，要求地基有足够的承载力以确保施工稳定性。

（*a*）

（*b*）

图1-7　TRD-CMD850型工法机

2011年日本三和机材联合上海振中机械制造有限公司开发研制了TRD-E型工法机，如图1-8所示。为适应国内施工特点，该机型在原型机的基础上作了一系列改进。主机采用电动马达驱动，减少了能耗；采用步履式底盘移位，大大降低了接地比压；锯链式切割箱配置油缸和卷扬机双套提升系统；切割箱长度由3.65m加长至4.88m，以加快拼装速度。该机型主机总重量145t，主动力为4台90kW的电动机，副动力为3台37kW的电动机，成墙厚度550～850mm，最大设计成墙深度60m。该机型切削机构采用卷扬机升降，使得整机高度相比其他机型加高［外形尺寸：12.2m×8.1m×13.2m（高）］。该机型在上海国际金融中心项目（水泥土墙体厚度700mm，深度53m）、南京河西生态公园项目（水泥土墙体厚度800mm，深度50m）等工程中应用，成墙质量和效果较好。相比TRD-Ⅲ型和TRD-CMD850型工法机，该机型采用步履式底盘替代履带式底盘，提高了施工稳定性。

但切割箱、引导轮、链条和刀具等部件仍为日本进口部件。此外由于该机型采用纯电驱动，要求项目现场提供稳定的电力系统。

(a)

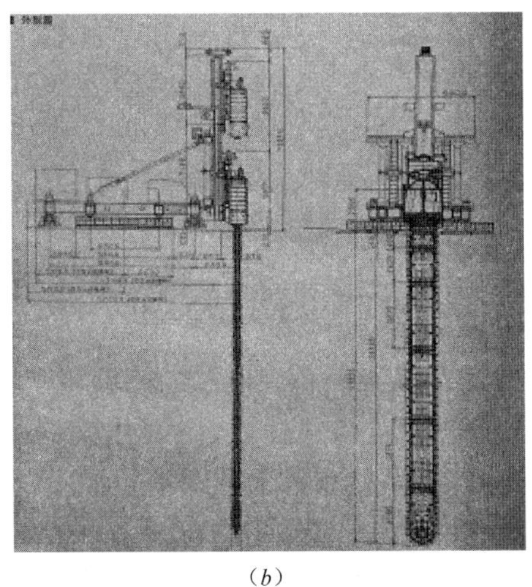

(b)

图1-8　TRD-E型工法机

2012年上海工程机械厂有限公司自主研制了TRD-D型工法机，如图1-9所示。TRD-D型工法机采用步履式行进方式；由一台主动力为380kW的柴油机和一台副动力为90kW的电动机组成混合动力系统，总功率470kW；切削机构采用双级油缸升降方式；成墙厚度550～900mm，最大设计施工深度61m；外形尺寸为11.4m(长)×6.8m(宽)×10.7m(高)。该机型针对国内地质条件和作业工况，通过大量结构试验分析、高强耐磨材料性能研究、结构优化分析、智能化控制研究对主机底盘、前部工作机构、切割机构、动力系统、电气控制系统等部件（图1-10）采用了一系列自主创新技术，实现了整机的完全国产化生产。

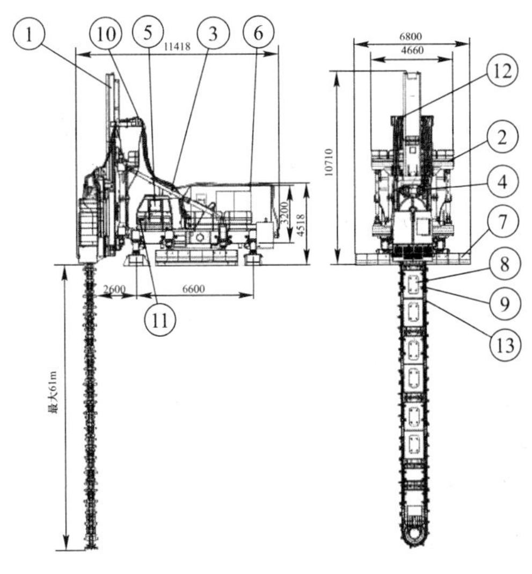

图1-9　TRD-D型工法机

1—立柱；2—门架；3—斜撑；4—驱动部；5—驾驶室；6—动力柜；7—步履主机（包括步履、主平台、支腿）；8—切割箱；9—切削刀；10—液压系统；11—电气系统；12—注浆系统；13—传动链

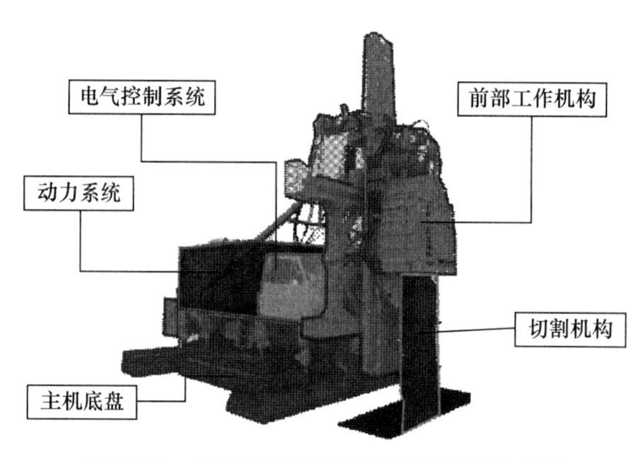

图 1-10　TRD-D 型工法机主要部件示意图

TRD-D 型工法机采用了步履式底盘结构，该底盘由前后横船、左右纵船共四个步履组成，相比履带式底盘，步履式底盘稳定性更高。主平台通过八只支腿油缸支撑在步履上，可适应不平整地面，方便调整整机的水平，确保施工精度。主平台采用了一体化设计，支腿与主平台为一体，不需拆卸与安装工作，可整体运输。对前步履采用了加宽设计，减小了接地比压，提高了稳定性，更利于超深墙体施工作业。步履内的支腿间由连梁连接，左、右步履采用了自动复位机构，增强了操控性。

前部工作机构主要由驱动部（动力头、提升架）、立柱（横切油缸、提升油缸）、门架、斜撑等几大部件组成，如图 1-11 所示。驱动部连接切割箱，液压马达通过齿轮箱驱动轮带动切割链运行，通过提升油缸在立柱上运动。立柱通过滑动机构和横切油缸安装在门架上，通过推动立柱和驱动部横向运动，并可通过上下两只横切油缸作左右倾角运动，最大倾角为 5°。立柱分为两段，顶部立柱可拆除，使得设备可在 7m 高度范围内作业。门架是支撑驱动机构的支架，保证驱动部横向运动的直线性，并反作用推动横向切割。通过斜撑保证门架平稳，并可调整整个前部工作机构和切削机构的工作角度。

切割机构主要有切割箱、引导轮、链条、刀具等部件，如图 1-12 所示。切割箱是切削机构的基本组成部件，TRD-D 型工法机有 3.65m、2.42m、1.22m 三种长度规格的切割箱，其中 3.65m 切割箱分为轻型切割箱和重型切割箱两种。3.65m 重型切割箱配置 5 节，施工时安装在最顶端以确保切割箱的刚度；2.42m 切割箱、1.22m 切割箱均为重型，用于施工不同深度调节之用。各箱体根据施工项目深度组合搭配使用。施工深度 40m 以内可选用 3 节重型切割箱，大于 40m 需选用 5 节重型切割箱。引导轮安装在切割箱体的端部，由于长期深埋于数十米深的地层中，承受着复杂的工作负载和作业环境。引导轮轮体选用了具有高硬度和高耐磨性的合金钢材料，为了确保其转动灵活并且经久耐用，采用了多层+迷宫密封形式，并且配备润滑油补油系统，通过主机平台上的润滑油泵，经由切割箱体内部的润滑油管路和配油阀组，每隔一段时间为引导轮内部补充润滑油脂，并维持引导轮内外部的压力平衡，保证其内部不受泥浆侵蚀。TRD-D 型工法机自主研制生产的引导轮具有通用性，可以用于进口 TRD 工法设备。根据国内不同地区的不同地质情况设计了不同形式的刀具及布置方式，可以适应不同地层条件（黏土、密实砂土、卵砾石、软岩等）的切削。链条是切割机构中传动部件，工作时将动力输出转换成刀具的切割力，TRD-D 型工法机采用了自主研制的强度高、耐磨性好、适用重载施工的油润滑链条，在润滑和密封方面增加了一道抗细砂的材料，提高了链条在复杂地层中的使用寿命。

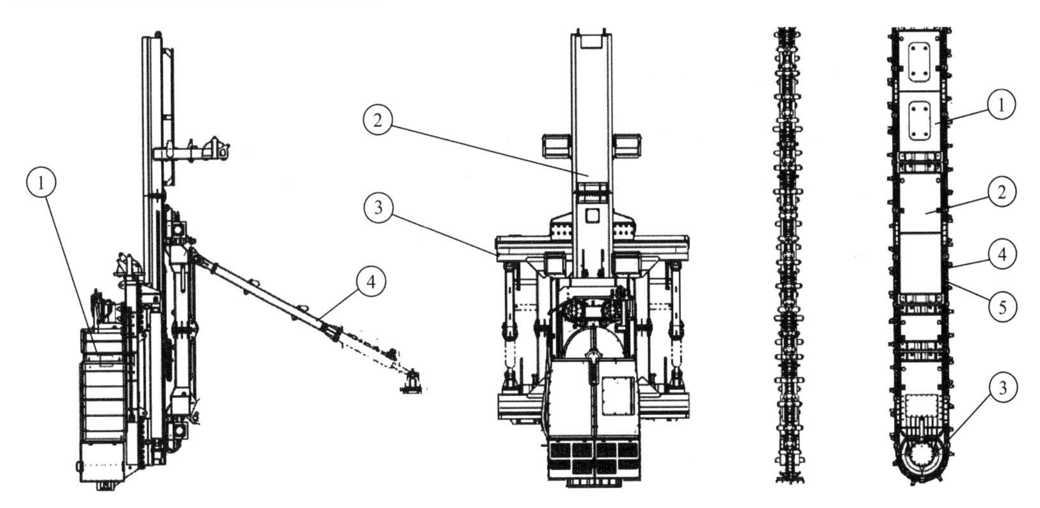

图 1-11 前部工作机构

1—驱动部；2—立柱；

3—门架；4—斜撑

图 1-12 切割机构

1—重型切割箱；2—轻型切割箱；

3—引导轮总成；4—刀具；5—链条

TRD-D 型工法机采用了油电混合双动力系统，主动力液压系统由 380kW 柴油机提供动力，通过变量柱塞泵输出的液压力带动液压马达驱动主动链轮进行切削工作。副动力液压系统由 90kW 电动机提供动力，带动除切削机构以外的所有执行元件进行工作（包括提升油缸、横切油缸、斜撑油缸、支腿油缸、纵横步履油缸等），驱动设备实现整机走位、下钻拔钻、切削进给等动作。同时配备了动力双向切换系统，可以实现油→电、电→油的双向动力切换，通过切换动力管路，对前端驱动马达的动力源在柴油机和电动机之间进行切换，可实现以下效果：根据不同工况使用不同的动力源，在高负载时使用柴油机动力，在低负载或空载时使用电动机动力，以达到节能降耗的目的，比如在夜间墙体养生时，可用副动力驱动切削机构低速运转，防止切割箱被泥土抱死，既节省能源又降低噪声污染；在施工过程中如发生突发状况，导致柴油机动力源无法供给到驱动部时，可切换至电动机继续工作，避免设备在不宜停机的工况下长期停机抱钻，造成不可挽回的损失。

TRD-D 型工法机电气控制系统具有数据监控全面、精度高、响应快、显示界面清晰直观、操作人性化等特点。驾驶室内部的显示屏采用双触控屏，通过触控切换，可以全面清晰地显示倾斜仪的实时曲线、驱动部和各油缸的实时负载变化、各个压力阀的负荷压力、主副油箱温度、发动机转速等数据指标，如图 1-13 所示。布置在提升油缸、链条涨紧油缸、斜撑油缸、横切油缸的压力及位移传感器，精确地显示出各机构的工作进给量，外界负载情况等参数，帮助操控人员判断实时状态，控制施工进度。支撑前部切削机构的斜撑油缸，通过智能控制实现自动纠偏，保证了成墙精度。切割过载控制和保护系统，可有效地避免因意外超载造成的安全事故或机械损坏。在切割箱中，均匀布置了自主研制的专用倾斜仪进行四位监测，成墙垂直度达到 1/300。

TRD-D 型工法机的自主研制生产为等厚度水泥土搅拌墙技术在国内的推广应用奠定了基础，一系列国产通用部件的生产为包括进口设备在内的机型提供了售后保障，目前该机型已在上海、武汉、天津、南京等多地工程中应用，包括在上海轨道交通 14 号线云山路站工程（开挖深度 27m，水泥土搅拌墙深度 60m）、上海国际金融中心工程（开挖深度

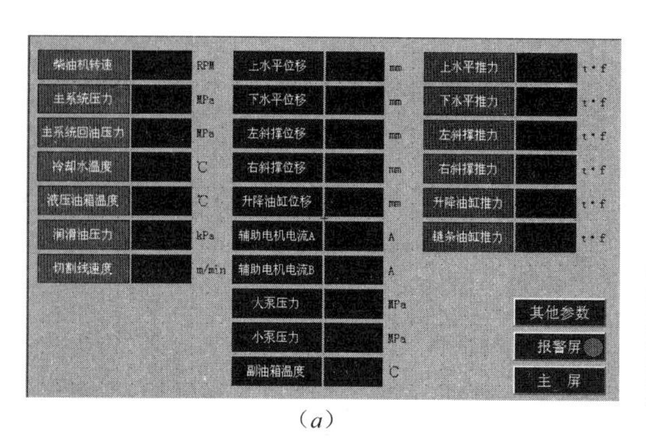

(a)

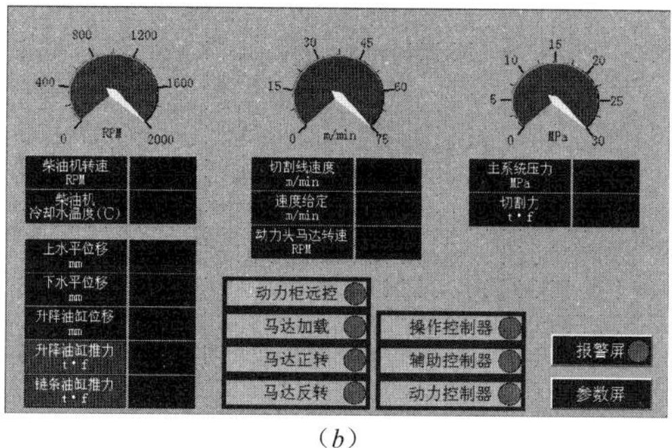

(b)

图 1-13　电控系统显示界面

28m，水泥土搅拌墙深度 53m)、上海新闸路西斯文理工程（水泥土搅拌墙深度 50m，距 13 号线地铁隧道仅 2.6m)、南京河西生态公园工程（水泥土搅拌墙深度 50m，穿过逾 40m 厚标贯击数 30～50 的密实砂层)、天津永利大厦工程（施工场地狭小，紧邻保护建筑）等多个重大项目，实施过程中性能稳定、工效高，成墙最大深度达 60m，垂直度达到 1/300，墙体 28 天龄期强度达到 1～3MPa，渗透系数达到 10^{-6}～10^{-8}cm/s 量级，实施效果显著，推动了等厚度水泥土搅拌墙新技术在国内的应用。

表 1-2 为国内现有机型 TRD-Ⅲ型、TRD-CMD850 型、TRD-E 型和 TRD-D 型工法机的主要技术参数对比。

TRD 工法施工装备主要参数比较　　**表 1-2**

参数＼型号	TRD-Ⅲ	TRD-CMD850	TRD-E	TRD-D
额定功率	主动力为 345kW 的柴油机和副动力为 169kW 的柴油机各一台	主动力为 380kW 的柴油机一台	主动力为 90kW 的电动机 4 台，副动力为 37kW 的电动机 3 台	主动力为 380kW 的柴油机一台和副动力为 90kW 的电动机一台
挖掘深度	标准挖掘深度为 36m，最大挖掘深度为 60m	标准挖掘深度为 36m，最大挖掘深度为 50m	标准挖掘深度为 36m，最大挖掘深度为 60m	标准挖掘深度为 36m，最大挖掘深度为 61m
切削宽度	550～850mm	550～850mm	550～850mm	550～900mm
链传动最大线速度	69m/min	72m/min	60m/min	70m/min
最大横向推力	540kN	530kN	539kN	627kN
移位方式	履带式	履带式	步履式	步履式
平均接地比压	0.200MPa（36m 切割箱）	0.150MPa（36m 切割箱）	0.037MPa（36m 切割箱）	0.066MPa（36m 切割箱）
主动力驱动方式	柴油机	柴油机	电动机	柴油机
装备重量	132t（36m 切割箱）	140t（36m 切割箱）	145t（36m 切割箱）	155t（36m 切割箱）

1.4　国内外工程应用状况

在日本和美国，TRD 工法等厚度水泥土搅拌墙技术已在基坑工程、水利工程、大型储水设施和垃圾填埋场隔水工程中得到较广泛的应用（H. Akagi[1]；F. Gularte[2]；T. Katsumi[3]；E. Garbin[4]），发挥了极好的工效，得到了业界的高度认可，并取得了良好的经济和社会效益。表1-3为日本部分TRD工法应用工程案例，墙体最大实施深度约60m，应用形式主要为隔水帷幕及内插劲性构件作为隔水挡土复合围护结构。

日本TRD工法部分典型工程应用 表1-3

项目名称	水泥土墙体		应用形式	工程特点
	厚度（mm）	深度（m）		
环状8号线西武线工区临时围护工程	750	19.3～21.5	挡土结构，内插H型钢	铁道高架桥下低净空作业
矢作川龙宫护岸工程	550	11.5	隔水帷幕	桥下低净空作业
坂井轮排水区坂井轮雨水1号、2号干线下水道工程	650	21.6	挡土结构，内插H型钢	—
堀川水边环境治理工程	450	10.2～15.5	隔水帷幕	砂层标贯击数50
都市计划道路北四番丁大衡线（北山工区）工程	900	11.98～17.26	挡土结构，内插NS-BOX组合型钢	永久挡土结构
东海环状矢并地区道路建设工程	600～800	10.1～14.2	挡土结构，内插混凝土预制构件	永久挡土结构
街路筑造工程	500	4.00～10.50	挡土结构，内插混凝土预制构件	永久挡土结构
矢作川流域下水道泵栋筑造工程	600	53.0	挡土结构兼超深隔水帷幕，内插H型钢	砂层标贯击数超过60
东京外环自动车道国分地区北堀部试验工程	550	56.7	挡土结构兼超深隔水帷幕，内插H型钢	逾40m厚细砂层
SJ52工区（3-2）池袋南出入口隧道工程	750	47.7	挡土结构兼超深隔水帷幕	隔水要求高
福冈外环状道路福大隧道第4工区试验工程	850	15.5～17.0	挡土结构，内插H型钢	掘削7.2MPa花岗岩层
地下连续墙设置工程	550	9.5	隔水帷幕	—
神明台处理地保全对策工程	550	19.0～49.7	隔水帷幕	施工场地起伏大
中峠地区环境整治工程	450	8.70	隔水帷幕	采用TRD-Ⅰ型工法机，倾斜45°施工

图1-14为日本仙台市都市计划道路北四番丁大衡线（北山工区）工程利用等厚度水泥土搅拌墙内插组合型钢NS-BOX作为永久挡土结构应用实景图。图1-15为水泥土搅拌墙内插预制构件在日本茨城县稻敷市江户崎函渠工程的应用实景。

等厚度水泥土搅拌墙施工设备高度低，垂直度偏差可控制在1/250内，相比常规单轴、双轴以及三轴搅拌桩设备的垂直度控制精度高，施工深度更深，适用性更广。等厚度水泥土搅拌墙技术引进国内后，针对国内的地质条件和作业工况通过改进、研发、创新、实践形成了大量的研究应用成果（王卫东[5-9]；邸国恩[10]；吴国明[11-12]；李星[13-15]；黄炳德[16-17]；刘涛[18]；谈永卫[19]；魏祥[20]；吴洁妹[21]；张鹏[22]；董恒晟[23]；陈永才[24]；谭轲[25]；何平[26]；谢兆良[27]；褚立强[28]）。截至2016年该技术已在上海、武汉、天津、南京、杭州、南昌、郑州、苏州等十余个地区逾五十项工程中成功应用，其以较低的成本解决了沿江沿海地区深大地下空间开发深层承压含水层的隔断问题以及超深水泥土搅拌体在复杂地层（穿过密实砂层、卵砾石层、嵌入软岩地层等）中的施工可行性问题，有效地避免了深大地下空间开发过程中大面积抽降承压水对周边建筑、地铁隧道、地铁车站、市政管线等建（构）筑物的影响，取得良好的社会经济效益。表1-4为TRD工法在国内部分典型工程应用列表[29-30]，包括等厚度水泥土搅拌墙作为超深隔水帷幕、内插

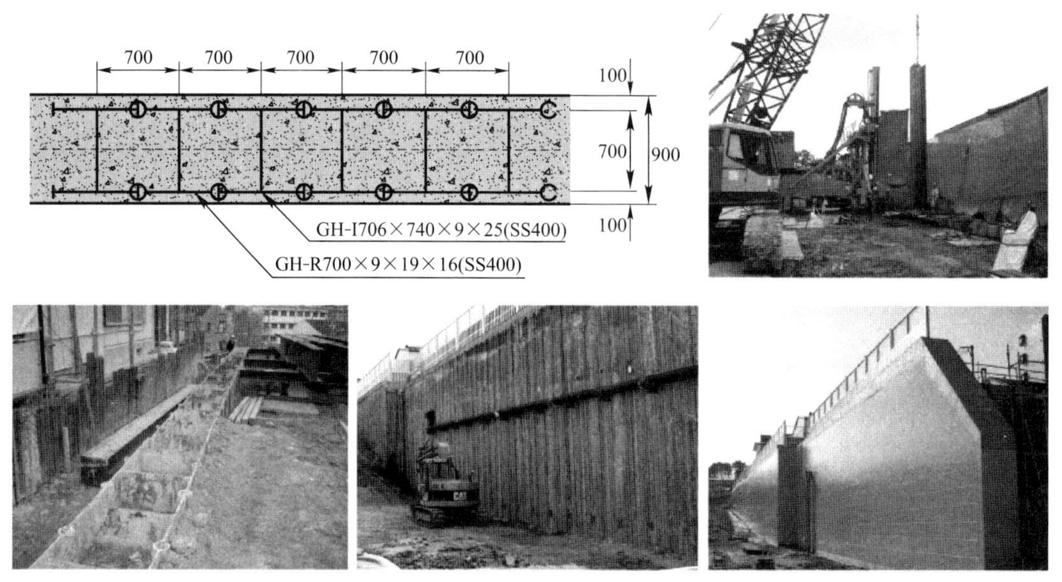

图 1-14　水泥土搅拌墙内插组合型钢 NS-BOX 工程应用

图 1-15　水泥土搅拌墙内插预制构件工程应用

型钢作为基坑挡土隔水复合围护结构、作为地下连续墙槽壁地基加固（兼隔水帷幕）三大类应用形式，如图 1-16 所示，涵盖深厚黏土、深厚密实砂土、卵砾石、软岩等多种复杂地层及环境条件，如在武汉长江航运中心大厦工程中水泥土墙体嵌入岩石饱和单轴抗压强度为 9.5MPa 的中风化岩层，在江苏南京河西生态公园工程中墙体穿过 40m 厚密实砂层。

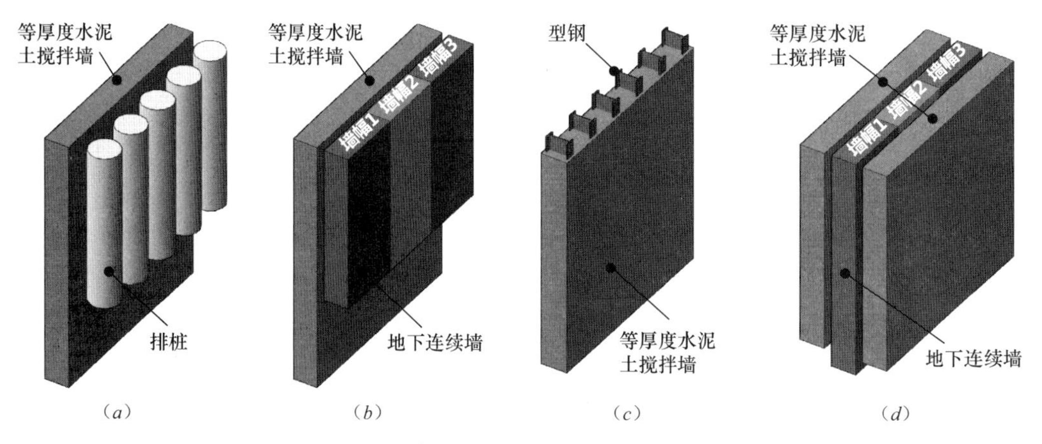

图 1-16　等厚度水泥土搅拌墙应用形式

(a) 隔水帷幕；(b) 隔水帷幕；(c) 围护结构；(d) 地下连续墙槽壁加固

国内TRD工法部分典型工程应用列表 表1-4

序号	工程名称	成墙地层	基坑面积（m^2）	基坑挖深（m）	墙厚（mm）	墙深（m）	地区	应用形式
1	上海万科南站商务城三期项目	上海典型地层，穿过密实砂层	8000	21	700	65	上海	隔水帷幕
2	上海白玉兰广场	上海典型地层，穿过密实砂层	43950	9.3～24.3	800	61		
3	上海轨道交通14号线云山路站	上海典型地层，穿过密实砂层	4300	26.9	700	60		
4	黄浦江上游水源地联通管工程C6标JC11沉井保护项目	上海典型地层，穿过密实砂层	2500	23	850	60		
5	上海国际金融中心	上海典型地层，穿过密实砂层	48860	26.5～28.1	700	53		
6	上海新闸路西斯文理	上海典型地层，穿过密实砂层	10100	15.75～18.65	700	50		
7	上海虹桥商务区北片区D08及北15地块	上海典型地层，穿过密实砂层	21300	14.5～21	800	49.6		
8	上海虹桥商务区一期08地块D13街坊	上海典型地层，穿过密实砂层	46000	17.05	800	49.5		
9	上海新江湾23街坊23-1、23-2地块商办	上海典型地层，穿过密实砂层	12550	15	700	42.1		
10	上海市总工会沪东工人文化宫（分部）改扩建项目	上海典型地层，穿过密实砂层	15000	10	700	42		
11	上海海门路55号地块项目	上海典型地层，穿过密实砂层	32000	25.7～27.7	700	41		
12	上海前滩企业天地	上海典型地层	15800	14.3～15.2	700	35		
13	南京国际博览中心一期扩建项目	穿过深厚砂层，嵌入泥砂岩层	54000	20	700	60	江苏	
14	南京华新丽华河西项目AB地块二期工程	南京河西地块典型土层，穿过深厚粉细砂层	45000	14.5～18.3	700	58		
15	南京安省金融中心	南京河西地块典型土层，穿过深厚粉细砂层	25300	17.2～19.0	700	57.5		
16	南京河西生态公园	南京河西地块典型土层，穿过深厚砂层进入中风化泥岩	28300	10.25	800	50		
17	苏州国际财富广场	穿过深厚密实砂层，嵌入黏土隔水层	10500	22.7	700	46		
18	江苏淮安雨润中央新天地	穿过深厚密实粉土层和砂层，嵌入黏土隔水层	43657	23.3～27.6	850	46		
19	天津中钢响螺湾	穿过软黏土进入深厚密实砂层	23000	20.6～24.1	700	45	天津	
20	天津湾D地块项目	穿过深厚粉砂层	30000	15	700	38		
21	天津一中心医院项目	穿过粉砂层	70000	18	700	38		
22	天津仁恒海河广场三期	穿过深厚粉土、粉砂层	12800	21	700	36		
23	天津新八大里第六里项目	穿过深厚粉砂层	30000	18	700	36		
24	天津中粮大道D地块项目	穿过深厚粉砂层	13000	15～19	700	36		
25	武汉长江航运中心大厦	穿过深厚砂层，嵌入中风化泥岩层	38000	10.1～22.3 局部28.9	850	58.6	武汉	
26	武汉沿江大道新华尚水湾工程	穿过深厚砂层，嵌入中风化泥岩层	29500	15	700	57		
27	湖北饭店暨武汉华邑酒店项目	穿过深厚粉细砂层	16000	19.6～21.0	700	43.6		
28	武汉凯德广场古田项目	穿过深厚粉砂层	65000	14.4	700	40		
29	河南郑州创新大厦	穿过深厚粉土、细砂层	8900	16.9～18.7	650	32	郑州	

续表

序号	工程名称	成墙地层	基坑面积(m^2)	基坑挖深(m)	墙厚(mm)	墙深(m)	地区	应用形式
30	上海奉贤中小企业总部大厦	上海典型地层，穿过密实砂层，进入隔水层	8000	11.85	850	26.6	上海	型钢搅拌墙
31	江西南昌绿地中央广场	穿过深厚砂层，嵌入强、中风化岩层	47000	5.9～17.45	850	22.5	南昌	
32	天津民园体育场改造	淤泥质土层为主	30000	12.4	850	35	天津	
33	天津永利大厦	黏土层为主	13500	12.8～13.3	850	25.4		
34	天津富华国际广场	穿过粉砂层	8300	13.5～14.5	850	25		
35	天津泰达R5地块	穿过粉砂层	10000	10	800	20		
36	上海万象城国际都市综合体	上海典型地层，穿过密实砂层	5900	15.5	700	49	上海	槽壁加固
37	上海轨道交通10号线海伦路地块综合开发项目	上海典型地层，穿过密实砂层	9100	4.25～21.45	850	48		
38	苏河洲际中心120地块项目	上海典型地层，穿过密实砂层	49300	14	800	45		
39	上海前滩中心25号地块项目	上海典型地层，穿过密实砂层	80500	10.5	600	38.9		
40	上海缤谷文化休闲广场二期	上海典型地层	7400	14.5	800	30		

等厚度水泥土搅拌墙作为超深隔水帷幕在基坑工程中已得到较广泛的应用，为深大地下空间开发深层地下水控制提供了一种有效的手段，在多个工程中实施深度达到或超过60m，如在上海万科南站商务城三期项目（基坑面积8000m^2，最大挖深21m）中水泥土墙体深度达到65m，在上海白玉兰广场工程（基坑面积4.4万m^2，最大挖深24.3m）中水泥土墙体深度达到61m。水泥土搅拌墙隔水帷幕可以与灌注桩排桩或地下连续墙组合形成基坑围护体系。图1-17为江苏淮安雨润中央新天地项目基坑工程中水泥土搅拌墙与排桩形成的围护体系，基坑面积4.37万m^2，最大挖深27.6m，水泥土搅拌墙最大深度46m，围护排桩深度约46.6m。图1-18为武汉长江航运中心大厦项目基坑工程中水泥土搅拌墙与地下连续墙形成的围护体系，基坑面积3.8万m^2，普遍挖深22.3m，地下连续墙深度40m（作为挡土受力结构），水泥土搅拌墙深度58.6m（作为承压含水层隔水帷幕）。

等厚度水泥土搅拌墙可内插型钢等劲性构件作为基坑挡土隔水复合围护结构，国内工程中内插构件以H型钢为主，基坑实施完成后型钢可回收，具有较好的经济性，在上海、天津、南昌、珠海等多个工程中应用。相比常规SMW工法桩具有如下优势：水泥土墙体连续等厚，内插型钢间距可根据设计要求灵活调整；可用于密实砂层、卵砾石、软岩等地层，适用地层条件更广；水泥土墙体质量均匀，强度高，抗渗性更好。等厚度型钢水泥土搅拌墙在软土地区主要用于12m挖深以内（地下室两层）的基坑工程，土层条件较好时也可用于更深的基坑工程，如南昌绿地中央广场项目（地下室三层，基坑挖深15.5m）中，采用型钢水泥土搅拌墙（水泥土墙体深度22.5m，厚度850mm，内插H700×300×13×24型钢，型钢中心距600mm）作为围护结构，如图1-19所示。随着等厚度水泥土搅拌墙在国内的推广应用，内插组合型钢、混凝土预制构件形成具有更大抗弯刚度的围护结构将是发展方向。

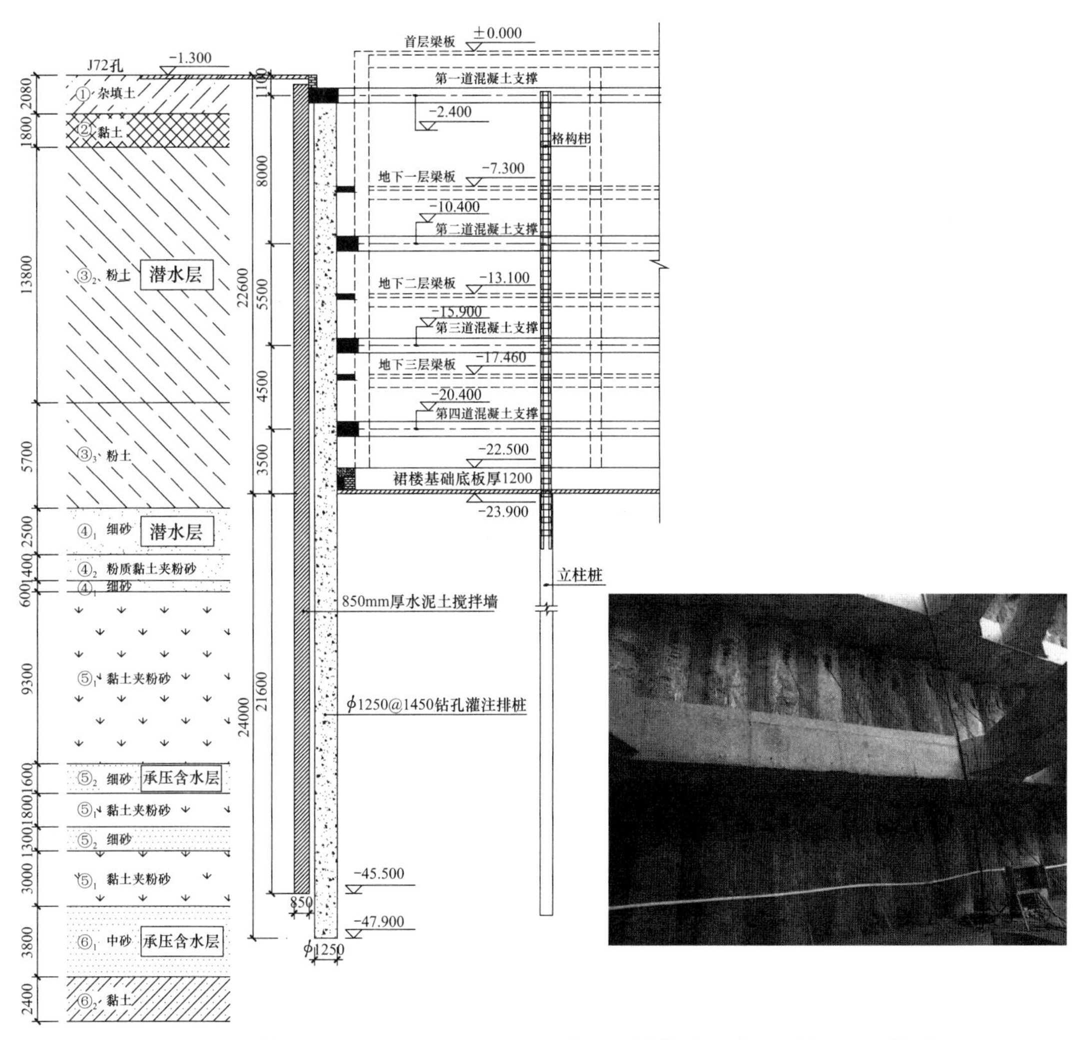

图 1-17 江苏淮安雨润中央新天地项目（水泥土搅拌墙＋灌注桩排桩围护体系）

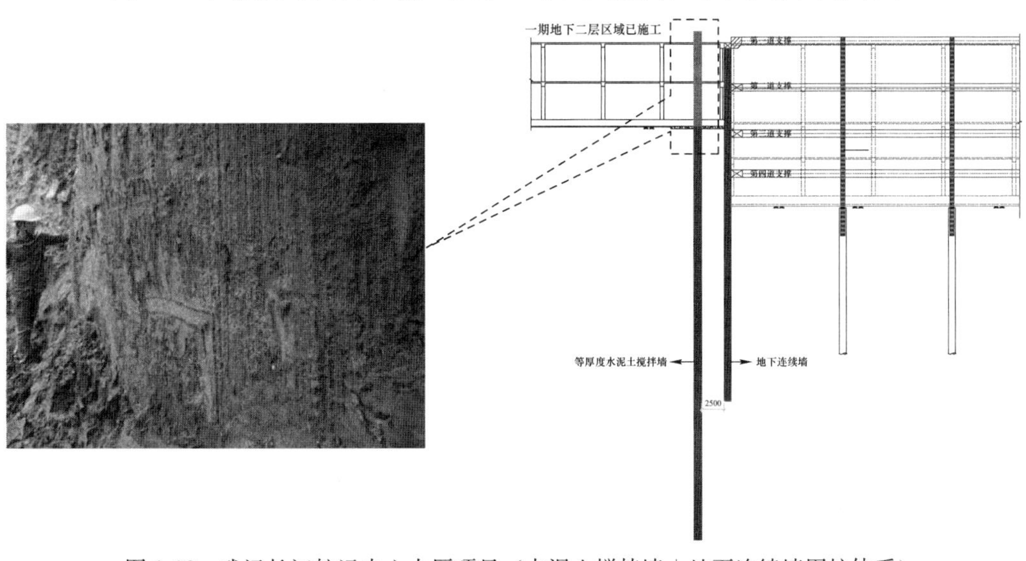

图 1-18 武汉长江航运中心大厦项目（水泥土搅拌墙＋地下连续墙围护体系）

(a)

(b)

图 1-19　南昌绿地中央广场项目

等厚度水泥土搅拌墙作为地下连续墙槽壁地基加固一般应用于如下情形：邻近敏感环境（地铁隧道、重要保护建筑等）的深大基坑工程，为减小地下连续墙成槽施工对紧邻建（构）筑物的影响，需设置超深槽壁加固确保成槽槽壁的稳定性；槽壁加固与超深隔水帷幕相结合，隔断深层地下水的工程；常规槽壁加固施工设备（如三轴搅拌桩设备）由于场地条件限制无法实施的工程。在上海海伦路地块综合开发项目（基坑面积 9100m^2，最大挖深 21.5m）中，为减小地下连续墙成槽施工对紧邻地铁 10 号线海伦路车站的影响，采用水泥土搅拌墙作为槽壁加固，水泥土墙体深度 48m，如图 1-20 所示。在上海前滩中心 25 号地块项目（基坑面积 8 万 m^2，最大挖深 10.5m）中，在地下连续墙外侧采用水泥土搅拌墙作为槽壁加固兼超深隔水帷幕，水泥土搅拌墙深度 39m，地下连续墙内侧仍采用常规三轴水泥土搅拌桩作为槽壁加固，如图 1-21 所示。在上海缤谷文化休闲广场二期工程（基坑面积 7400m^2，最大挖深 14.5m）中，由于场地存在一净空约 20m 的架空高压线而无法施工常规三轴搅拌桩，为保证该侧地下连续墙的施工质量并提高止水性，采用水泥土搅拌墙作为槽壁加固，水泥土墙体深度 30m，如图 1-22 所示。

图 1-23 为 2011～2016 年国内 TRD 工法等厚度水泥土搅拌墙工程应用工程量统计情况，随着地下空间往深层发展，等厚度水泥土搅拌墙技术的应用将越来越广泛，并可推广至水利工程、软基加固工程、环境工程等领域。

TRD 工法等厚度水泥土搅拌墙技术目前已形成了行业标准《渠式切割水泥土搅拌墙技术规程》JGJ/T 303—2013[31]，相关的设计方法、施工技术也纳入了多项国家和地方标准，为 TRD 工法在国内的推广应用提供了很好的技术指南。但国内地层条件复杂，不同地区或同一地区不同区域的地质条件均存在差异，每个地区地层分布存在上软下硬或多种软硬地层交互等复杂的分布情况，如上海、天津等地区为典型的“上软下硬”地层，浅层为软黏土层，深层为深厚富含承压水的密实砂层；南京、武汉等地区分布有深厚密实的砂层，砂层以下为岩层；南昌、杭州等地区分布有卵砾石层和软岩地层。同时水泥土搅拌墙的应用形式多样，可作为基坑超深隔水帷幕，可内插型钢作为基坑围护结构兼止水帷幕，还可作为地下连续墙超深槽壁加固兼接缝止水。为了让工程人员更系统地了解 TRD 工法等厚度水泥土搅拌墙技术，本书结合该技术在国内不同地区深大地下空间开发基坑工程中的成功实践经验，系统地介绍了等厚度水泥土搅拌墙的承载特性与设计方法、施工与环境影响控制、强度与抗渗性能以及典型工程应用实例等内容，从而为工程人员提供参考，以更好地推广该新技术在国内的应用。

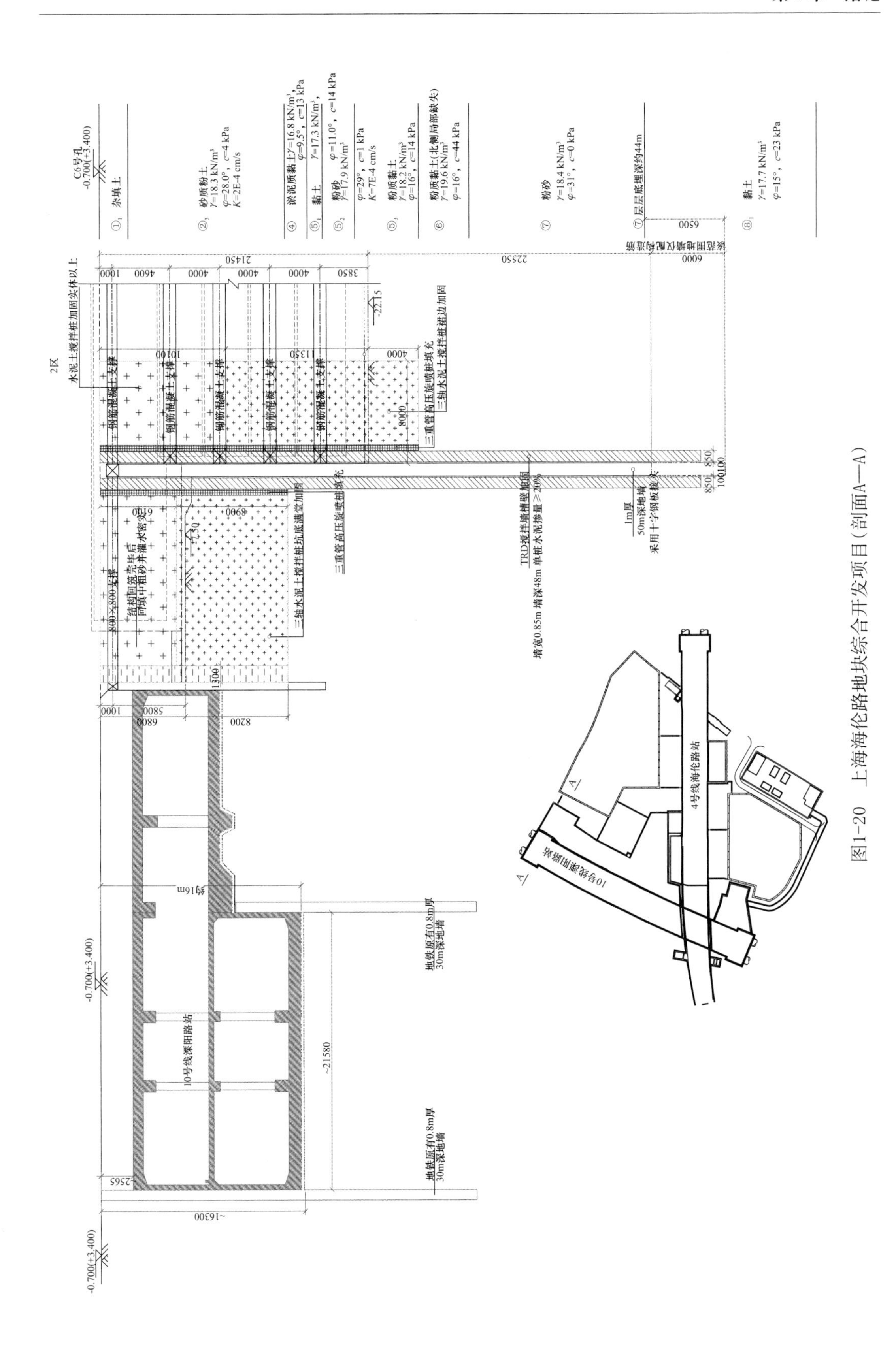

图1-20 上海海伦路地块综合开发项目(剖面A—A)

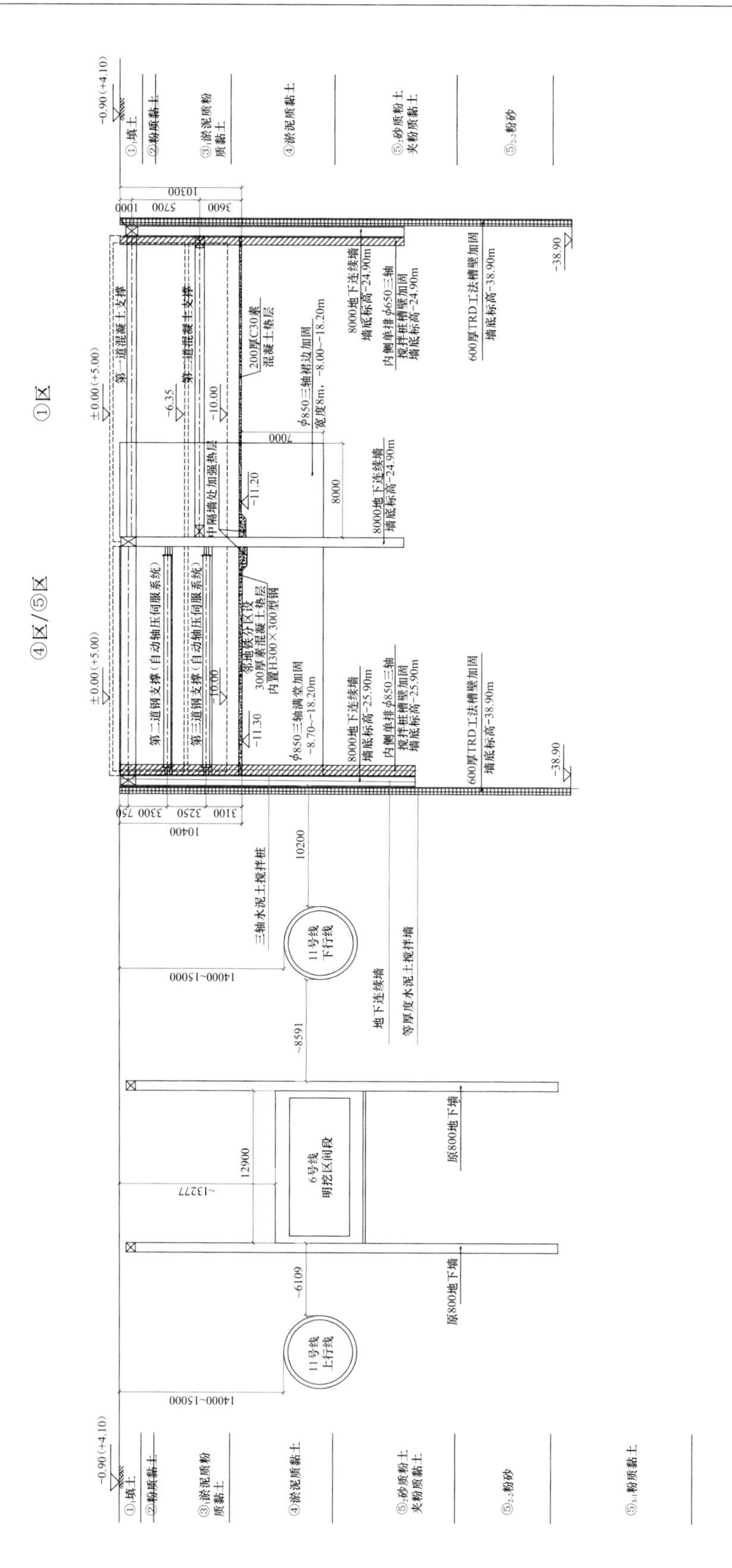

图1-21　上海前滩中心25号地块项目

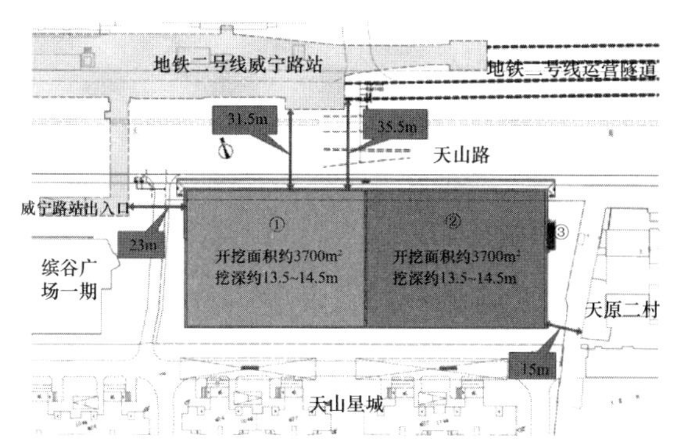

图 1-22 上海缤谷文化休闲广场二期工程

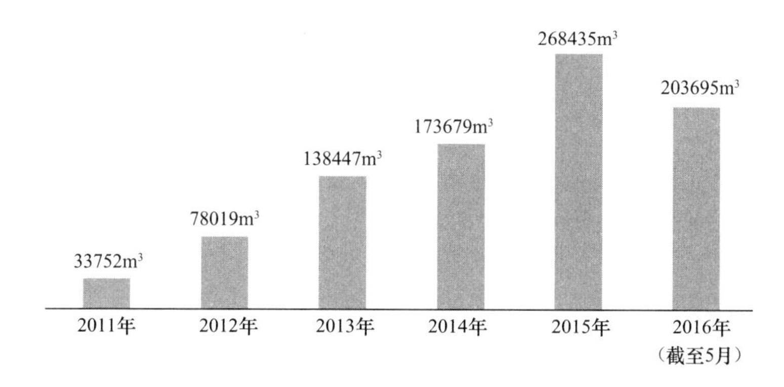

图 1-23 近几年国内 TRD 工法应用工程量统计

第2章　等厚度水泥土搅拌墙承载特性与设计方法

2.1　概述

等厚度水泥土搅拌墙在地下空间开发基坑工程中可内插劲性构件（目前国内主要内插易于回收的型钢）形成挡土隔水复合围护结构，可作为超深隔水帷幕，还可作为地下连续墙槽壁地基加固兼隔水帷幕。在型钢水泥土搅拌墙复合围护体系中，水泥土具有较好的抗渗性能，止水效果好，主要作为隔水帷幕，同时起到约束型钢的作用；型钢材料刚度远大于水泥土，截面面积小、抗拉压强度高，在复合体系中主要作为受力构件；这种组合形式发挥了两种材料的特点，将基坑隔水和挡土合二为一，通过型钢与水泥土之间的相互作用，共同承担作用在围护结构上的水土压力。尽管等厚度型钢水泥土搅拌墙结构构造相对简单，然而对于两种刚度差异较大的材料组合体系，其联合受力机理却相当复杂，需要结合室内模型试验、数值模拟和理论计算等方法，分析型钢水泥土搅拌墙的承载变形特性、型钢和水泥土的相互作用模式以及水泥土抗剪承载力等关键问题，从而提出合理的等厚度型钢水泥土搅拌墙设计计算方法。此外，TRD工法构建的等厚度水泥土搅拌墙深度大，地层适应性广，在工程中作为超深隔水帷幕或超深槽壁加固的应用也越来越广泛。为了满足不同地区各种复杂地层条件下水泥土墙体的强度和隔水要求，以确保墙体的实施效果，合理的设计和构造措施尤为重要。

2.2　等厚度型钢水泥土搅拌墙承载变形特性

对于型钢水泥土搅拌墙复合结构的承载变形特性，国内外已开展了一些试验研究和理论分析。铃木健夫和国藤祚光（1994）[32]取在现场养护的型钢水泥土搅拌墙墙体制作试件进行抗弯试验，现场做成6m深的型钢水泥土搅拌墙墙体，测得了组合构件的荷载—挠度曲线，并计算了水泥土贡献率。王健（1998）[33]以一系列型钢-水泥土组合构件室内试验和现场试验结果为基础，结合一般挡土墙的设计原理，推导了型钢水泥土搅拌墙围护墙计算方法。顾士坦等（2007）[34]从弹性理论角度推导了型钢和水泥土组合构件的刚度计算方法。郑刚等（2003、2007、2011）[35-37]、陈辉（2007）[38]对型钢水泥土组合构件开展了室内加载试验，主要对不同的含钢率、加载方式及涂刷减摩剂等条件下的组合构件结构的刚度及破坏性状进行对比分析。

型钢-水泥土组合构件的试验研究表明，在正常工作状态下，组合构件的位移相对较小，水泥土对构件的刚度有一定的提高作用，且截面含钢率越低，提高效应越显著，因此正常工作状态下计算组合墙体的变形时，可根据具体情况和经验决定是否考虑水泥土对刚度的提高作用；在承载力极限状态下，墙体趋于弯曲破坏时，在破坏位置，型钢与水泥土的粘结完全破坏，型钢单独受力，若型钢上涂刷了减摩材料（有利于型钢回收），型钢与水泥土的粘结破坏现象更为明显，因此组合构件的抗弯极限承载力由型钢决定，进行承载能力极限状态验算时，不应考虑水泥土的贡献。此外，加载过程中水泥土对型钢的约束对于型钢刚度的发挥及稳定性有重要作用，大截面组合构件由于水泥土的约束较强，其破坏形式为加载平面内的弯曲破坏；小截面构件水泥土的约束相对较弱，其破坏形式为加载平面外的失稳破坏。

由于室内模型试验条件下型钢水泥土组合构件的受荷模式、边界条件等因素与实际基坑工程中型钢水泥土搅拌墙存在一定差异，尚不能完全反映基坑开挖过程中搅拌墙的受力和变形情况，本章基于三维“m”法数值模型，对等厚度型钢水泥土搅拌墙围护结构在基坑开挖全过程中的承载变形特性进行分析，可为设计计算方法提供依据。

2.2.1　计算原理与模型

1. 三维“*m*”法原理

1）计算模型

以矩形基坑为例，取 1/4 模型表示，三维“m”法分析的基坑支护结构分析模型示意图见图 2-1。按实际支护结构的设计方案建立三维有限元模型，模型包括围护结构、水平支撑体系、竖向支承系统和土弹簧单元。模型对等厚度型钢水泥土搅拌墙采用包含型钢和水泥土搅拌墙的三维实体单元模拟；临时水平支撑体系若由梁杆构成，可以采用梁单元或弹簧单元模拟；根据施工工况和地质条件确定坑外作用在围护结构的水土压力荷载，由此分析支护结构的内力与变形。

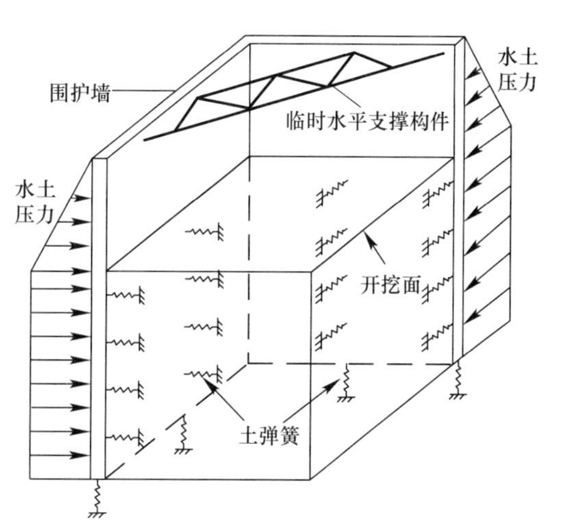

图 2-1　基坑支护结构的三维“m”法分析模型示意图

2）土弹簧刚度的确定

基坑开挖面以下，土弹簧单元的水平向刚度可按下式计算：

$$K_{\mathrm{H}} = k_{\mathrm{h}} \cdot b \cdot h = m \cdot z \cdot b \cdot h \tag{2-1}$$

式中　K_{H}——土弹簧单元的刚度；

k_{h}——土体水平向刚度系数；

z——土弹簧距开挖面的距离；

b、h——分别为三维模型中与土弹簧相连接的挡土结构单元的宽度和高度；

m——比例系数，其意义与规范中平面竖向弹性地基梁方法中的“m”值相同。

3）水土压力的计算方法

水土压力的计算方法与相关规范中平面竖向弹性地基梁的计算方法相同，只是在平面竖向弹性地基梁中水土压力为作用在挡土结构上的线荷载，而在三维“m”法中水土压力则是作用在挡土结构上的面荷载，王卫东等（2007）[39]对现行行业和部分地方标准中水土压力计算方法进行了汇总对比，具体可参见该文献。

4）考虑开挖过程的分析方法

对于假设有 n 道支撑的支护结构，考虑先支撑后开挖的原则，具体分析过程如下：

（1）首先挖土至第一道支撑底标高，计算简图如图 2-2（a）所示，施加外侧的水土压力计算此时支护结构的内力及变形；

（2）第一道支撑施工，计算简图如图 2-2（b）所示，此时水土压力增量为 0；

（3）挖土至第二道支撑底标高，计算简图如图 2-2（c）所示，施加水土压力增量，并计算支护结构在新的水土压力作用下的变形及内力等；

（4）依次类推，施加第 n 道支撑及开挖第 n 层土体，直至基坑开挖至基底位置。

计算过程中，通过“单元生死”模拟土体的开挖以及支护结构的施工。由于每个开挖步开挖深度不同，因此开挖面以下土弹簧距开挖面的距离发生变化，因而式（2-1）中的 z 值在改变，所以在不同开挖步之间应改变开挖面以下土弹簧单元的刚度系数。

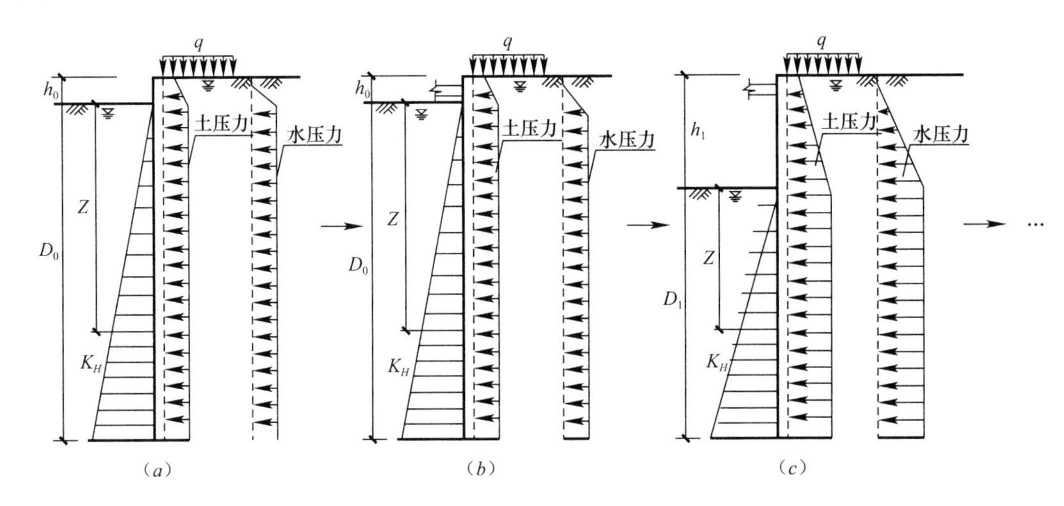

图 2-2　三维“m”法的计算流程图

2. 分析模型

三维“m”法是基于现行基坑规范建立的方法，其计算原理简单，参数明确，没有复杂的本构关系，可考虑基坑支护结构的空间效应，易于工程师应用。采用三维“m”法可建立型钢和水泥土的精细网格模型，有利于开展型钢和水泥土的相互作用分析。

1）基本模型

目前等厚度型钢水泥土搅拌墙作为围护结构在上海等沿江沿海软土地区一般用于地下室两层结构之内（基坑开挖深度一般小于 12m）的基坑工程，为此取上海地区典型土层地下室两层的基坑工程作为计算模型，如图 2-3 所示，基坑开挖深度 10m，竖向设置 2 道钢筋混凝土支撑，支撑竖向间距为 5.5m，水平间距为 9m。围护结构采用厚度 850mm 的等厚度水泥土搅拌墙，内插 H700×700×13×24 型钢，型钢间距为 1200mm。围护体的插入深度经验算满足整体稳定性、坑底抗隆起和抗倾覆稳定性要求。

2）数值分析模型

三维“m”法的求解可采用大型通用有限元程序，大型基坑的三维“m”法分析中模型常常很复杂，一般可先通过有限元软件自带的前处理模块或其他有限元前处理软件建立

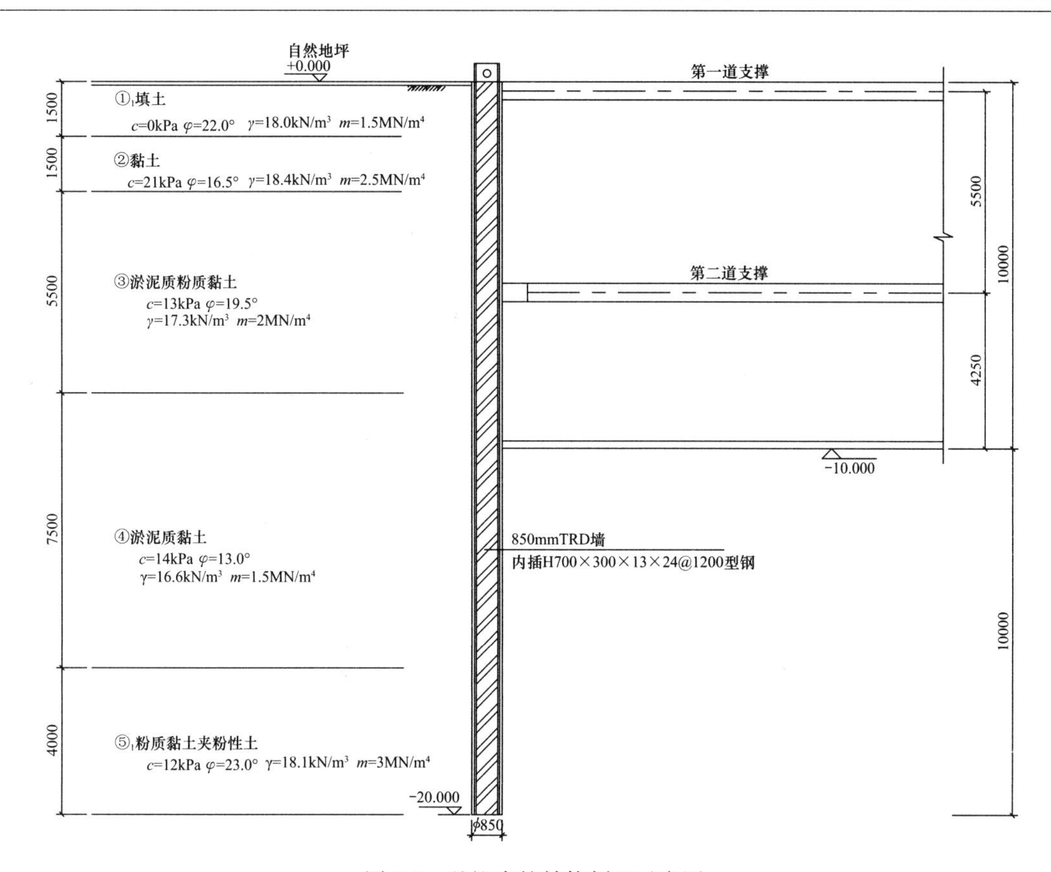

图 2-3 基坑支护结构剖面示意图

注：图中 c、φ 分别为土体的黏聚力和内摩擦角，均为固结快剪指标；γ 为土体重度；m 为土体水平向刚度系数的比例系数。

围护结构、水平支撑体系和竖向支承系统的三维有限元模型，模型需综合考虑结构的分布、开挖的顺序等，然后进行分步求解。下文以 ANSYS 软件为例说明如何来实现型钢水泥土搅拌墙承载变形特性的三维“m”法的分析。

取如图 2-4（a）所示延长 7.2m 的三维计算模型，其中水泥土搅拌墙、内插型钢和压顶梁均采用实体单元模拟，两道支撑体系与坑内被动区土体采用弹簧单元模拟。模型中含 6 根 H700×700×13×24 型钢，间距 1.2m。计算模式按规范规定的“m”法弹性地基梁模式进行，坑外施加水土压力。模型总单元数 162639，总节点数 170742，计算模型详见图 2-4（a）～（c）。模型 Z 向为竖向，Y 向为沿坑内方向，X 向为沿水泥土搅拌墙方向。模型底部边界约束 Z 方向位移，左右两侧边界约束 X 向位移，弹簧单元坑内侧节点约束 X、Y、Z 方向位移。

3）计算程序

采用 ANSYS 软件进行三维“m”法分析时，可借助于该软件自带的参数化设计语言 APDL（ANSYS Parametric Design Language，简称 APDL 语言）提高建模和分析效率。APDL 是一种类似于 FORTRAN 的解释性语言，可以方便地实现参数定义及赋值、多维数组定义及赋值、条件语句、循环语句、分支等一般编程语言所能实现的基本功能。利用 APDL 的程序语言与宏技术组织管理 ANSYS 的有限元分析命令，可以方便地实现参数化建模、施加荷载与求解以及后处理结果的显示，从而实现参数化有限元分析的过程。利用

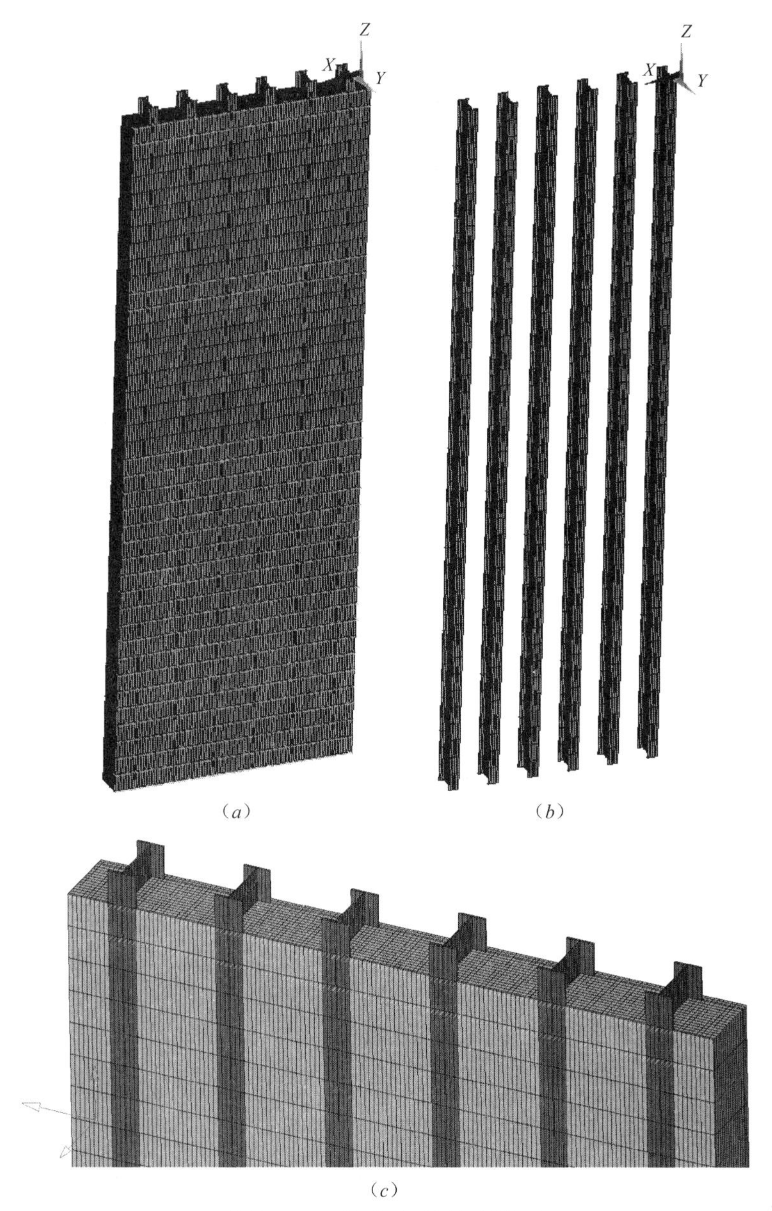

图 2-4　三维“m”法分析模型

（a）三维“m”法整体分析模型；（b）型钢计算模型；（c）型钢水泥土搅拌墙顶部局部计算模型

APDL 语言不仅使得计算程序编制较为容易，而且程序易于修改和维护。对于不同的支护形式、荷载条件、设计参数和施工工况的深基坑工程进行分析时，只需对程序源文件进行少量的修改便可重新使用，极大地提高了分析效率，减少了许多重复的工作。这样就可以将程序的普遍适应性和具体工程的特殊性较好地集合起来。关于 APDL 的基本要素及具体应用可参考文献 [40]。

2.2.2　型钢-水泥土承载变形特性

1. 型钢-水泥土变形特性

图 2-5～图 2-6 分别为基坑开挖至基底后 H 型钢与水泥土墙体的水平位移云图。可以

看到，H 型钢最大侧移为 36.3mm，水泥土墙体的最大侧移为 45.2mm，最大变形发生在基底附近位置。水泥土墙体与内插 H 型钢之间由于刚度的差异产生了相对位移，最大侧移相差约 9mm，二者之间的位移差也意味着在围护结构正常使用状态下，型钢和水泥土之间的粘结和摩擦力已经得到了相当程度的发挥，且二者之间产生一定的剪切应力。

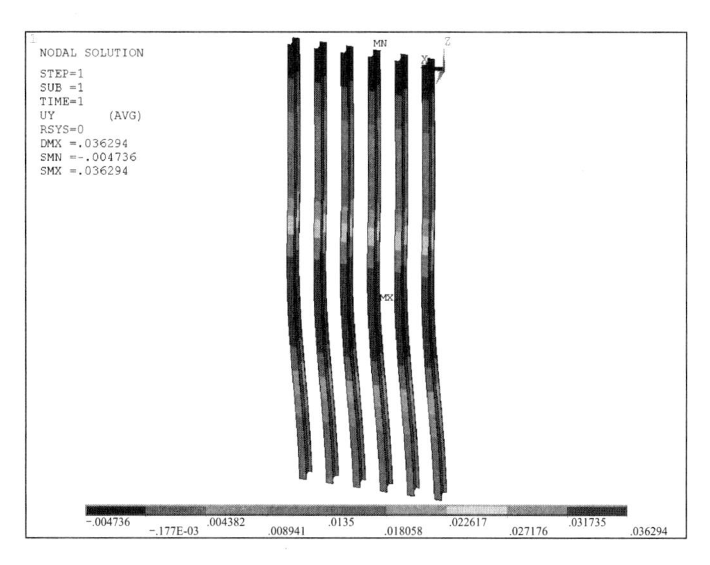

图 2-5　H 型钢侧向位移，最大 36.3mm

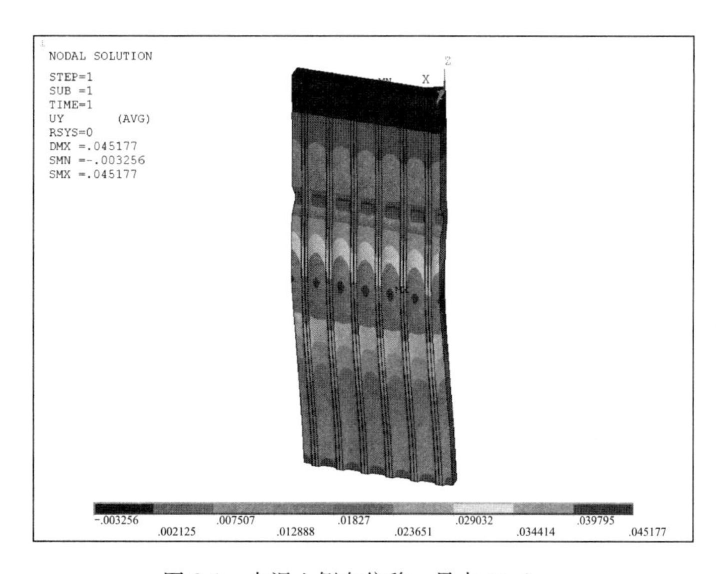

图 2-6　水泥土侧向位移，最大 45.2mm

图 2-7 为型钢水泥土搅拌墙最大侧向位移发生位置的墙体位移截面云图。可以看到，最大侧向位移发生在型钢之间的水泥土处，由于型钢与水泥土的相互约束作用，型钢附近范围内的水泥土变形相对较小。型钢和水泥土之间的刚度差异导致墙体侧向位移在平面上呈波浪状分布，型钢位置侧向位移较小，且由于型钢翼缘对抗弯惯性矩的贡献，翼缘两端和中部的变形基本一致；型钢之间的水泥土呈现“波峰”的形状，由坑外向坑内侧明显突出，位移在型钢之间的中点处达到最大。

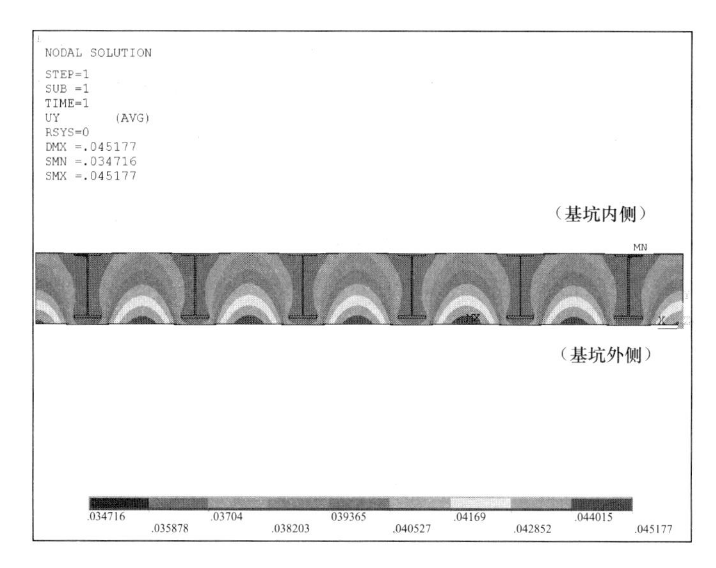

图 2-7 侧向位移最大深度墙体截面位移分布云图

图 2-8 为基坑开挖至基底时，型钢和水泥土沿深度方向的侧向位移曲线。由曲线形态可以看到，在墙顶位置，水泥土和型钢的侧移差异和水平错动相对较小，在第二道支撑以下至基底以下约 6m 的范围内，越接近基底位置，水泥土和型钢的侧向位移逐步增大：水泥土最大侧移为 45.2mm，H 型钢最大侧移为 36.3mm，二者相差约 9mm。对比二者侧移曲线，在墙体侧向变形较小的情况下，型钢和水泥土之间能较好地发挥出协调变形作用，而越接近基底，二者之间的变形差异增大，也使得型钢和水泥土之间剪应力相应增大。

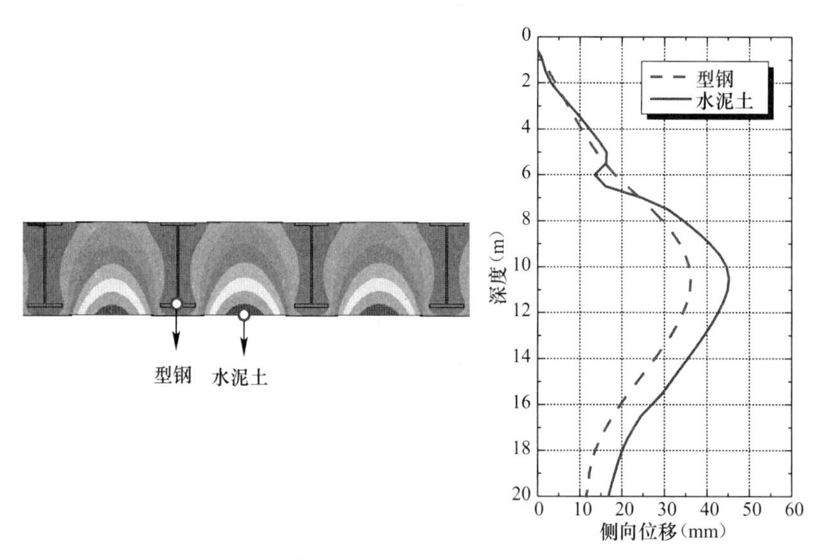

图 2-8 水泥土和型钢水平位移曲线对比

2. 型钢-水泥土内力特性

由型钢和水泥土的变形特性可知，侧向变形较小时，型钢和水泥土之间的变形基本一致；在基底侧向变形最大位置，型钢和水泥土产生较明显的变形差异。两者之间刚度和变形的差异使得内力分担也不相同，下文分别对型钢和水泥土的内力分布进行定量分析阐述。以下分析中，应力方向的定义如图 2-9 所示：S_X，S_Y，S_Z 分别表示沿 X 轴、Y 轴、Z 轴方向的正应力。S_{XY} 则表示单元法线为 X 轴、正向为 Y 轴的剪应力。

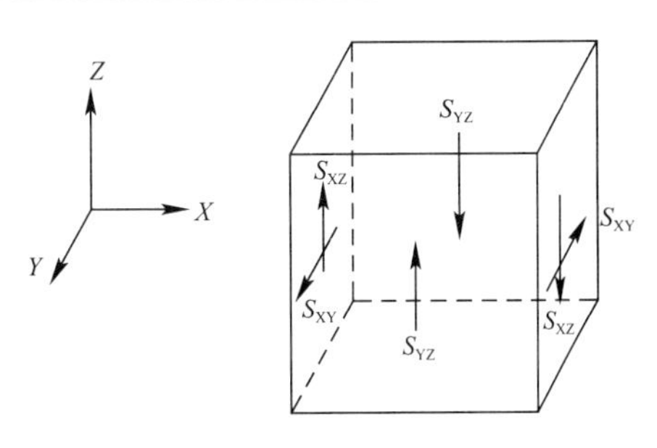

图 2-9　单元应力方向定义

1）应力分担

图 2-10 为 H 型钢竖向应力分布，H 型钢翼缘坑内侧受拉、坑外侧受压，最大拉应力为 137MPa，最大压应力为 138MPa，拉压应力最大值基本一致。图 2-11 为水泥土竖向应力分布云图，第二道支撑位置由于承受支撑传递的水平集中荷载产生了应力集中，为消除局部应力集中的影响，截取侧向位移最大位置的水泥土和型钢进行分析，X、Y、Z 方向应力分别如图 2-12～图 2-14 所示。对比型钢和水泥土的应力，型钢所承担的应力远高于水泥土（表 2-1，正值为拉力，负值为压力），例如：水泥土竖向最大压应力为 0.25MPa，而型钢最大压应力为 138.0MPa，约为水泥土最大压应力的 552 倍。

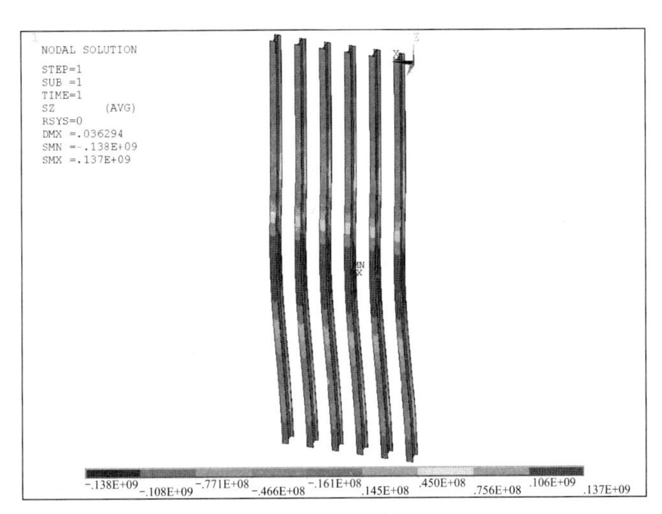

图 2-10　H 型钢竖向应力云图

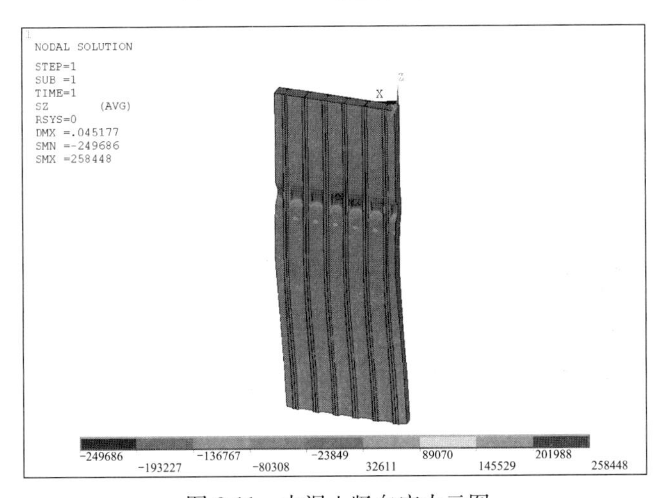

图 2-11　水泥土竖向应力云图

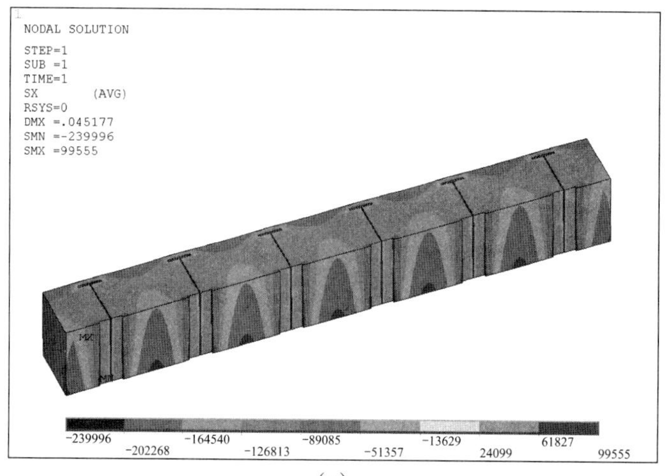

(*a*)

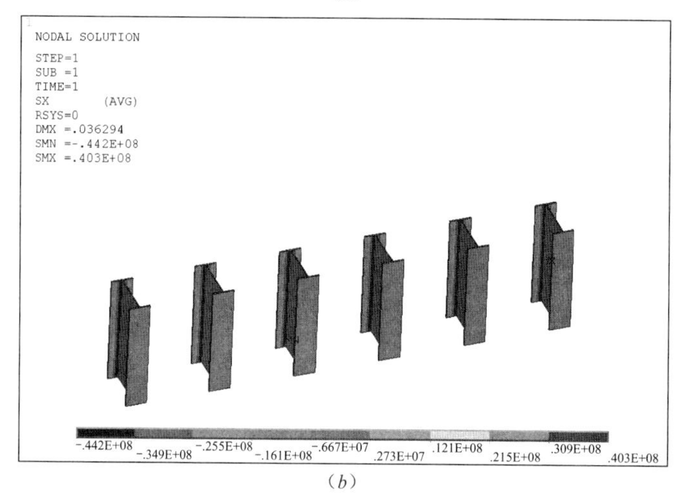

(*b*)

图 2-12 位移最大段 X 向应力

(*a*) 水泥土；(*b*) 型钢

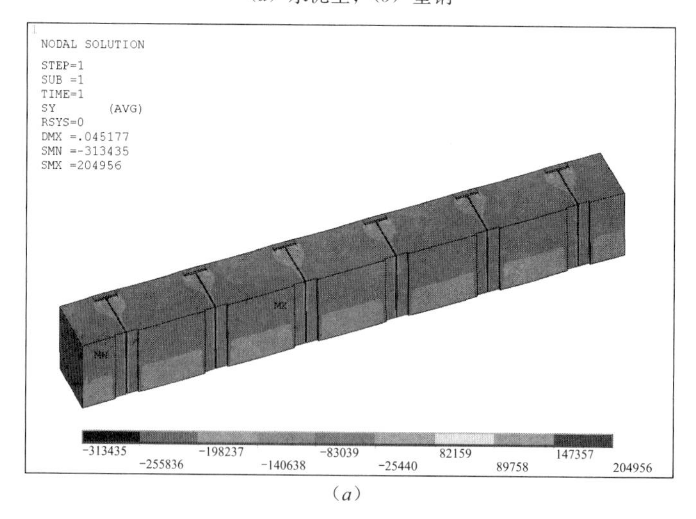

(*a*)

图 2-13 位移最大段 Y 向应力（一）

(*a*) 水泥土

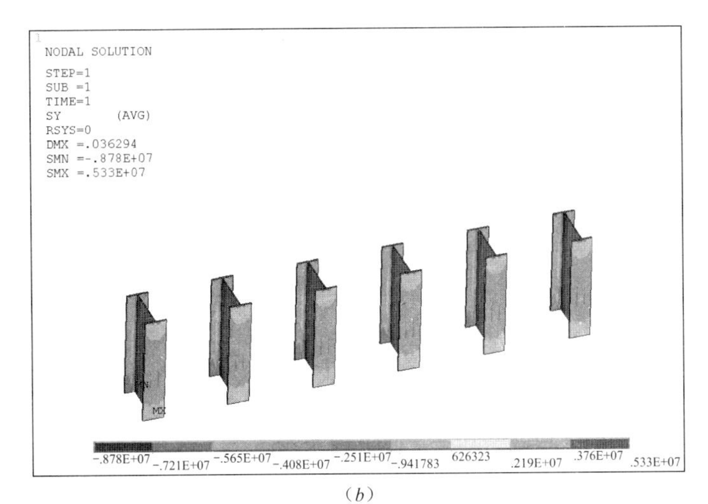

（b）

图 2-13　位移最大段 Y 向应力（二）

（b）型钢

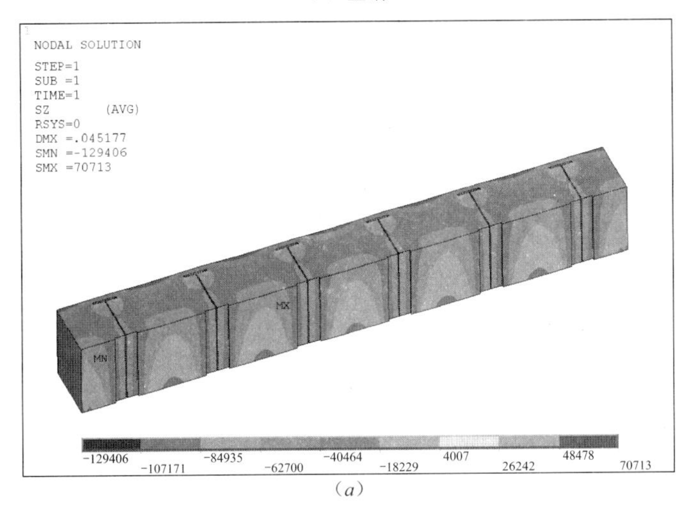

（a）

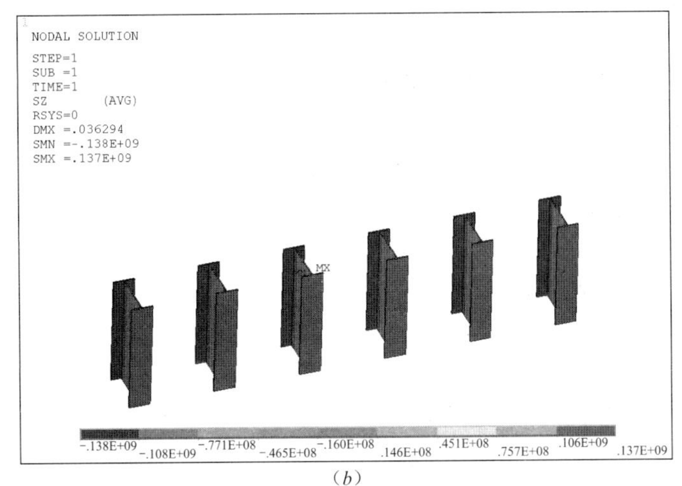

（b）

图 2-14　位移最大段 Z 向应力

（a）水泥土；（b）型钢

型钢和水泥土应力分担　　表 2-1

项目	$S_{x+,max}$	$S_{x-,max}$	$S_{y+,max}$	$S_{y-,max}$	$S_{z+,max}$	$S_{z-,max}$
型钢	199.0	−197.0	24.7	−66.7	137.0	−138.0
水泥土	0.64	−0.41	0.52	−0.85	0.26	−0.25
应力比	310∶1	197∶1	48∶1	78∶1	527∶1	552∶1

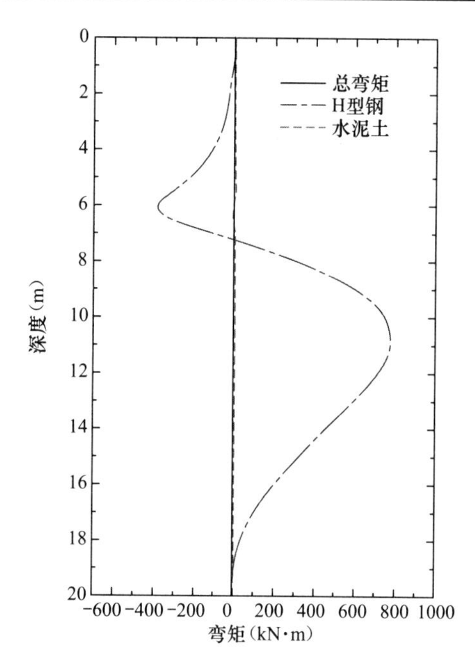

图 2-15　基坑开挖至基底后型钢水泥土搅拌墙弯矩分布图

2）弯矩分担

等厚度型钢水泥土搅拌墙作为基坑围护结构，从受力特性角度属于典型的受弯构件。为阐述水泥土和型钢的弯矩分担情况，取 1.2 延米区段内型钢和水泥土单元，通过提取各个深度截面单元节点上的应力并对中轴进行积分，分别求得型钢、水泥土和复合结构总弯矩如图 2-15 所示。型钢水泥土组合墙体的总弯矩分布与型钢分担的弯矩基本一致，而水泥土承担的弯矩仅占总弯矩很小部分。深度约 10m（基底位置）处弯矩最大，总弯矩 M_{total} = 765.4kN·m，型钢弯矩 $M_{h\text{-}steel}$ = 760.8kN·m，水泥土承担的弯矩仅为 M_{cement} = 4.6kN·m。因此在基坑开挖至基底时，由于型钢和水泥土刚度的差异，型钢分担的弯矩占 99%，为型钢-水泥土复合结构中的主要抗弯构件，而水泥土对弯矩的贡献可忽略不计。根据郑刚等（2003、2007、2011）[35-37]、陈辉（2007）[38]等对型钢水泥土复合梁的加载试验可知，水泥土的主要作用是为型钢提供侧向约束，可防止型钢在受弯状态下发生失稳，保证钢材强度的充分发挥。

3. 水泥土局部抗剪特性

根据型钢和水泥土的变形特性，基坑开挖至基底时，基底附近型钢和水泥土侧向位移存在较明显差异，表明两者之间产生了相互错动，型钢和水泥土之间的错动剪应力大小和分布也是型钢水泥土搅拌墙的一个重要分析指标。

型钢和水泥土间的错动剪应力主要反映为沿 YZ 平面方向的错动剪应力 S_{xy}。图 2-16 为型钢和水泥土差异变形最大位置的水泥土剪应力 S_{xy} 分布。错动剪应力 S_{xy} 主要集中在基坑内侧型钢翼缘端部与水泥土的交界处，并逐渐扩展延伸，剪应力最大值为 $S_{xy,max}$ = 0.50MPa。型钢翼缘端部与水泥土交界面范围内型钢和水泥土的相互作用最显著。在型钢腹板附近错动剪应力相对较小，且分布均匀、无应力集中现象。型钢之间的水泥土剪应力较小，普遍为 0.01～0.05MPa。

根据水泥土最大剪应力分布，型钢翼缘端部是最可能发生剪切破坏的位置，因此等厚度型钢水泥土搅拌墙结构中，型钢两端翼缘端部间的型钢和水泥土交界面为最弱剪切面，如图 2-17 所示，在等厚度型钢水泥土搅拌墙的设计中，需对水泥土的抗剪强度提出要求，保证型钢之间水泥土的抗剪强度满足承载力要求。本算例中型钢翼缘端部水泥土交界面平

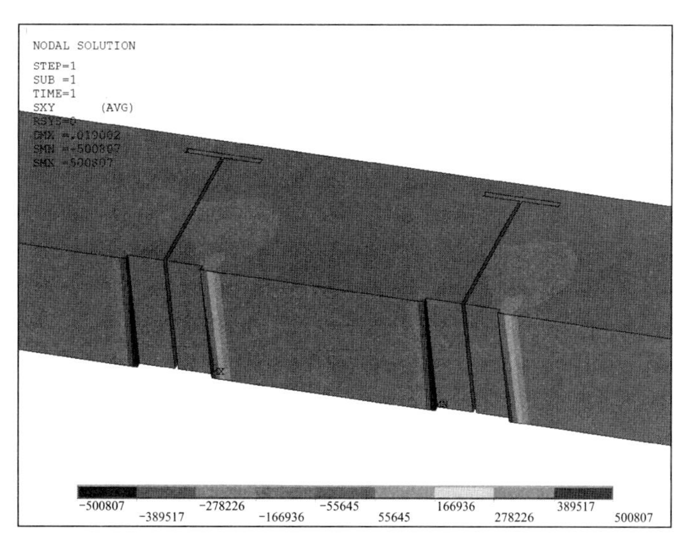

图 2-16　最大 S_{xy} 剪应力位置剪应力分布云图

均剪应力标准值为 $S_{xy,avg}=0.076$MPa，设计值 $S_{xy,d}=0.095$MPa。根据《型钢水泥土搅拌墙技术规程》JGJ/T 199—2010[41]，水泥抗剪强度标准值可取搅拌墙 28 天龄期无侧限抗压强度的 1/3。水泥土墙体 28 天无侧限抗压强度一般不小于 0.8MPa，水泥土抗剪强度设计值约为 0.16MPa，由此可判定本算例中水泥土的局部抗剪满足承载力要求，不会发生水泥土局部抗剪破坏。

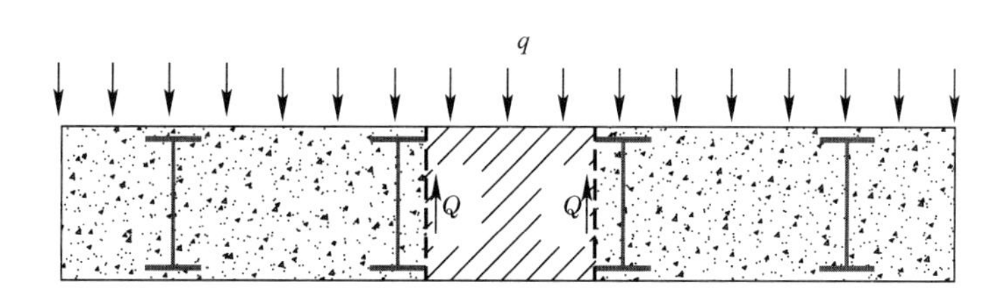

图 2-17　水泥土最弱剪切面（图中虚线所示）

通过三维“m”法对等厚度型钢水泥土搅拌墙作为基坑围护结构在开挖过程中内力和变形的数值模拟，得到了型钢水泥土搅拌墙复合结构的承载变形特性。

在变形特性方面，等厚度型钢水泥土搅拌墙的变形与软土地区板式围护体系变形形态一致。在基底附近变形最大；搅拌墙顶部和底部附近，变形相对较小，型钢和水泥土之间能较好地发挥出协调变形作用；接近基坑坑底位置，型钢和水泥土之间的变形差异较明显，刚度较弱的水泥土变形大于型钢的变形，型钢和水泥土刚度不同引起的变形差异也使得两者之间产生了剪切作用。

在承载特性方面，型钢和水泥土两种材料在刚度上的差异决定了两者应力和内力的分担不同。基坑开挖至基底后，型钢的应力远高于水泥土；复合墙体产生的弯矩中，99％由型钢分担，型钢为主要抗弯构件，水泥土对弯矩的贡献可以忽略。因此在计算等厚度水泥土搅拌墙的抗弯刚度时不应计入水泥土的贡献，弯矩仅由型钢承担。

在水泥土局部抗剪特性方面，型钢和水泥土之间的刚度差异产生相互错动变形趋势，错动剪应力主要集中在坑内一侧的型钢翼缘端部与水泥土的交界处，在型钢腹板附近错动剪应力相对较小。型钢两端翼缘端部间的型钢和水泥土交界面为最弱剪切面，在等厚度型钢水泥土搅拌墙的设计中，需以最弱面处的平均错动剪应力值为控制标准，对水泥土的抗剪强度提出要求，保证型钢和水泥土间的最弱剪切面上的剪应力满足局部抗剪承载力要求。

2.3 等厚度水泥土搅拌墙设计计算

结合等厚度型钢水泥土搅拌墙的承载变形特性，针对等厚度水泥土搅拌墙作为挡土隔水复合围护结构、超深隔水帷幕和地下连续墙槽壁加固的不同应用形式，提出了系统的设计计算方法和构造措施，以指导工程实践。

2.3.1 型钢水泥土搅拌墙设计计算

1. 设计流程

等厚度型钢水泥土搅拌墙支护结构的设计流程与常规板式支护结构设计流程相似，设计过程中需进行一系列的强度计算和稳定性验算，并根据计算结果调整墙体厚度、型钢规格及间距等相关参数，直至满足支护结构内力、变形和稳定性控制要求。等厚度型钢水泥土搅拌墙总体设计流程如图 2-18 所示。

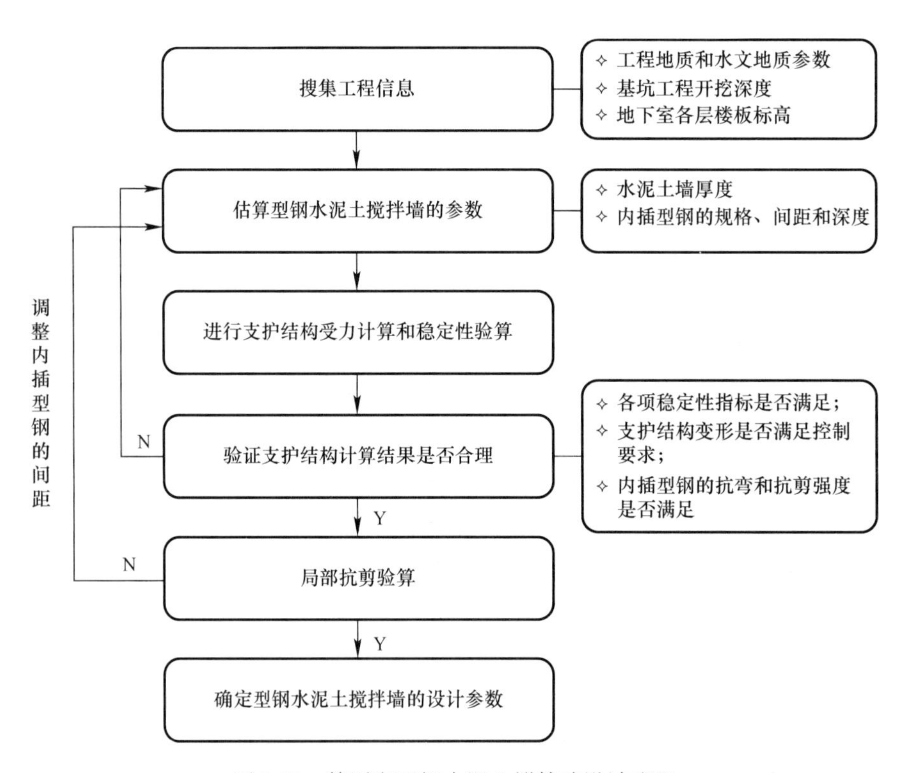

图 2-18 等厚度型钢水泥土搅拌墙设计流程

2. 计算内容

等厚度水泥土搅拌墙内插型钢作为基坑围护结构，需对其变形和内力进行计算，可参照相关规范对柱列式型钢水泥土搅拌墙的规定采用弹性支点法进行变形及内力计算，但在进行水泥土局部抗剪强度验算时，将型钢两翼缘端部与水泥土的交界面作为最弱剪切面进行验算。根据型钢水泥土搅拌墙承载变形特性，型钢为围护结构主要抗弯构件，水泥土对抗弯刚度的贡献可以忽略不计，因此墙体抗弯刚度计算时取型钢的刚度，不计入水泥土墙体的刚度；在进行支护结构内力和变形计算以及基坑抗隆起、抗倾覆、整体稳定性等验算时，围护结构的深度取型钢的插入深度。水泥土搅拌墙的入土深度，除满足型钢的插入要求之外，尚需满足基坑抗渗流稳定性的要求。

1）变形和内力计算

等厚度型钢水泥土搅拌墙围护结构的变形及内力计算可采用板式支护结构常用的弹性地基梁法进行计算。计算时坑内开挖面以上的内支撑或锚杆以弹性支座模拟；坑内开挖面以下作用在围护墙面的弹性抗力根据地基土的性质和施工措施等条件确定，并以水平弹簧支座模拟；坑外作用水土压力。坑内土体的弹性抗力取值以及坑外水土压力具体计算方法应符合相关规范的要求。计算型钢水泥土搅拌墙的抗弯刚度时，只计算内插型钢的截面刚度。在进行围护墙内力和变形计算时，围护墙的深度计算至内插型钢底端为止。

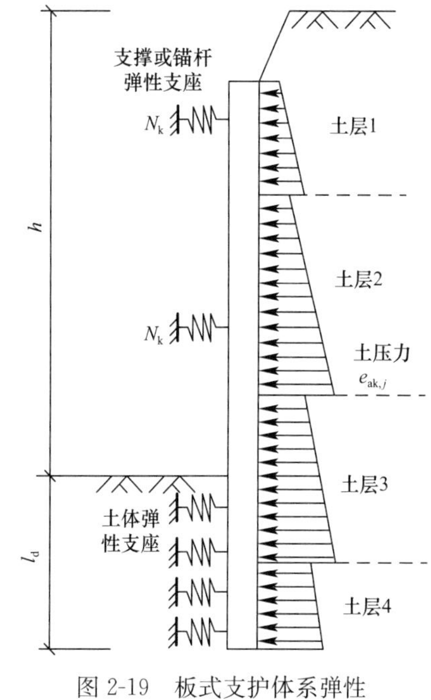

图 2-19　板式支护体系弹性支点法计算示意图

根据采用弹性地基梁（板）法计算得到的内力计算结果对型钢进行设计（图 2-19），并应按以下内容验算型钢截面的抗弯和抗剪承载力。

（1）型钢水泥土搅拌墙的弯矩全部由型钢承担，型钢抗弯承载力需符合下式要求：

$$\frac{1.25\gamma_0 M_k}{W} \leqslant f \tag{2-2}$$

式中　γ_0——支护结构重要性系数，按照《建筑基坑支护技术规程》JGJ 120 取值；

M_k——型钢水泥土搅拌墙的弯矩标准值（N・mm）；

W——型钢沿弯矩作用方向的截面模量（mm^3）；

f——钢材的抗弯强度设计值（N/mm^2）。

（2）型钢水泥土搅拌墙的剪力全部由型钢承担，型钢抗剪承载力需符合下式要求：

$$\frac{1.25\gamma_0 Q_k S}{I \cdot t_w} \leqslant f_v \tag{2-3}$$

式中　Q_k——型钢水泥土搅拌墙的剪力标准值（N）；

S——计算剪应力处的面积矩（mm^3）；

I——型钢沿弯矩作用方向的截面惯性矩（mm^4）；

t_w——型钢腹板厚度（mm）；

f_v——钢材的抗剪强度设计值（N/mm^2）。

2）稳定性验算

等厚度型钢水泥土搅拌墙基坑支护体系的稳定性验算包括：整体稳定性验算、抗倾覆稳定性验算、坑底抗隆起稳定性验算和抗渗流稳定性验算。在进行各项稳定性验算时，围护受力结构的深度取至内插型钢底端为止。具体计算方法及稳定性控制指标可参见相关规范中对板式支护体系稳定性验算的相关规定。

3）水泥土局部抗剪验算

型钢水泥土搅拌墙作为基坑围护结构，根据其承载变形特性，除验算各项稳定性及型钢承载力外，还需对水泥土的局部抗剪承载力进行验算。与SMW工法桩（三轴水泥土搅拌桩内插型钢）由多个圆形截面桩相互咬合搭接构成不同，水泥土搅拌墙等厚连续，墙体本身不存在薄弱面，仅需对型钢翼缘端部与水泥土相交的剪切面进行抗剪验算即可，计算方法如下（图2-20）。

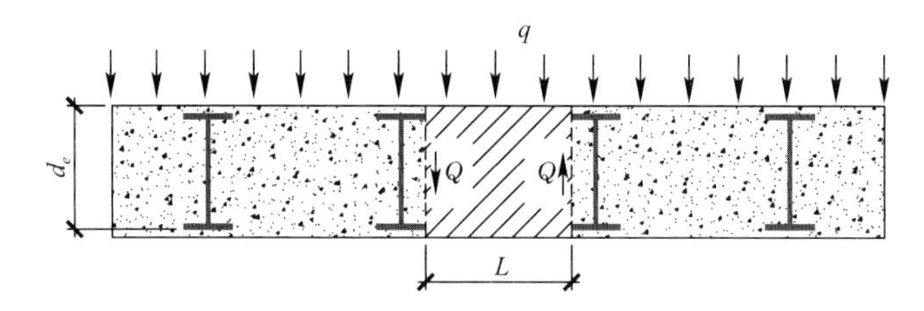

图2-20 型钢水泥土搅拌墙局部抗剪验算示意图

$$\tau_1 \leqslant \tau \tag{2-4}$$

$$\tau_1 = 1.25\gamma_0 Q/d_e \tag{2-5}$$

$$Q = qL/2 \tag{2-6}$$

$$\tau = \tau_c/1.6 \tag{2-7}$$

式中 τ_1——型钢与水泥土之间的错动剪应力设计值（N/mm^2）；

Q——型钢与水泥土之间单位深度范围内的错动剪力标准值（N/mm）；

q——作用于计算截面处的侧压力标准值（N/mm^2）；

L——型钢翼缘之间的净距（mm）；

d_e——型钢翼缘处水泥土墙体的有效厚度（mm），基坑迎坑面型钢外侧墙体厚度应扣除；

τ——水泥土抗剪强度设计值（N/mm^2）；

τ_c——水泥土抗剪强度标准值（N/mm^2），可取搅拌墙28天龄期无侧限抗压强度标准值q_u的1/3。

3. 水泥土搅拌墙体设计

等厚度水泥土搅拌墙墙体厚度范围为550～900mm，以50mm为模数对墙体厚度进行增减。搅拌墙的入土深度宜比型钢的插入深度大0.5～1.0m。等厚度水泥土搅拌墙成墙的垂直度偏差要求不大于1/250，墙位偏差不得大于50mm，墙深偏差不得大于50mm，成墙厚度偏差不得大于20mm。

等厚度水泥土搅拌墙设备在先行挖掘过程中采用挖掘液护壁，挖掘液采用钠基膨润土拌制，每立方被搅拌土体掺入约30～100kg的膨润土（对黏性土一般不少于30kg/m^3，对砂性土一般不少于 50kg/m^3)。等厚度水泥土搅拌墙通常采用 P.O 42.5 级普通硅酸盐水泥，由于在成墙过程中采用锯链式刀具对成层地基土整体切割喷浆搅拌，整个墙体范围内水泥掺量均一，因此在确定搅拌墙水泥掺量时需综合考虑成墙范围内所有土层的特性，水泥掺量一般取 20%～30%，在渗透性较弱的黏性土为主的地层中水泥掺量宜取低值，当地层中存在较厚的高渗透性砂土层时，水泥掺量宜取高值，水灰比一般取 1.0～1.5。水泥土墙体 28 天无侧限抗压强度标准值一般要求不小于 0.8MPa，墙体的渗透系数不大于 1×10^{-6}cm/s，以确保隔水效果。

4. 内插型钢设计

目前国内等厚度型钢水泥土搅拌墙中内插劲性构件以 H 型钢为主，便于回收。内插型钢一般采用 Q235B 和 Q345B 级钢，规格、型号及技术要求需参照现行国家标准《热轧 H 型钢和剖分 T 型钢》GB/T 11263[42] 和行业标准《焊接 H 型钢》YB 3301[43] 选用。

等厚度型钢水泥土搅拌墙中型钢的间距和平面布置需根据计算确定，不同于 SMW 工法桩，等厚度水泥土搅拌墙内插型钢平面布置上具有较大的灵活性，如图 2-21 所示，可根据计算灵活调整型钢间距，但型钢翼缘之间的净距不宜小于 200mm，以便为千斤顶起拔型钢留出操作空间，确保型钢可以顺利拔出。

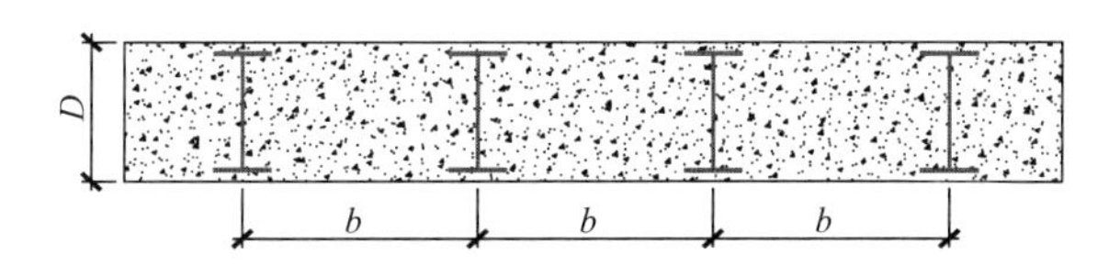

图 2-21　等厚度水泥土搅拌墙内插型钢的平面布置

等厚度型钢水泥土搅拌墙内插型钢规格需与水泥土搅拌墙厚度相匹配，为确保隔水性能及型钢的顺利插入，墙体厚度一般较型钢截面高度大 150～200mm，且型钢外侧水泥土墙体的最小厚度不宜小于 50mm。内插型钢截面高度与墙厚对应关系可按表 2-2 选用。

常用水泥土搅拌墙和内插型钢的规格　　表 2-2

水泥土搅拌墙厚度（mm）	550	600	650	700	750	800	850	900
内插型钢最大截面高度（mm）	400	450	500	550	600	650	700	750

等厚度型钢水泥土搅拌墙中内插型钢材料强度需符合设计要求。单根型钢连接接头不宜超过 2 个，接头的位置应避免设在支撑位置或开挖面附近等构件受力较大处，且接头距离基坑底面不宜小于 2m；相邻型钢的接头竖向位置宜相互错开，错开距离不宜小于 1m。当型钢采用钢板焊接而成时，应按照现行行业标准《焊接 H 型钢》YB 3301 的有关要求焊接成型。型钢宜采用整材；当需采用分段焊接时，应采用坡口等强焊接。对接焊缝的坡口形式和要求应符合现行行业标准《钢结构焊接规范》GB 50661[44] 的有关规定，焊缝质量等级不应低于二级。

型钢垂直于基坑边线平面定位偏差不得大于 10mm，平行于基坑边线平面定位偏差不得大于 20mm，型钢在平面内和平面外的垂直度偏差均不得大于 1/250。对于周边环境条件要求较高、墙体在粉土、砂性土等透水性较强的土层中或对墙体抗裂和抗渗要求较高时，宜增加型钢插入密度。在水泥土墙体转角部位宜增加型钢的插入密度，转角处的型钢宜按 45°方向布置。除环境条件有特殊要求外，内插型钢宜预先采取减摩措施，并拔除回收。

2.3.2 超深隔水帷幕设计

与常规三轴水泥土搅拌桩工艺相比，TRD 工法构建的等厚度水泥土搅拌墙技术成墙深度大，墙体水泥土搅拌均匀，质量可靠，抗渗性优异，地层适用性广，可适用于黏性土、砂土、卵砾石和软岩等多种地层，有效解决了沿江沿海地区深大基坑工程深层承压含水层的隔断问题以及在复杂地层中的施工可行性问题，目前等厚度水泥土搅拌墙作为超深隔水帷幕在国内应用最为广泛，表 2-3 为国内部分超深隔水帷幕应用案例，水泥土墙体实施最大深度已达到 65m。作为超深隔水帷幕时，等厚度水泥土搅拌墙的设计和构造需遵循一定的原则和要求，方能达到可靠的隔水效果。

等厚度水泥土搅拌墙作为超深隔水帷幕部分工程应用　　表 2-3

工程名称	成墙地层	基坑面积（m^2）	基坑挖深（m）	墙厚（mm）	墙深（m）	水泥掺量（%）	水灰比
上海万科南站商务城三期项目	上海典型地层，穿过密实砂层	8000	21	700	65	30	1.2～1.5
上海白玉兰广场工程	上海典型地层，穿过密实砂层	43950	9.3～24.3	800	61	25	1.2～1.5
上海黄浦江上游水源地联通管工程 C6 标 JC11 沉井保护项目	上海典型地层，穿过密实砂层	2500	23	850	60	25	1.2
上海轨道交通 14 号线云山路站	上海典型地层，穿过密实砂层	4300	26.9	700	60	25	1.0～1.5
南京国际博览中心一期扩建工程	过深厚砂层，嵌入风化泥砂岩层	54000	20	700	60	30	1.2～1.5
南京华新丽华河西项目 AB 地块二期工程	南京河西地块典型土层，穿过深厚粉细砂层	45000	14.5～18.3	700	58	25	1.2～1.5
武汉长江航运中心大厦工程	穿过深厚砂层，嵌入中风化泥岩层	38000	10.1～22.8	850	58.6	25	1.2～1.5
武汉新华尚水湾工程	过深厚砂层，嵌入风化泥岩层	29500	15	700	57	25	1.2～1.5

等厚度水泥土搅拌墙作为超深隔水帷幕或作为地下连续墙槽壁加固兼接缝止水时，除了满足 2.3.1 节关于等厚度水泥土搅拌墙的相关设计和构造要求外，尚需满足以下设计和构造要求。

采用等厚度水泥土搅拌墙隔断地下水时，需根据渗流稳定性计算确定墙体的深度，且进入相对隔水层不宜小于 1.0m。采用等厚度水泥土搅拌墙作为深层地下水的悬挂隔水帷幕时，需根据渗流稳定性计算、周边环境控制要求和基坑降水环境影响分析确定墙体的深度。采用等厚度水泥土搅拌墙作为灌注排桩的隔水帷幕，当相邻桩间净距大于 200mm 时，需验算桩间隔水帷幕的抗剪承载力，并对桩间土采取防护措施。

等厚度水泥土搅拌墙的设计深度应根据隔水要求和设备施工能力确定，一般不超过60m，也有少量工程成墙深度超过60m，具体成墙深度尚需根据工程地质情况、设备性能等通过现场试成墙试验确定。为确保水泥土墙体的隔水可靠性，应根据隔水帷幕的深度和地层特性确定墙体厚度，一般不小于550mm，当帷幕深度大于40m时，墙体厚度不宜小于700mm。墙体水泥掺量一般取20%～30%（在渗透性较弱的黏性土为主的地层中水泥掺量宜取低值，当地层中存在较厚的高渗透性砂土层时，水泥掺量宜取高值），目前国内以砂性土为主的地层中成墙水泥掺量一般不小于25%，水灰比一般取1.0～1.5。

等厚度水泥土搅拌墙作为围护排桩外侧的隔水帷幕时（南京河西生态公园项目、江苏淮安雨润中央新天地项目、天津中钢响螺湾项目等均采用了这样的围护形式），如图2-22所示，为防止灌注桩排桩扩孔影响等厚度水泥土搅拌墙施工，应先施工等厚度水泥土搅拌墙，待水泥土搅拌墙达到一定强度后再施工灌注桩排桩。为防止先施工的水泥土搅拌墙侵入灌注桩排桩成桩位置，水泥土搅拌墙应与灌注桩排桩保持一定的距离，两者的净距一般不小于200mm，该距离也不宜过大，过大则易在明水渗流作用下发生桩间土流失，目前已实施的项目中一般均预留200mm左右，具体尺寸尚需根据搅拌墙的深度、垂直度偏差以及地质条件等综合确定。

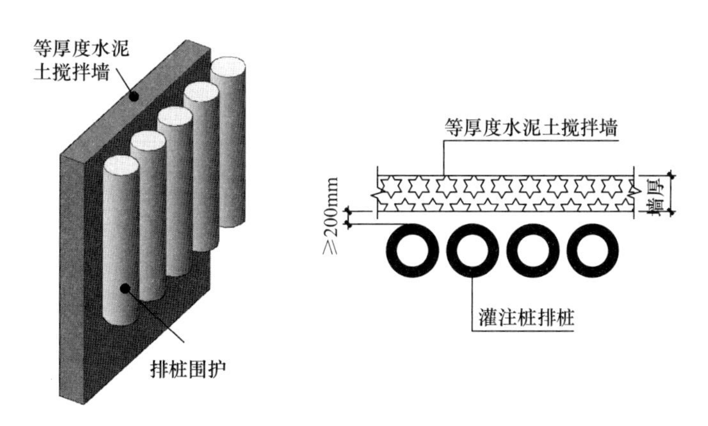

图2-22　等厚度水泥土搅拌墙隔水帷幕与排桩围护结构关系示意图

等厚度水泥土搅拌墙也可以用于地下连续墙外侧作为独立超深隔水帷幕（上海国际金融中心项目、武汉长江航运中心大厦项目等采用了这样的围护形式），如图2-23所示，地下连续墙仅作为挡土受力结构，为防止地下连续墙坍槽外扩影响等厚度水泥土搅拌墙施工，应先施工等厚度水泥土搅拌墙，待水泥土搅拌墙达到一定强度后再施工地下连续墙。为防止先施工的水泥土搅拌墙侵入地下连续墙成槽位置，水泥土搅拌墙应与地下连续墙保持一定的距离，两者的净距一般不小于200mm。

除了单独作为隔水帷幕外，等厚度水泥土搅拌墙也可以用作地下连续墙槽壁加固兼接缝隔水帷幕（上海缤谷文化休闲广场二期工程、上海前滩中心25号地块项目、上海海伦路地块综合开发项目均采用此种形式），如图2-24所示，水泥土搅拌墙与地下连续墙的净距需根据地下连续墙和隔水帷幕的深度、垂直度偏差等综合确定，一般取100～150mm。

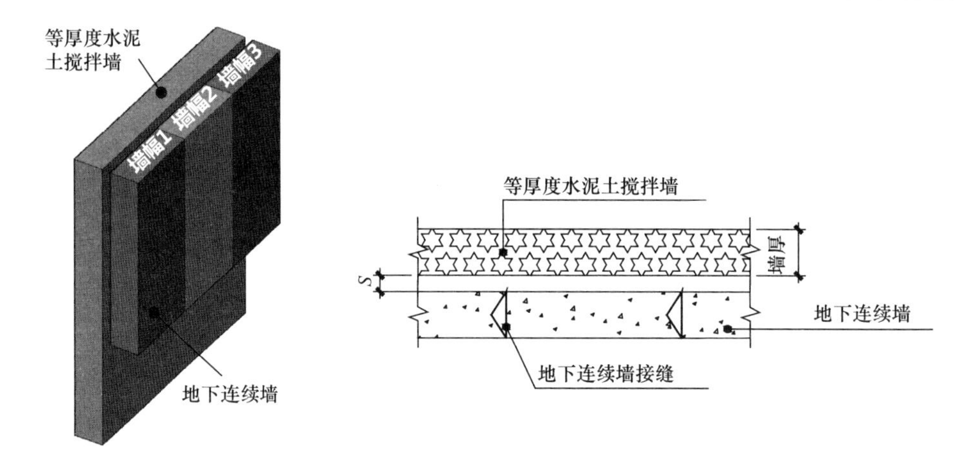

图 2-23　等厚度水泥土搅拌墙隔水帷幕与地下连续墙挡土结构关系示意图

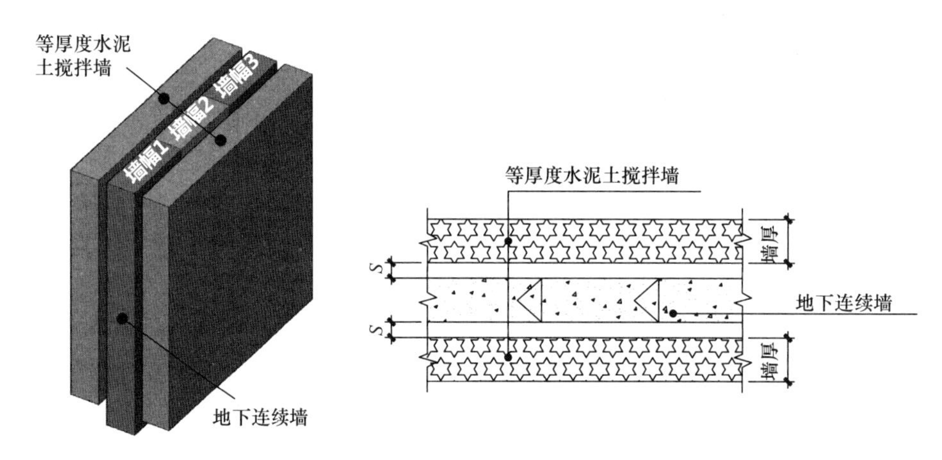

图 2-24　等厚度水泥土搅拌墙槽壁加固与地下连续墙关系平面示意图

2.4　试成墙试验

2.4.1　试成墙试验的目的和要求

国内地质和环境条件复杂多样，不同地区或同一地区的不同区域均存在差异，而水泥土搅拌墙的施工深度大，施工工艺复杂，为了确保成墙质量，更好地指导正式施工，在正式成墙施工前需通过现场试成墙试验确定设计和施工参数，主要包括检验等厚度水泥土搅拌墙工艺在场地地层的施工可行性，确定实际成墙的施工参数，并对水泥土墙体进行强度和抗渗性能检测，以检验成墙效果。

试成墙需要确定的关键施工参数包括：搅拌墙的施工工序；切割挖掘推进速度、回撤挖掘推进速度、喷浆成墙推进速度；搅拌墙挖掘液膨润土掺量、水灰比、流动度；固化液水泥掺量、水灰比、流动度；施工过程切割箱垂直度、成墙垂直度；型钢插拔的难易程度、垂直度等。

试成墙试验段延长一般不小于 6m，深度和厚度不小于正式墙体的规格。在墙体平面上均匀布置不少于 8 个取芯孔，以便通过钻孔取芯芯样全面掌握水泥土搅拌墙成墙质量、水泥土搅拌均匀性、胶结度、强度及抗渗性能。对于邻近敏感保护环境的工程，在试成墙施工前还需布设土体测斜、地面沉降及土体分层沉降等监测点，在试成墙各个工序中进行跟踪监测，以掌握成墙施工全过程土体及环境变形规律。对于内插型钢作为围护结构的工程，还需通过成墙试验确定型钢插入的可行性、难易程度、垂直度，以及水泥土达到 28 天强度后型钢拔出回收的可行性。

2.4.2　试成墙实例

以上海虹桥商务区一期 08 地块 D13 街坊项目所进行的等厚度水泥土搅拌墙现场试成墙试验为例，介绍试成墙的设计、实施、监测和检测情况，可为类似工程试成墙试验提供参考。

1. 试成墙试验概况

本项目基坑面积约为 4.6 万 m^2，普遍挖深约 17.05m。项目场地周边邻近多条市政道路、高架桥和市政管线，环境保护要求较高。基坑开挖过程中面临严峻的深层承压水控制问题，为减小大面积开敞抽降承压水对周边环境的影响，设计采用超深等厚度水泥土搅拌墙阻隔承压含水层，水泥土搅拌墙最大深度 49m，厚度 800mm，水泥掺量不小于 25%。基坑支护结构采用直径 1250～1300mm 的灌注桩结合 3 道钢筋混凝土内支撑的方案。

为确保水泥土墙体施工质量和隔水效果，在正式施工前开展了非原位试成墙试验，对该地层条件下设备的施工能力、设计和施工参数进行验证，对成墙过程引起周边环境的影响进行监测，对成墙质量、强度及隔水性能进行检测，以指导正式墙体的实施，确保隔水可靠性。

试成墙延长 8m，墙体厚度 800mm，深度 52m，如图 2-25、图 2-26 所示。根据成墙范围内土层的特性初步确定水泥掺量为 25%，水灰比 1.5，膨润土掺量 50～100kg/m^3。成墙施工过程中，要求墙体垂直度偏差不大于 1/250，墙位偏差不大于＋20mm～－50mm（向坑内偏差为正），墙深偏差不大于 50mm，成墙厚度偏差控制在 0～＋20mm，墙体 28d 钻孔取芯芯样强度要求不小于 0.8MPa，墙体渗透系数不大于 10^{-6}cm/s 量级。试成墙实施前，布设了地表沉降、深层水平位移和深层土体分层沉降监测点，如图 2-27 所示。

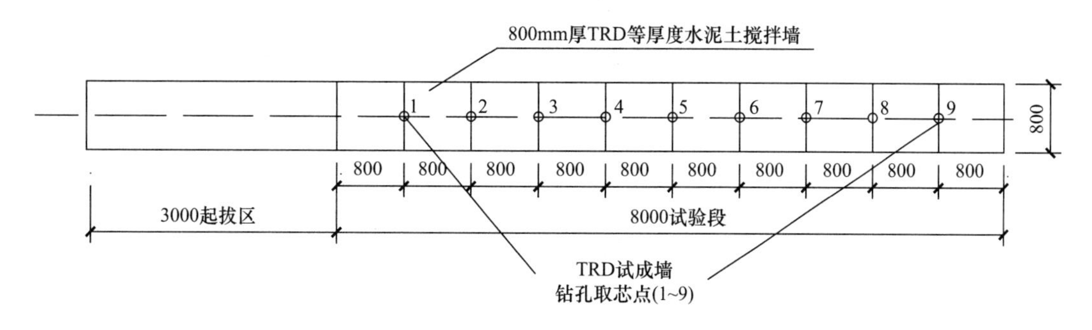

图 2-25　试成墙平面布置图

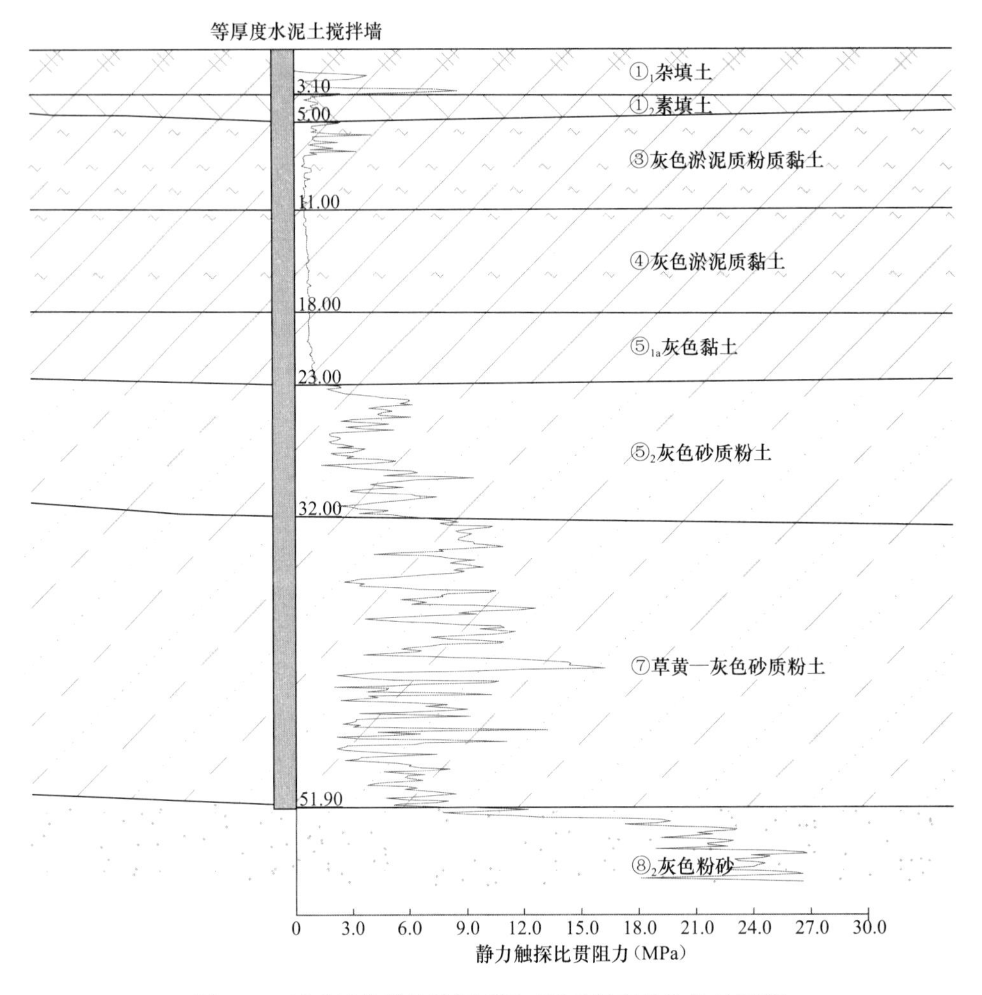

图 2-26　试成墙位置地质剖面图（图示标高均为绝对标高）

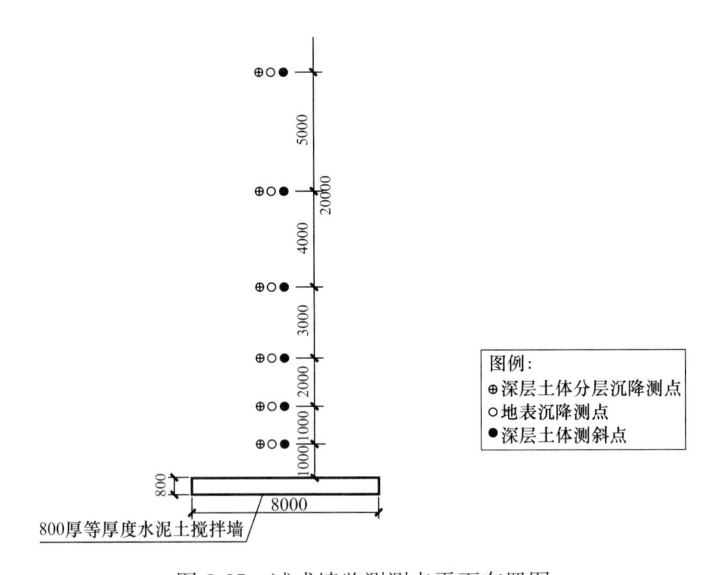

图 2-27　试成墙监测测点平面布置图

2. 试成墙的实施

试成墙采用三工序成墙施工工艺（即先行挖掘、回撤挖掘、成墙搅拌，关于三工序成墙工艺详见本书 3.3.4 节）。切割箱配置总长 52.95m，实际钻进深度 52m，进入第⑦砂质粉土层 19.3m；实际切割成槽长度 11m，其中 8m 为试验段，3m 为切割箱起拔区。施工过程中设备运转正常，平均先行挖掘速度约 45min/m，平均回撤速度约 12min/m，平均成墙推进速度约 32min/m。施工墙体实际最大偏差约 85mm，偏差控制在 1/250 以内。

3. 试成墙施工环境影响监测

试成墙施工过程中，对地表沉降、土体深层水平位移进行了跟踪监测，详细监测成果可参见 3.4.1 节。根据监测数据，成墙施工过程中邻近地表沉降和土体侧向变形均较小，地表最大沉降约 4mm，土体最大侧向变形约 8mm；成墙对周边土体的影响主要为距墙体约 10m 范围内。

4. 试成墙检测

试成墙养护龄期达到 14 天后，对 2、4、6、8 号孔进行了取芯，养护龄期达到 28 天后，对 1、3、5、7、9 号孔进行了取芯，钻孔位置见图 2-26，对芯样分别进行了强度和抗渗性能试验。

图 2-28 为试成墙取芯芯样照片，芯样自上而下较为完整，芯样连续性好，破碎较小，芯样灰量足并自上而下均匀呈水泥土颜色。根据试成墙芯样强度检测结果，如图 2-29 所示，14d 取芯芯样无侧限抗压强度介于 0.28～1.79MPa，平均强度为 0.62MPa；28d 取芯芯样无侧限抗压强度介于 0.85～1.70MPa，平均强度为 1.03MPa。在钻取的芯样中，选取 1 号孔、2 号孔芯样进行室内渗透性试验；选取 3 号孔、4 号孔进行现场注水原位渗透性试验，墙体渗透系数试验结果如图 2-30、图 2-31 所示，均达到 10^{-6}cm/s 量级，满足墙体的隔渗要求。

(*a*)

(*b*)

图 2-28　试成墙取芯芯样照片

(*a*) 芯样照片 1；(*b*) 芯样照片 2

结合试成墙试验，建立了适合本项目场地地层条件的设计和施工参数，成墙施工对周边地层的扰动较小，墙体的强度和抗渗性能均能满足隔水帷幕的要求，为本项目正式墙体的实施提供了指导。

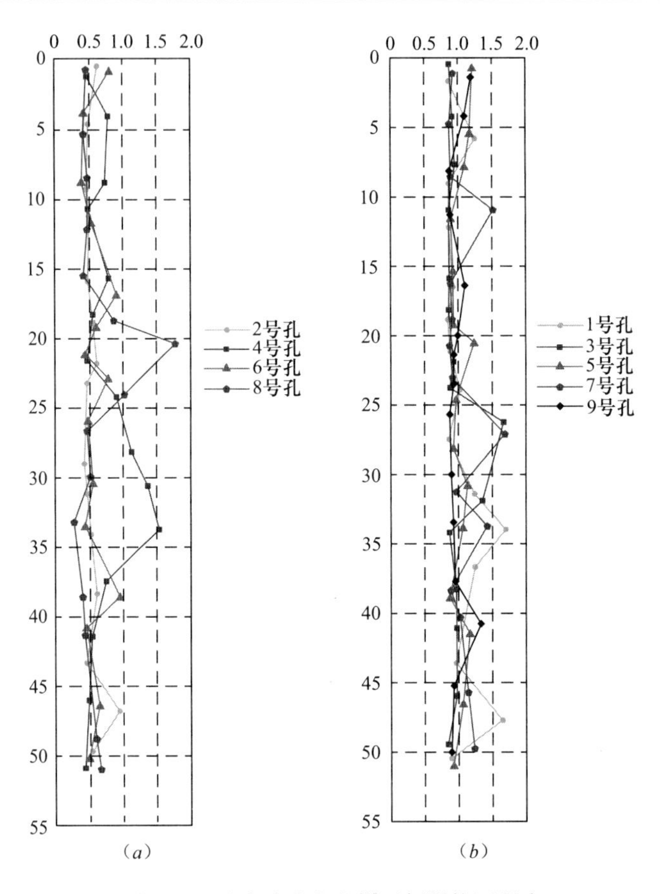

图 2-29 试成墙取芯芯样无侧限抗压强度

(a) 14 天芯样强度；(b) 28 天芯样强度

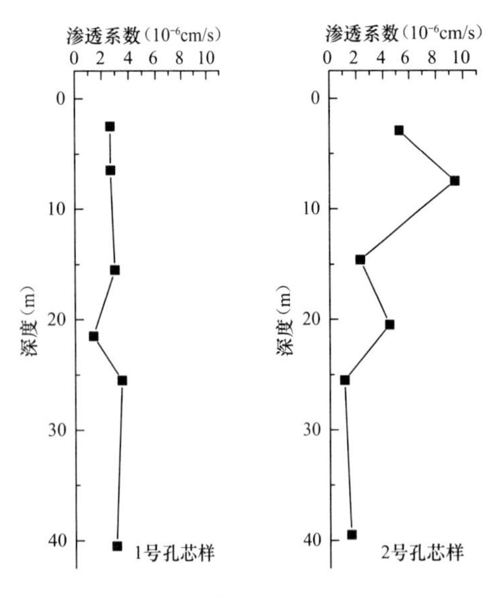

图 2-30 芯样渗透试验检测结果

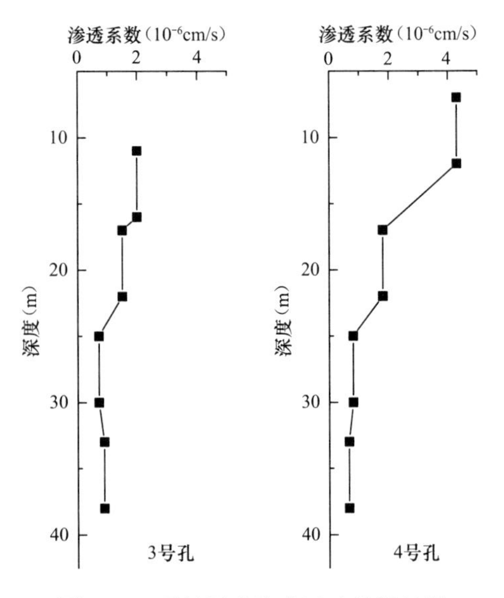

图 2-31 现场压力注水试验检测结果

2.5　设计实例

上海奉贤中小企业总部大厦项目位于奉贤区南桥镇，基坑总面积约为 23000m^2、挖深约 11.85m，采用等厚度型钢水泥土搅拌墙作为基坑挡土隔水复合围护结构，基坑竖向设两道钢筋混凝土圆环支撑。

本项目水泥土搅拌墙厚度 850mm，墙体深度 26.55m，墙底进入⑤$_{1-2}$和⑥粉质黏土隔水层约 4.5m，隔断坑内外潜水和微承压含水层。水泥土掺量不小于 25%、水灰比 1.5，每立方被搅土体掺入约 100kg 膨润土，水泥土搅拌墙 28d 无侧限抗压强度标准值要求不小于 0.8MPa。墙体内插 H700×300×13×24 型钢，钢材牌号 Q235B，型钢中心距 900mm，有效长度 20.5m，插入基底深度 10.5m。基坑支护剖面和地层分布详见图 2-32。

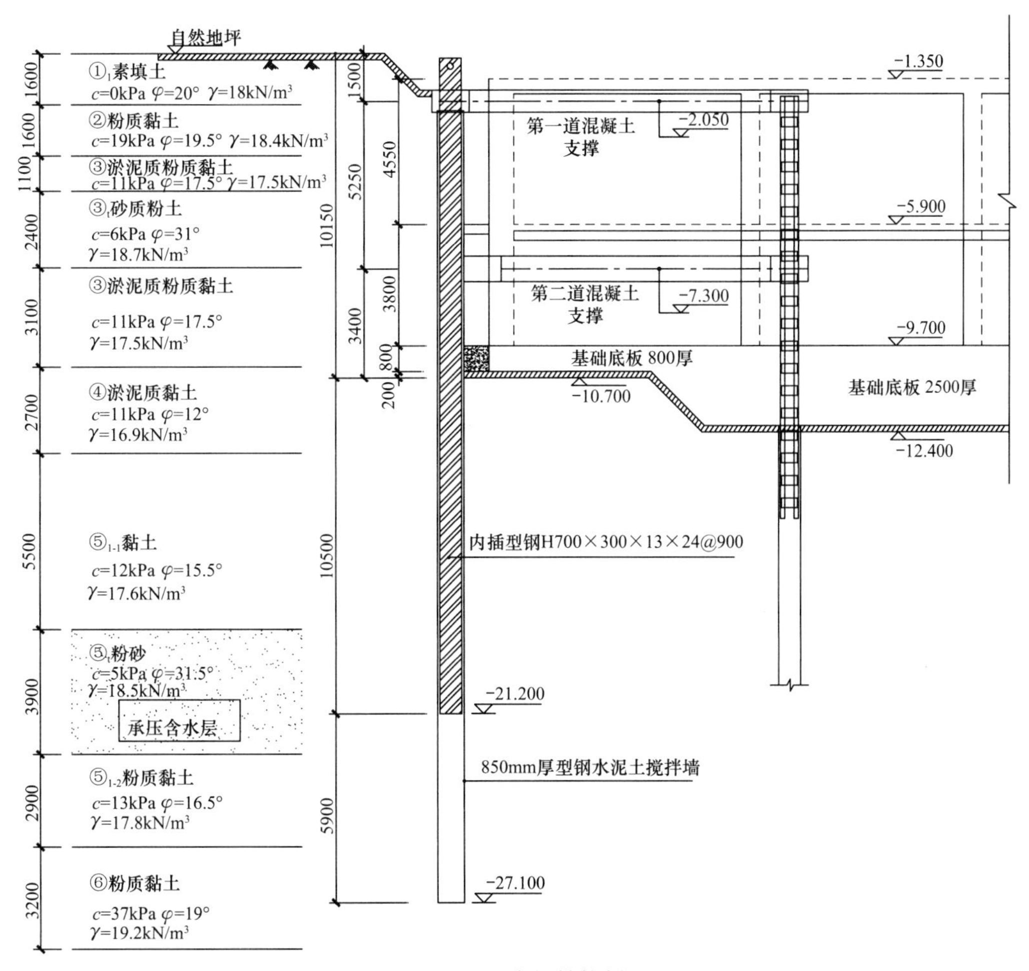

图 2-32　基坑支护结构剖面图

采用板式支护体系弹性支点法进行内力变形计算和稳定性验算，计算表明，型钢的插入深度满足各项稳定性要求。利用三维“m”法建立三维模型对基坑开挖过程进行了模拟分析，作为弹性支点法的补充和对照，三维有限元模型如图 2-33 所示。两种计算方法与

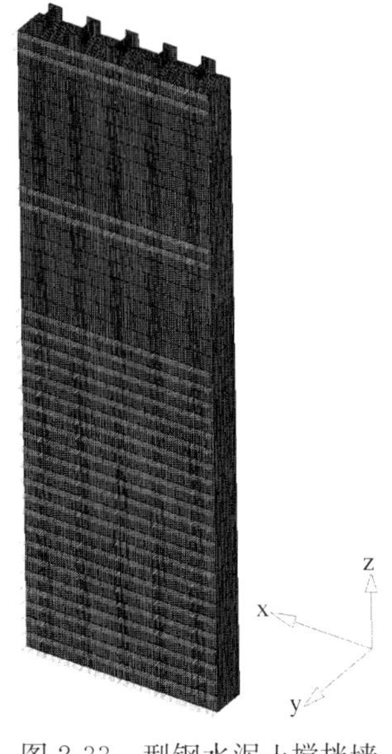

图 2-33　型钢水泥土搅拌墙三维“m”法模型

现场实际开挖工况对应，首先开挖第一层土方至第一道支撑底部，施工第一道支撑；再开挖第二层土方至第二道支撑底部，施工第二道支撑；最后开挖剩余土方至基底。

（1）型钢抗弯承载力验算：根据式（2-2），支护结构重要性系数 $\gamma_0=1.0$，板式支护体系弹性支点法计算的型钢最大弯矩标准值 $M_k=734\text{kN}\cdot\text{m}$，型钢抗弯截面模量 $W=5560190\text{mm}^3$，型钢截面最大正应力计算如下：

$$\frac{1.25\gamma_0 M_k}{W}=\frac{1.25\times1\times734\times10^6}{5560190}=165\text{MPa}<f=205\text{MPa},$$

满足抗弯承载力要求。

三维“m”法模型计算型钢最大正应力标准值为 138MPa，设计值为 172.5MPa，与弹性支点法计算结果接近，满足承载力要求。

（2）型钢抗剪承载力验算：根据式（2-3），板式支护体系弹性支点法计算的型钢水泥土搅拌墙单根型钢最大剪力标准值 $Q_k=410.7\text{kN}$，型钢面积矩 $S=3124390\text{mm}^3$，惯性矩 $I=1946069900\text{mm}^4$，腹板厚度 $t_w=13\text{mm}$，型钢截面抗剪承载力计算如下：

$$\frac{1.25\gamma_0 Q_k S}{I\cdot t_w}=\frac{1.25\times1\times410700\times3124390}{1946069900\times13}=63.4\text{MPa}<f_v=120\text{MPa},$$ 满足抗剪承载力要求。

三维“m”法模型计算型钢最大剪应力标准值 47.6MPa，设计值 59.5MPa，与弹性支点法计算结果接近，满足承载力要求。

（3）水泥土局部抗剪验算：根据式（2-4）～式（2-7），型钢翼缘之间的净距 $L=600\text{mm}$，作用于计算截面处的侧压力标准值 $q=0.162\text{N/mm}^2$，型钢翼缘处水泥土墙体的有效厚度 $d_e=775\text{mm}$，搅拌墙 28 天龄期无侧限抗压强度标准值 $q_u=0.8\text{MPa}$，水泥土局部抗剪计算如下：

$\tau_1=1.25\times1\times(0.162\times600/2)/775=0.079<\tau=0.8/(3\times1.6)=0.16\text{MPa}$，满足抗剪要求。

三维“m”法的计算结果，剪切面的平均剪应力标准值为 $S_{xy,avg}=0.076\text{MPa}$，设计值 $0.095\text{MPa}<0.16\text{MPa}$，满足要求。

（4）型钢水泥土搅拌墙变形计算：板式支护体系弹性支点法计算得到型钢水泥土搅拌墙最大侧移为 34.8m；三维“m”法计算所得最大侧移为 36.3mm，两种方法计算结果基本一致，最大变形发生在基底附近位置。图 2-34 所示为两种方法计算结果与墙体实测位移的对比。可以看出，计算和实测的围护体

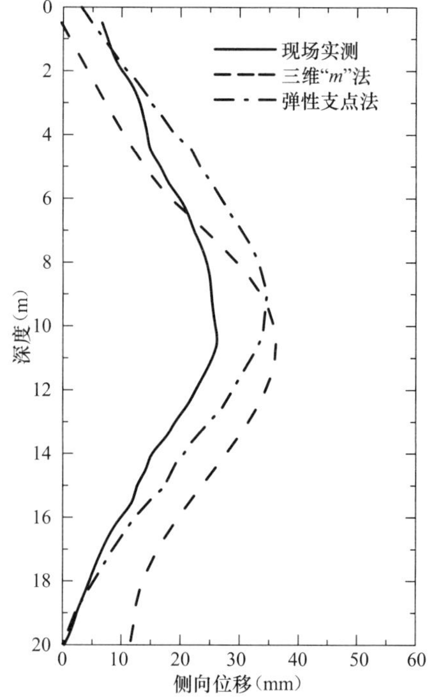

图 2-34　等厚度型钢水泥土搅拌墙实测与计算变形对比

水平位移曲线总体趋势和分布形态基本一致，实测围护体最大水平位移 26.4mm，发生在距地表深度约 10.5m 的位置，计算位移稍大于实测值。

本项目基坑已顺利实施完成，图 2-35 为基坑开挖至基底的实景。等厚度型钢水泥土搅拌墙在本项目中发挥了优异的隔水性能，大大减小了坑内降水对周边环境的影响；同时水泥土墙体和型钢复合结构充分发挥了各自的材料特性，基坑变形控制在允许范围；型钢在基坑实施完成后顺利拔除回收，降低了基坑工程造价和能耗，取得良好的应用效果。

图 2-35　基坑实施实景

第3章　TRD工法等厚度水泥土搅拌墙施工与环境影响控制

3.1　概述

TRD工法等厚度水泥土搅拌墙技术最初基于日本的地层条件和工程需求研发，在国内工程实施过程中碰到一系列新的难题。一方面水泥土墙体施工过程中面临的地层条件复杂多样，不同地区或同一地区的不同区域都存在差异，如上海、天津等地区为典型的"上软下硬"地层，地基200m深度范围内以黏土和砂土为主，浅层为软黏土层，深层为深厚富含承压水的密实砂层；南京、武汉等地区分布有深厚的密实砂层，砂层以下为强度达到10MPa左右的岩层；南昌、杭州等地区地基较浅即分布有卵砾石层和软岩地层，对于不同地质条件需采取针对性施工控制措施。其次城市地下空间开发面临的环境条件愈发复杂敏感，超深水泥土搅拌墙用于控制抽降承压水对周边环境影响的同时，往往也需要紧邻运营中的地铁隧道、建筑物、大直径市政管线、管廊等环境实施，例如上海新闸路西斯文理项目中水泥土搅拌墙距离运营中地铁隧道最近仅2.6m，需要解决超深墙体施工对邻近敏感环境的影响控制问题。此外，等厚度水泥土搅拌墙在国内的应用形式多样，可作为超深隔水帷幕，可内插型钢作为围护结构，还可作为地基加固，不同的应用形式有不同的施工控制要求。为此本章基于等厚度水泥土搅拌墙技术在国内不同地质和环境条件下的成功实践，系统地阐述了复杂地质和敏感环境条件下TRD工法等厚度水泥土搅拌墙的施工工艺、施工与控制以及超深墙体施工环境影响控制，可为等厚度水泥土搅拌墙技术在类似工程中的实施提供参考。

3.2　施工工艺

3.2.1　施工流程

TRD工法等厚度水泥土搅拌墙施工流程主要包括前期的施工准备、主机及配套设备拼装就位、主机推进成墙、退避挖掘养生等环节。当采用劲性水泥土搅拌墙围护结构时，施工流程还应包括型钢等劲性构件的插入与拔出工序。场地整平后需施工硬化道路或铺设钢板确保施工设备平稳行走，以保证成墙垂直度。TRD工法链锯式切割箱需逐节接长并掘削至设计深度，在施工准备阶段应预先开挖放置切割箱的预埋穴沟槽，并放置预埋箱，以便切割箱拼接。为了避免切割箱反复插拔，完成每段墙体后的间歇时间里，一般不将切割箱拔出，而是将切割箱继续向前推进一段距离，推进过程中注入膨润土泥浆，形成与已施工墙体具有一定安全距离的静置养生区，以防止水泥浆凝固抱死切割箱。图 3-1 为等厚度水泥土搅拌墙施工工艺流程图，当仅作为隔水帷幕无须插入型钢时，则可略去工艺流程图中的插入型钢工序。

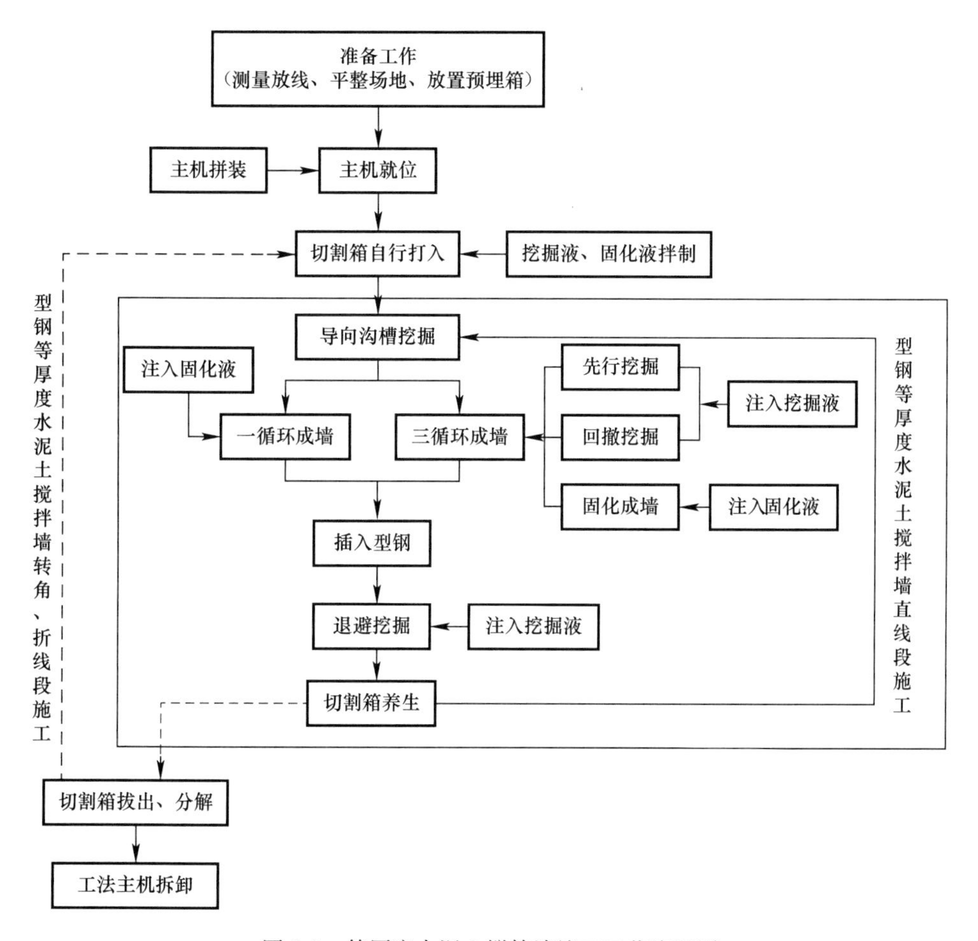

图 3-1　等厚度水泥土搅拌墙施工工艺流程图

3.2.2　施工准备

等厚度水泥土搅拌墙施工前的准备主要包括施工场地的探障与清障、施工道路修筑、钢板铺设、测量放线定位等。TRD 工法施工设备对地基承载力有一定的要求（如 TRD-Ⅲ型机在切割箱启动切边和切割箱拔出作业时前侧单边履带的最大接地压力可达 426kPa），需要预先对施工道路地基承载力进行验算，并采取相应措施。若地基承载力不满足要求，应结合计算采取修筑施工道路、铺设钢板或路基箱等措施扩散压力。对于特别软弱的地基也可对施工道路范围地基土采取适当的加固措施，以满足履带主机平稳行进和吊车安全作业要求，确保成墙的垂直度。

（1）测量放线

根据设定好的坐标基准点和水准点，按施工图测放每段墙体的轴线位置及高程，并做好稳固的标识。

（2）平整场地

施工设备进场前应对场地进行平整，为施工操作提供良好的作业面和作业环境。TRD工法主机施工过程中会对地面产生一定的压力，为确保地基承载力满足要求，施工时可以在主机作业范围设置钢筋混凝土硬地坪，或在平整场地后铺设双层钢板，一般采用下层钢板长边垂直于主机行走方向铺设、上层钢板平行于主机行走方向铺设的方法，以充分扩散施工设备压力，确保TRD工法机平稳行进，防止发生偏斜。施工前需在TRD工法机对面的沟槽边设置定位型钢为施工设备行进提供导向参照，定位型钢内侧与墙体外边净距一般控制在200～300mm左右。当需要内插型钢等劲性构件时，可在定位型钢上做好构件插入位置标记，以便控制型钢位置。定位型钢及钢板铺设如图3-2所示。

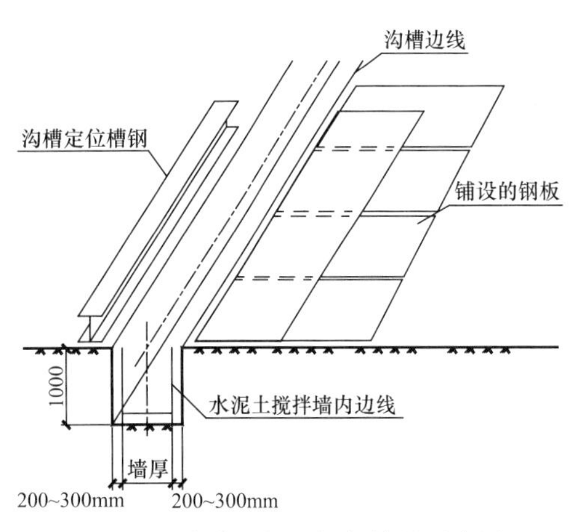

图3-2　定位型钢及钢板铺设示意图

（3）开挖沟槽、放置预埋箱

成墙施工前需沿等厚度水泥土搅拌墙内边控制线开挖预埋穴及导向沟槽，如图3-2所示，预埋箱吊放入穴后，箱体四周用素土回填密实。当对墙体平面位置及竖向垂直度偏差要求较高时，可沿成墙位置设置钢筋混凝土导墙，以更好地控制墙体的平面位置和墙体的竖向垂直度。

（4）浆液拌制

等厚度搅拌墙在挖掘过程中注入挖掘液，挖掘液主要为膨润土泥浆。在搅拌成墙过程中注入固化液，固化液主要为水泥浆液。固化液和挖掘液的配置是成墙施工的关键环节，直接关系到槽壁稳定和成墙质量。浆液拌制应采用电脑计量自动拌浆设备，浆液拌制好后，停滞时间不得超过2小时，随拌随用。挖掘过程中槽内混合泥浆的流动度，需采用专业流动度测试仪测定。挖掘液水灰比一般控制在5～20，槽内挖掘液混合泥浆流动度一般控制在135～240mm；固化液水灰比一般控制在1.0～1.5，固化液混合泥浆流动度一般控制在150～280mm。

（5）主机就位

主机施工行走时内侧履带或步履底盘沿钢板上设定的定位线移位，同时控制定位型钢外侧至履带或步履底盘的距离，用经纬仪和水准仪分别测量主机垂直度，钢板的路面标高。主机就位复核：定位偏差值≤20mm，标高偏差不大于100mm，主机垂直度偏差≤1/250。

引导主机移动的定位线因机型不同而异，不同TRD工法机定位线到轴线距离如表3-1所示。

TRD工法机定位线到轴线距离表　　　　**表3-1**

序号	机型	定位线到墙体轴线距离	备注
1	TRD-Ⅲ	2.88m	定位线沿主机靠近沟槽的履带或步履边设定
2	TRD-E	3.05m	
3	TRD-D	3.30m	

3.2.3 施工工艺

1. 切割箱沉入

TRD工法机链锯式切割箱是分段拼装的，随着切割箱锯链式刀具对地层的切削下沉逐段沉入至设计墙底标高。在切割箱切削下沉过程中注入膨润土挖掘液，以稳定槽壁。切割箱侧面链条上的刀具长度一般为550～900mm，切割箱宽度为1.7m。单节切割箱长度规格有1.2m、2.4m、3.6m、4.8m等几种尺寸，需根据设计墙深对切割箱进行组合拼装，根据设计墙厚对不同尺寸的刀具进行排列组合。切割箱沉入环节关键是控制平面定位、竖向标高和平面内、外的垂直度。平面定位可通过精准的防线定位进行控制，竖向标高可通过预先测量、切割箱上标记控制下沉进尺深度。切割箱体内置多段式测斜仪，切割箱沉入过程中测斜仪将切割箱体（即墙体）垂直度实时显示在驾驶室操控屏幕。垂直度偏差较大时，可采用机身斜支撑调整墙体面外垂直度，竖向油缸调整墙体面内垂直度，将切割箱的垂直度偏差控制在1/250以内。切割箱自行打入挖掘工序如图3-3所示。

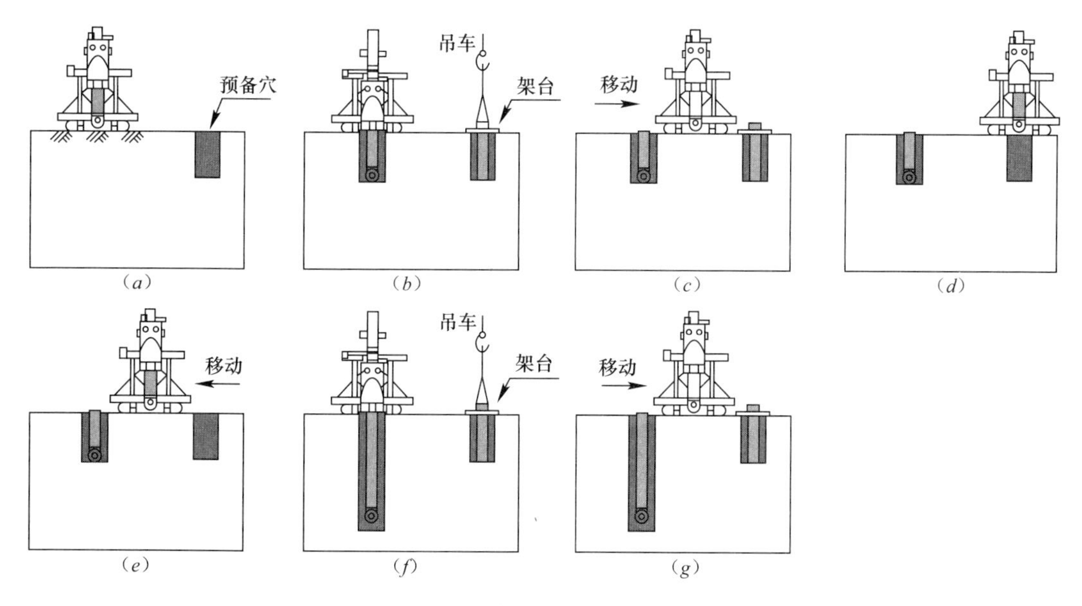

图3-3 切割箱打入挖掘工序示意图

(*a*) 连接准备完毕；(*b*) 切割箱放置预备穴；(*c*) 主机移动；(*d*) 连接后将切割箱提起；(*e*) 主机移动；(*f*) 连接后向下切削，预备穴放置下一节切割箱；(*g*) 重复操作3～6次，切割箱切削下沉至设计深度

2. 成墙工序

等厚度水泥土搅拌墙有一工序成墙和三工序成墙两种成墙施工工艺。三工序成墙对地层进行预先松动切削，成墙推进速度稳定，利于水泥土均匀搅拌，对深度和地层的适用性相比一工序成墙更加广泛。目前国内实施的等厚度水泥土搅拌墙多用于超深隔水帷幕工程和复杂地层条件，成墙施工难度较大，为确保成墙质量多采用了三工序成墙工艺。

（1）三工序成墙包括先行挖掘、回撤挖掘、成墙搅拌三个工序。当主机就位，链锯式切割箱分段拼接并挖掘至设计墙底标高后，沿墙体轴线水平横向挖掘，并在挖掘过程中注入挖掘液。当沿墙体轴线水平横向挖掘一段设定距离（一般8～15m），再向起点方向回撤挖掘，并将已施工的墙体切削掉一定长度（一般不宜小于500mm），然后注入固化液再次向前推进并与土体混合搅拌，形成连续的等厚度水泥土搅拌墙。图 3-4 为三工序水泥土搅拌墙成墙示意图。

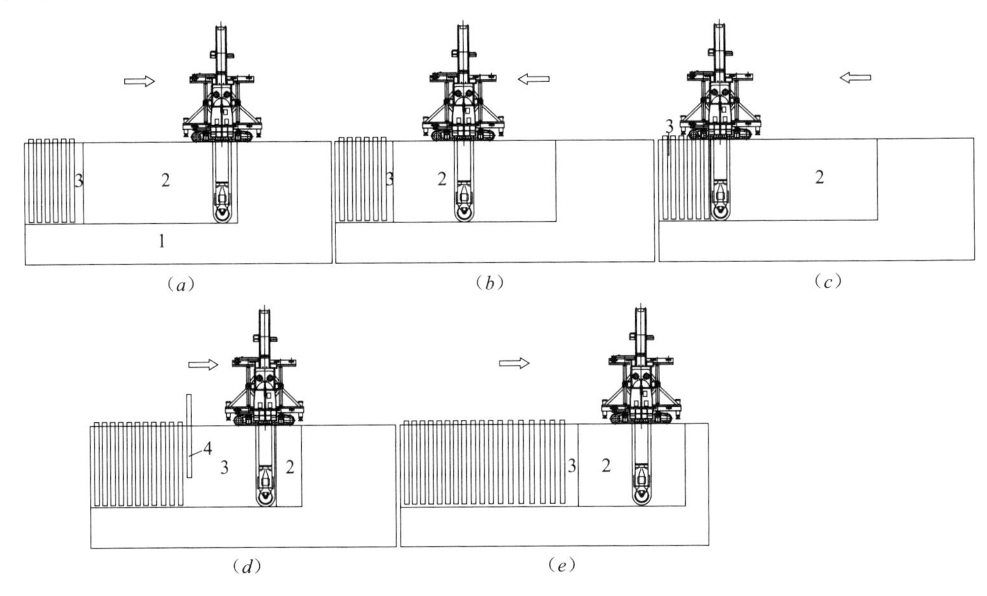

图 3-4　三工序施工工序示意

(*a*) 先行挖掘；(*b*) 回撤挖掘；(*c*) 切入已成型墙体 50cm 以上；(*d*) 成墙搅拌、插入构件；(*e*) 退避挖掘、切割箱养生

1—原状土；2—挖掘液混合泥浆；3—搅拌墙；4—构件

(2) 一工序成墙省去了三工序成墙中的回撤挖掘工序，将先行挖掘与喷浆搅拌成墙合二为一，即链锯式切割箱向前掘进过程中直接注入固化液搅拌成墙。图 3-5 为一工序水泥土搅拌墙成墙示意图。

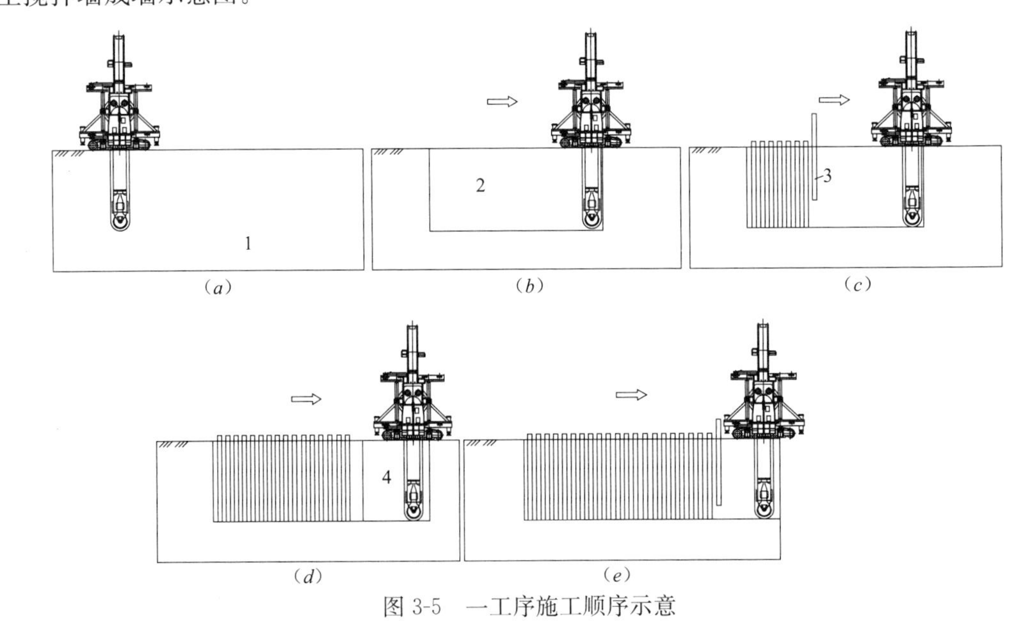

图 3-5　一工序施工顺序示意

(*a*) 切割箱自行打入挖掘；(*b*) 横向挖掘、搅拌、成墙；(*c*) 搅拌、成墙、构件插入；

(*d*) 切割箱养生；(*e*) 搭接及后续墙体施工

1—原状土；2—搅拌墙；3—构件；4—养生区

三工序成墙和一工序成墙各有特点，在复杂地层中及超深墙体施工时采用三工序成墙更易于确保墙体施工质量。当墙体深度不大，地层以软土为主且土层分布比较均匀时，可考虑采用一工序成墙。由于国内地质情况复杂多样，建议通过现场试成墙试验选用合理的成墙工序。

3. 退避挖掘和切割箱养生

搅拌墙成墙工序在采用一工序或三工序完成一段墙体后（一般每天施工 10～20 延米），切割箱需进行退避挖掘、退避养生作业。切割箱退避挖掘 1m，同时注入 1.0～2.0m^3 的清水冲洗注浆管路，管路冲洗后再注入水灰比不小于 5 的挖掘液，切割箱再退避挖掘 1m，在距离成墙区域 2m 位置进行泥浆护壁、切割箱养生 30min 后方可进入下一段成墙工序。图 3-6 为退避挖掘和切割箱养生工序示意图。

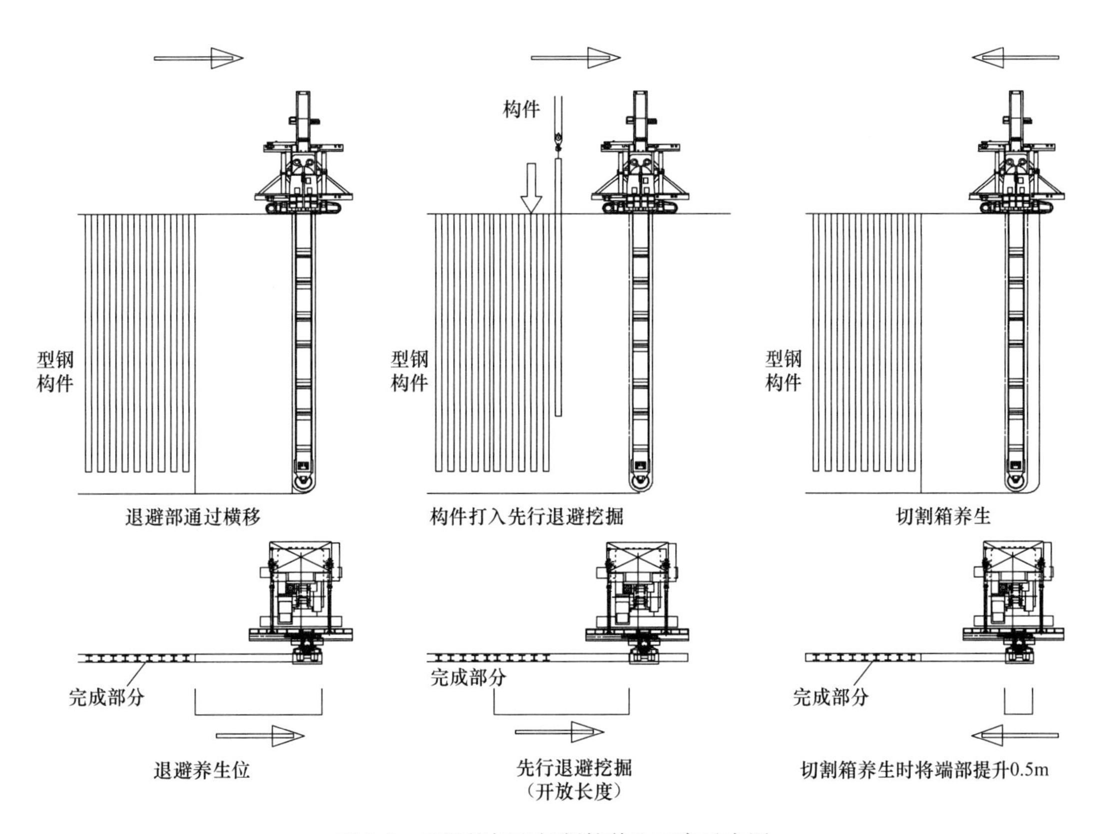

图 3-6　退避挖掘和切割箱养生工序示意图

4. 切割箱拔出

等厚度水泥土搅拌墙施工完成后，应立即将主机与切割箱进行分离，以免被凝固的水泥浆液抱住。根据吊车的起吊能力一般将切割箱分成 2～3 节/次起拔，如图 3-7 所示。等厚度水泥土搅拌墙仅作为止水帷幕时，为避免转角部分重叠，墙体成型后在墙体成型面内侧拔出切割箱（简称内拔）；当等厚度水泥土搅拌墙需内插型钢作为挡土止水复合围护结构时，若场地条件允许，宜从墙体施工位置到墙体的外面进行退避挖掘再拔出切割箱（简称外拔）。

(a)

(b)

图 3-7 切割箱拔出实景

3.3 施工与控制

等厚度水泥土搅拌墙施工属于深入地下的隐蔽工程，其施工过程控制是确保成墙质量的关键，下文系统地阐述了水泥土搅拌墙施工过程中墙体垂直度和切割行进控制、切割箱刀具选用和优化组合、浆液配置及工艺参数控制、成墙工序控制、喷浆成墙控制、嵌岩切割行进控制、切割箱起拔控制、型钢插入与回收控制以及施工全过程质量控制等内容。

3.3.1 墙体垂直度和切割行进控制

等厚度水泥土搅拌墙作为超深隔水帷幕或地下连续墙槽壁加固施工过程中需严格控制墙体平面外垂直度和墙体平面内行进方向的偏差，防止水泥土搅拌墙体垂直度或行进方向偏差过大侵入后续围护结构施工的范围，影响围护桩或地下连续墙的施工。

1. 墙体垂直度实时监控

TRD 工法机施工过程中可对水泥土搅拌墙体施工参数实时监控，包括水平油缸和垂直油缸压力、切割箱横行速度、挖掘液（固化液）流量，特别是在切割箱箱体内设置的多段式测斜仪，如图 3-8 所示，可在水泥土搅拌墙施工过程中对墙体面内和面外垂直度的双向实时监控，如图 3-9 所示，使墙体垂直度可控可调。施工前应校正或更换切割箱内的倾斜计，确保倾斜计能实时准确监测搅拌墙的垂直度。垂直度偏差较大时，可采用机身斜支撑调整墙体面外垂直度，竖向油缸调整体面内垂直度。墙体施工的实时监控技术为超深水泥土搅拌墙墙体隔水性能提供了可靠的技术保障，目前所施工项目的墙体垂直度可控制在 1/250 以内。

2. 墙体切割行进轴线控制

TRD 工法等厚度水泥土搅拌墙施工过程中通过激光束引导主机行进，进行成墙轴线及墙体位置的实时控制与校正。在主机施工过程中采用激光经纬仪射出的光束照射到安装

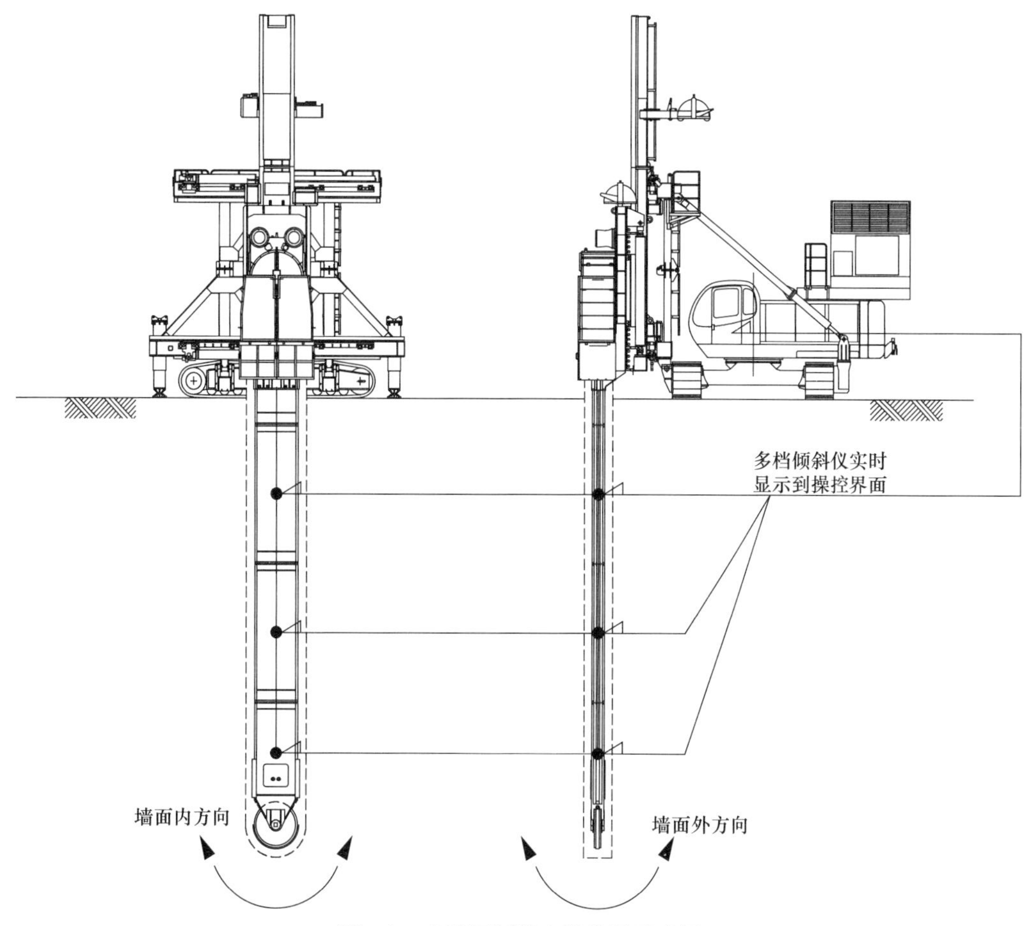

图 3-8　多档倾斜仪安装位置示意图

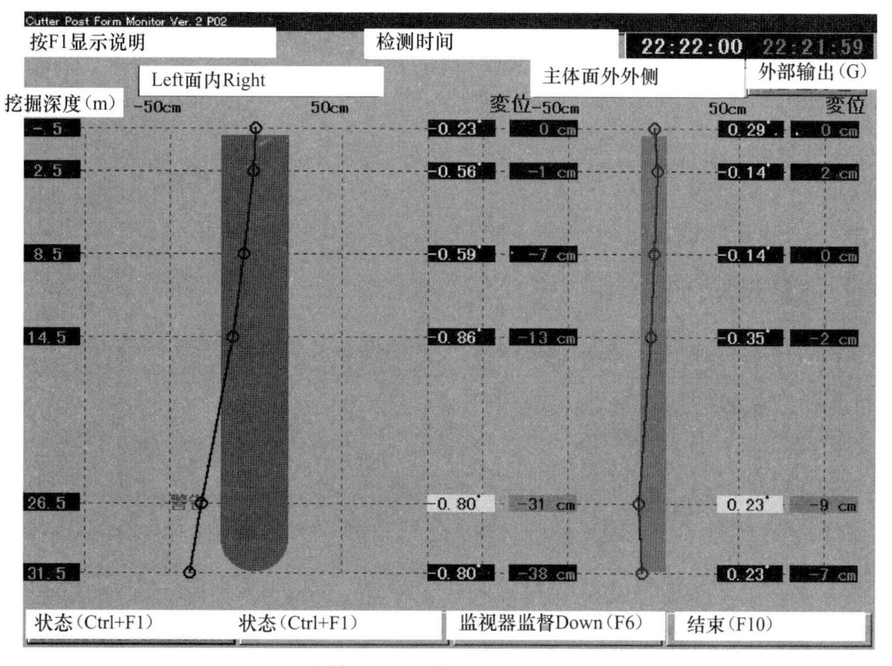

图 3-9　墙体施工垂直度警告实时监控画面

在TRD工法机主机与墙体轴线平行的一对透明丙烯树脂板基准点上（图3-10），有效实现了对主机挖掘和搅拌成墙移位时墙体位置的控制，可确保墙体轴线偏差在20mm以内。

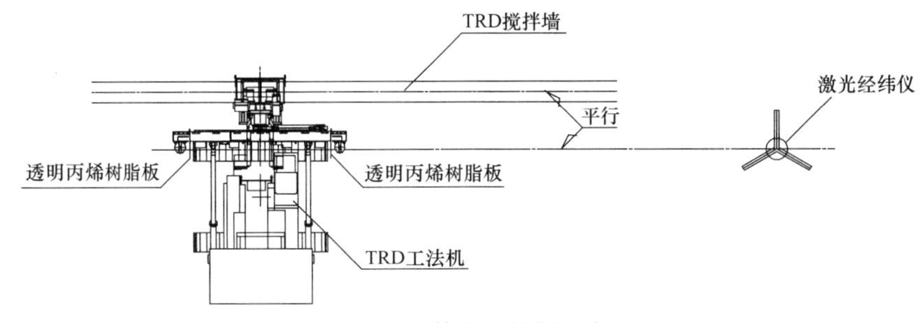

图3-10　墙体位置控制示意图

3. 施工作业范围应力扩散措施

TRD工法机自重一般在1180～1540kN之间，重量大，对地基承载力要求高。在复杂地层和敏感环境中超深等厚度水泥土搅拌墙施工时，由于施工深度大且采用“三工序”成墙，主机多次重复移动，对地基承载力要求非常高；施工过程中即使采取铺设路基箱、钢板等措施，由于靠近沟槽侧的主机履带、步履底盘由于承受了绝大部分重量，行走路面下沉塌陷、沟槽坍塌情况时有发生，严重影响了设备安全及切割箱的平面、垂直度控制。为确保满足桩机承载力要求，控制墙体平面位置及垂直度，结合工程实践，当地表土承载力较低、土性较差时，可在TRD工法机作业范围内采用铺设钢筋混凝土路面或设置钢筋混凝土导墙的方案，扩散基底压力，确保地基承载力和槽壁稳定满足要求。混凝土路面及导墙可有效避免设备行走及切割过程中路面塌陷、控制线偏移、沟槽边土体塌陷的情况，使得切割箱在“三工序”作业过程中始终在一条线上，从而控制切割箱的平面位置，提高墙体的垂直度。

如上海白玉兰广场项目中等厚度水泥土搅拌墙施工深度达61m，场地浅层为上海地区典型的填土和软土地层，超深水泥土搅拌墙施工前设置了钢筋混凝土路面及导墙，如图3-11，有效地扩散理论设备荷载，确保了切割箱平面及垂直度，墙体实施效果显著。

(*a*)

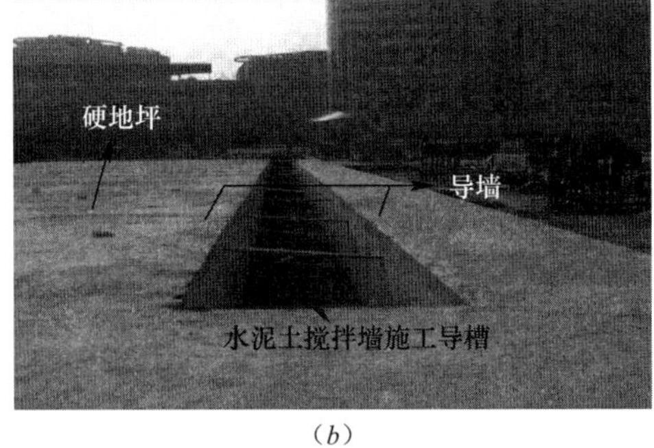

(*b*)

图3-11　上海白玉兰广场项目中超深水泥土搅拌墙施工设置的导墙实景

3.3.2　切割箱刀具选用和刀具优化组合

TRD工法机锯链式切割箱刀具由长短不同的刀头板及刀头组合而成，刀头形式及刀头板的组合形式直接决定了在不同地层中的适用性以及掘进过程中的切削能力与工效。切割箱锯链刀头的选用总体可采用如下原则：对于标贯值小于30击的土层可采用标准刀头，标贯值大于30击的硬质土层采用圆锥形刀头，对卵砾石层宜使用齿形刀头（TRD-120LS型、TRD-120LSK型刀具），不同刀头形式如图3-12所示。

（a）

（b）

（c）

图3-12　不同地层切削箱锯链刀头组合

（a）标准刀头，适用常规软土层；（b）圆锥形刀头，适用硬土层；（c）齿形刀头，适用卵砾石层

切割箱刀具组合的规格因墙体厚度不同而异，刀具组合呈菱形布置，错位排列。刀具标准排列一般以8种刀头板为1个组合，如图3-13所示。在不同的地层中主要是通过调整

硬质地层
砂质、黏性土
标准

1 8 7 6 5 4 3 2 1 8 7 6 5 4 3 2 1 8 7 6
8 7 6 5 4 3 2 1 8 7 6 5 4 3 2 1 8 7 6 5 4 3 2 1
8 7 6 5 4 3 2 1 8 7 6 5 4 3 2 1 8 7 6 5 4 3 2 1 8 7 6 5 4 3 2 1
1 2 3 4 5 6 7 8 1 2 3 4 5 6 7 8 1 2 3 4 5 6 7 8 1 2 3 4 5 6 7 8
1 2 3 4 5 6 7 8 1 2 3 4 5 6 7 8 1 2 3 4 5 6 7 8
1 2 3 4 5 6 7 8 1 2 4 5 6 7 8 1 2 3 4 5

（a）

刀头板型号	刀头板宽度（mm）
1	250
2	550
3	450
4	500
5	500
6	550
7	300
8	500
9	600
10	650
11	700
12	750
13	800
14	850

（b）

图3-13　刀头板、刀具组合排列图

（a）不同地层条件下550mm厚水泥土墙体施工刀具排列图；（b）标准刀具尺寸对应表

刀头板的布置和刀头的数量调整达到提高切削能力和工效的目的。在深厚的密实砂层和软岩地层中，由于地层坚硬，刀具切削时阻力较大，根据工程实践，将组合刀头板的基本排列方式调整为5～6种刀头板为1个组合，适当减少刀头板数量，一方面减小了锯链在运转过程中的阻力，将更多的动力分配给切削刀具，另一方面使有限的功率分配给少量的刀具，以增加单片刀具的切削能力，可提高切割刀具对地层的破碎、挖掘效率。

此外，对于复杂地层条件也可以通过对现有刀具的改进增加切削工效。例如在武汉长江航运中心大厦工程中，通过对1号刀具加长改进，使其优先去破碎地层，有利于提高切削工效，虽1号刀具磨损速度加快，同时链条受力增大，但同时显著降低了其他刀排的磨损程度。实施表明，通过对刀具的改进，成墙施工工效提高近5倍，平均4延米/天。

(a)

(b)

图3-14 等厚度水泥土搅拌墙嵌岩施工刀头组合

通过刀具的优化组合，在武汉、南昌和南京等含有深厚密实砂层、卵砾石层和软岩的复杂地质条件中成功应用。如在武汉长江航运中心大厦工程中，采用超深等厚度水泥土搅拌墙作为隔水帷幕，墙体厚850mm，深度58.6m，穿过深厚砂层、卵砾层（卵石粒径一般20～50cm，含量5～10%；砾石含量约20%～40%，粒径0.5～2cm）、强风化岩层（岩石饱和单轴抗压强度为1.2MPa）后进入中风化岩层（岩石饱和单轴抗压强度为9.5MPa）不小于0.2m，实际每天成墙工效为4延米。在南昌绿地中央广场项目中，采用等厚度水泥土搅拌墙内插型钢作为基坑围护体，墙体厚850mm，深度22.5m，穿过深厚砂砾层（其中卵砾石粒径一般为2～5cm左右）和强风化砂砾岩层（岩石饱和单轴抗压强度为1.2MPa），进入到中风化砂砾岩（岩石饱和单轴抗压强度为8.8MPa）层0.5～1.0m，实际成墙工效为7～10延米/天。在南京河西生态公园项目中，采用超深等厚度水泥土搅拌墙作为隔水帷幕，墙体厚800mm，深度50m，穿过深厚砂层进入卵石土层（其中卵砾石粒径1～10cm不等，个别大于15cm，含量大于50%），实际成墙工效为4～6延米/天。

3.3.3 浆液配制及工艺参数控制

水泥土搅拌墙正式实施前需通过试验优选复杂地层挖掘液、挖掘液混合泥浆，固化液、固化液混合泥浆及工艺参数控制指标，确保水泥土搅拌墙质量、施工效率，降低消耗，防止事故。墙体施工过程中，对浆液混合泥浆流动度进行监控和调整，以满足不同地层对浆液混合泥浆流动度的工艺要求，达到携渣、护壁、减阻的目的。

对武汉、南京、南昌等沿江深厚砂层、卵砾石和软岩分布的地层条件，如图3-15所示，由于其切削的岩屑和碎块颗粒大，容易发生沉积。因此在软岩地层、卵砾石和深厚砂层中施工时，挖掘液的比重需比常规黏土地层适当加大，采用具有一定粘度和流动度的膨润土浆液，提高搅拌机携渣能力，降低碎屑的沉积速度，以利于对地层进行切削。挖掘液的水灰比一般控制在5～10，必要时可加适量增粘剂和分散剂。为了将切削碎屑悬浮，需要配置优质膨润土，并加入适量的外掺剂（如CMC、烧碱、纯碱等），尽量将挖掘液的流动度控制在170mm左右，甚至更小，以增大刀具切割土体的摩擦力，利于切割，并降低

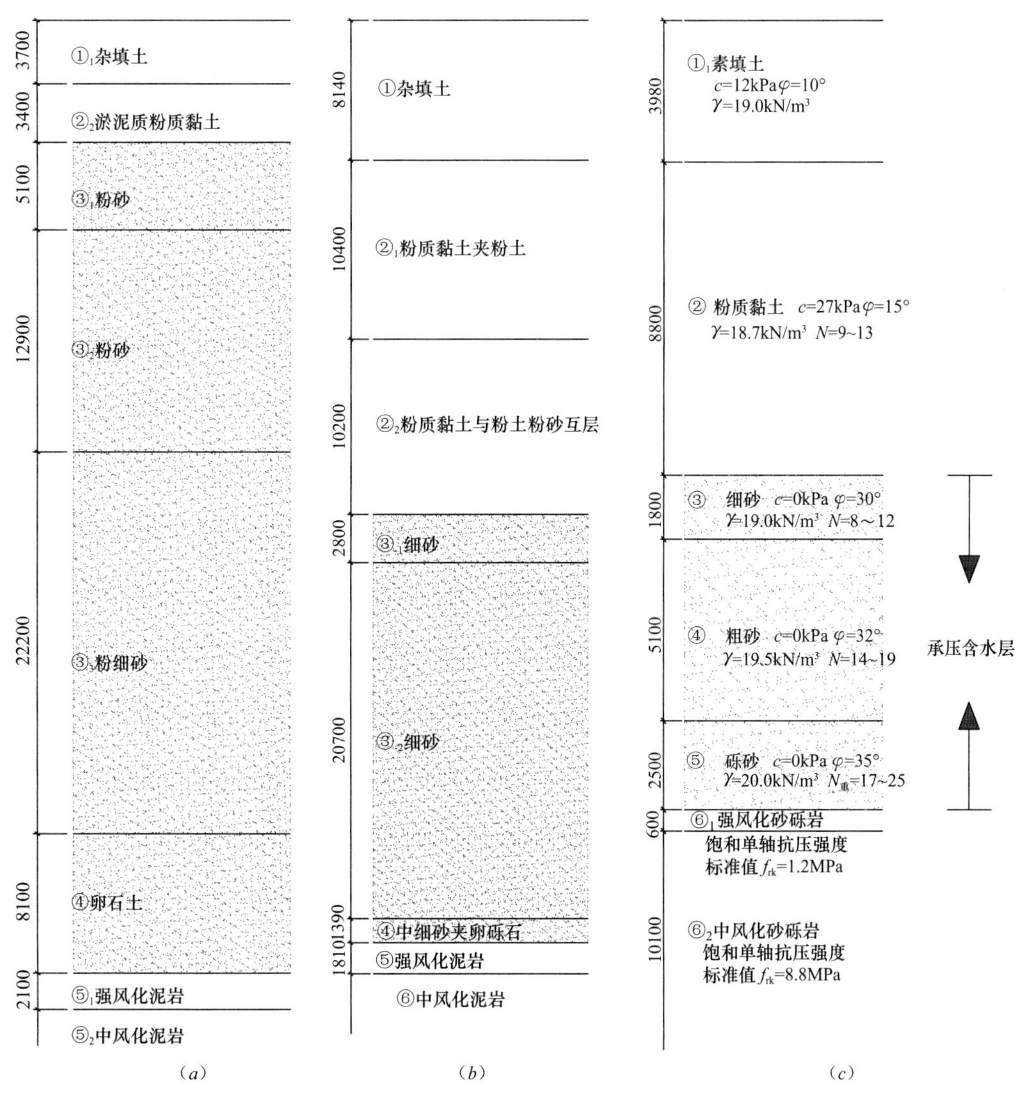

图3-15　复杂地层分布示意图

(*a*) 南京河西生态公园工程；(*b*) 武汉长江航运中心大厦工程；

(*c*) 南昌绿地中央广场工程

砂层对刀具的磨损，降低刀具在土层突然变化时发生事故的可能。根据实际切割的速度、挖掘液水灰比和泵送速度综合控制流动度。先行挖掘推进速度控制在0.4～1.0m/h，具体参数需根据地层条件、现场混合泥浆试配及试成墙试验确定。同时根据切削负荷和挖掘液液面调节好挖掘液的注入速度和浓度，若液面下降较快，首先确定补浆是否及时；其次确定是否由于护壁不好造成流失，从而确定是否需要逐渐加大挖掘液比重和泵送量。切割回撤时应时刻观察混合泥浆的流动度以及液面高度。

成墙搅拌过程中注入水泥固化液，固化液水灰比控制在1.0～1.5，固化液混合泥浆流动度控制在150～280mm，必要时可适当添加膨润土和缓凝剂，成墙搅拌推进速度控制在2.0～3.0m/h。对于黏土成分较少的砂砾石土混合泥浆，需要一定浓度的颗粒度调整材料作为微粒子，如表3-2所示，以达到携渣、护壁、减阻的功能，一般采用高岭土类干燥黏土。在江西南昌绿地中央广场项目中，场地地层条件复杂，墙体嵌入软岩层，水泥土搅拌墙施工过程中，就地取材，每立方搅拌土体掺入当地的红黏土200kg，取得了较好的施工效果。

挖掘液中颗粒度调整材料的调配例子　　表3-2

添加剂 / 土质分类	颗粒度调整材（kg）
黏性土	—
一般土（黏性土系）	—
一般土（砂质土系）	0～100
砂、砂石	0～250
卵石、碎石	0～300

表3-3为上海、天津、南昌等地代表性项目等厚度水泥土墙体实施过程中浆液配制情况。

典型工程浆液配制情况　　表3-3

项目名称	搅拌墙规格		浆液配制							施工速度
	墙厚（mm）	墙深（m）	挖掘液水灰比（W/B）	挖掘液流量（L/min·台）	挖掘液流动度（mm）	固化液水灰比（W/C）	固化液流量（L/min·台）	固化液流动度（mm）	先行挖掘（m/h）	成墙搅拌（m/h）
天津中钢响螺湾	700	45	5～10	(20～30)×2	160～190	1.2～1.3	400×2	190～230	0.5～1.0	2～2.4
南昌绿地中央广场	850	17.45～26.2	2.5～5	(30～50)×2	160～170	1.1～1.2	400×2	180～210	0.4～0.7	3.0
淮安雨润中央新天地	850	35.4～45.4	5～10	50×2	180～210	1.2～1.5	400×2	200～230	0.5～1.0	2.5
奉贤中小企业大厦	850	25.4	10～20	50×2	190～210	1.2～1.5	400×2	200～240	1.5～2.0	3.0

3.3.4 成墙工序控制

等厚度水泥土搅拌墙成墙有一工序和三工序两种施工方法，当锯链式切割箱先行挖掘、横向推进速度达到 2.0m/h 时，可采用直接注入固化液挖掘、搅拌，一工序成墙。当横向推进速度缓慢时，应采用先行挖掘、回撤挖掘、再注入固化液搅拌的三工序成墙。复杂地层条件下等厚度水泥土搅拌墙施工前需通过试成墙试验确定最佳工序，一工序和三工序主要技术特点如表 3-4 所示。

成墙一工序和三工序选择 表 3-4

成墙工序	一工序	三工序
施工概要	将挖掘、固化液注入、型材打入等作为一个系列操作，直接利用固化液边挖掘、搅拌，边固化的方法	以单向推进施工，进行先行挖掘→复位→固化液注入→型材打入的方法
示意图	挖掘、成型 退避 型材打入	挖掘 回撤 挖掘 固化液注入 型材打入
开放长度	短	短
注入液	固化液	挖掘液→固化液
适用深度	较浅时	可用于大深度
地基软硬	较软	软～硬
环境影响	较少	较少
障碍物适应性	困难	较好
综合评价	直接注入固化液，当发生故障时，切割箱周围被固化，有可能不能进行挖掘，一般在墙的深度相对较浅时使用	可确保障碍物的探测及型材打入的时间，对切割箱及周边的影响小，使用较普遍

总体而言对于深度较深（一般大于 40m）或在深厚砂层、软岩地层等复杂地质条件下成墙时一般采用三工序成墙。三工序成墙具有先行挖掘的工序，可以对地层进行预先松动挖掘，可以确保在喷浆成墙过程中可以匀速推进成墙，易于控制水泥掺量，也更有利于确保墙体水泥搅拌墙的均匀性。当等厚度水泥土搅拌墙深度不深，土层条件比较单一，土体强度不高时（如以软黏土为主），TRD 工法机在先行挖掘工序可实现较快的推进速度时，可以考虑采用一工序成墙，但也必须通过试成墙试验验证可行后方可采用。目前已完工的项目中，除上海奉贤中小型企业大厦（场地属于滨海相软土地层）成墙工序先行挖掘达到 1.5～2.0m/h，部分墙体采用一工序成墙外，其他项目成墙工序先行挖掘一般只达到 0.4～1.5m/h，均采用三工序成墙。

3.3.5 喷浆成墙控制

喷浆成墙工序是等厚度水泥土搅拌墙施工的关键环节，不仅关系成墙质量，同时还关系设备安全。根据工程实践，墙体不嵌入岩层时成墙搅拌推进速度一般控制在 20～50min/m，成墙过程中必须做到浆液泵送量与成墙推进速度相匹配。成墙推进速度过快易出现固化液泵送流量跟不上而影响墙体质量，反之如成墙推进速度过慢则容易出现抱钻事故。在喷浆成墙过程中，切割箱底部引导轮靠近沟槽两侧，由于空间狭小，固化液混合泥浆流动性差，极易发生抱钻事故。等厚度水泥土搅拌墙越深，每延米成墙时间越长，抱钻事故发生的概率越大，尤其在大于 40m 的超深等厚度水泥土搅拌墙施工过程中很容易发生抱钻事故。发生抱钻事故会对成墙质量、施工进度造成很大影响，严重时甚至影响设备安全，造成设备损坏。避免抱钻事故发生的关键是控制合理的成墙推进速度，并根据设计墙身、水泥掺入量及水灰比，计算出每延米浆液用量，做到浆液泵送量与成墙推进速度相匹配。表 3-5 为几类典型地层中水泥土墙体施工喷浆成墙推进速度统计表。

典型地层中等厚度水泥土墙体施工速度统计 **表 3-5**

工程名称	成墙地层	墙厚（mm）	墙深（m）	成墙速度（min/m）
上海白玉兰广场	上海典型地层，穿过密实砂层	800	61	26
上海国际金融中心	上海典型地层，穿过密实砂层	700	53	30～35
上海新闸路西斯文理	上海典型地层，穿过密实砂层	700	50	50
上海虹桥商务区一期 08 地块 D13 街坊	上海典型地层，穿过密实砂层	800	49.5	32
上海奉贤中小企业总部大厦	上海典型地层，穿过密实砂层，进入隔水层	850	26.6	20～25
苏州国际财富广场	穿过深厚密实砂层，嵌入黏土隔水层	700	46	33
江苏淮安雨润中央新天地	穿过深厚密实粉土层和砂层，嵌入黏土隔水层	850	46	30
天津中钢响螺湾	穿过软黏土进入深厚密实砂层	700	45	25～30
江西南昌绿地中央广场	穿过深厚砂层，嵌入强、中风化岩层	850	22.5	20～25

3.3.6 嵌岩切割行进控制

当等厚度水泥土搅拌墙需嵌入岩层一定深度形成封闭的隔水帷幕时，特别是在岩面的标高有一定的起伏的情况下，在 TRD 工法机推进过程中搅拌墙墙底是否嵌入了岩层、嵌入岩层深度是否满足隔水要求成为等厚度水泥土搅拌墙施工过程中的控制关键点和难点。

结合武汉、南昌等项目等厚度水泥土搅拌墙嵌入软岩的施工实践，形成切割箱是否嵌入岩层及嵌岩深度的如下判定方法：

（1）根据试成墙初步确定切割箱沉入岩层（强风化岩、中风化岩等）的切割速度，并以此切割速度作为工程墙成墙进岩的判别依据，同时对挖掘液混合泥浆中带出的岩样进行识别。

（2）对于场地岩层面有高低起伏的情形，为了确保 TRD 工法机切割箱水平推进过程进入岩层满足设计要求。切割箱下沉进入设计底标高后，进行水平挖掘推进，正常挖掘推进速度情况下，每向前推进 10m 需再次下沉切割箱，根据切割速度判断切割箱底部进入岩层深度；如挖掘前进速度缓慢（大大小于正常水平挖掘推进速度），可适当提升切割箱继续推进，提升距离为 20cm，推进 5m 后须再次下沉，判断切割箱底部的岩层情况。

（3）根据 TRD 工法机施工过程中的切割箱底部深度，判断实际中风化岩层的标高，并在地质展开图中表示，每推进 20m 及校核成墙深度与岩层面标高。如地层分布和勘察报告有较大偏差，应查明原因，必要时进行钻孔补勘，查明地层分布。

南昌绿地中央广场项目中，根据上述原则确定切割箱嵌入岩层的判定方法为：锯链式切割箱自行打入下沉速度约 0.012～0.015m/min（嵌入强风化岩层），锯链式切割箱自行打入下沉速度约 0.003～0.006m/min（嵌入中风化岩层），锯链式切割箱水平挖掘推进速度约 90min/m（嵌入中风化岩层），同时对上返的挖掘液混合泥浆中带出的岩样进行识别，并对照地层勘察剖面进行判别。

3.3.7　先后施工墙体及转角墙体搭接控制

1. 等厚度水泥土搅拌墙先后施工墙体的搭接处理

等厚度水泥土搅拌墙墙体与已成型墙体之间采用切削搭接的方法进行连接，后续施工墙体在施工时采用回撤挖掘对已施工的墙体进行切削搭接，回撤搭接长度一般不小于500mm，如图 3-16 所示，具体搭接长度可根据墙体深度确定。应严格控制搭接区域喷浆成墙的推进速度，必要时在搭接部位可适当放慢成墙推进速度，使固化液与混合泥浆充分搅拌。

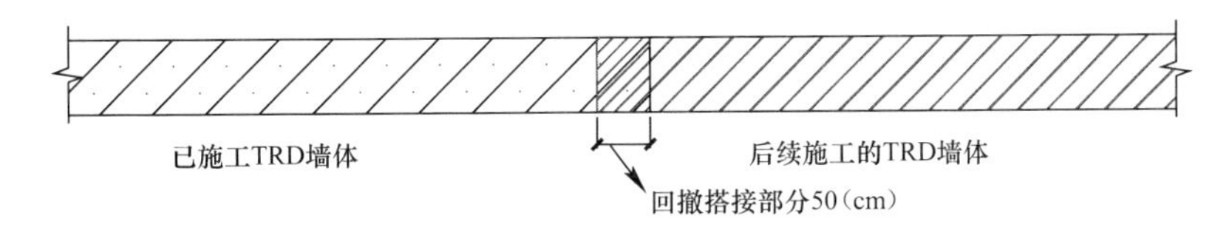

图 3-16　等厚度水泥土搅拌墙先后施工墙体搭接处理示意图

2. 等厚度水泥土搅拌墙与三轴水泥土搅拌桩的搭接处理

等厚度水泥土搅拌墙与三轴水泥土搅拌桩的搭接处理与等厚度水泥土搅拌墙之间的搭接处理方式基本相同。后续施工的等厚度水泥土搅拌墙采用回撤挖掘对已施工的三轴水泥土搅拌桩进行切削搭接，回撤搭接长度以不小于一幅搅拌桩长度（对于直径 850mm 三轴水泥土搅拌桩一般回撤搭接长度应不小于 1.2m），并应严格控制搭接区域喷浆成墙的推进速度，必要时在搭接部位可适当放慢成墙推进速度，使固化液与混合泥浆充分搅拌。

3. 转角墙体搭接处理

等厚度水泥土搅拌墙之间以及等厚度水泥土搅拌墙与三轴水泥土搅拌桩之间在转角部位的搭接均采用切削搭接的方式进行连接。先行施工的等厚度水泥土搅拌墙或三轴水泥土搅拌桩有效成墙（桩）范围需超出与之连接的等厚度水泥土搅拌墙中心线不小于 1.0m，如图 3-17 所示，后续等厚度水泥土搅拌墙施工时对已成型的水泥土墙体或三轴水泥土搅拌桩进行全截面切削搭接，且成墙范围超出先行施工墙体中心线不小于 1.0m，以确保转角搭接部位的成墙质量和连接处隔水效果的可靠性。

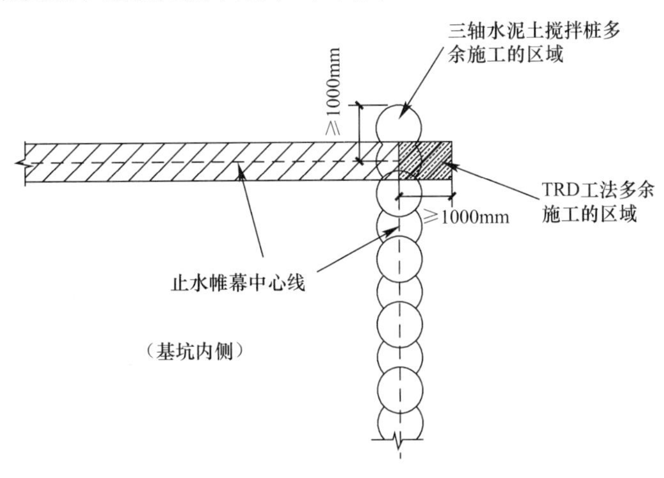

图 3-17　转角墙体搭接处理示意图（一）

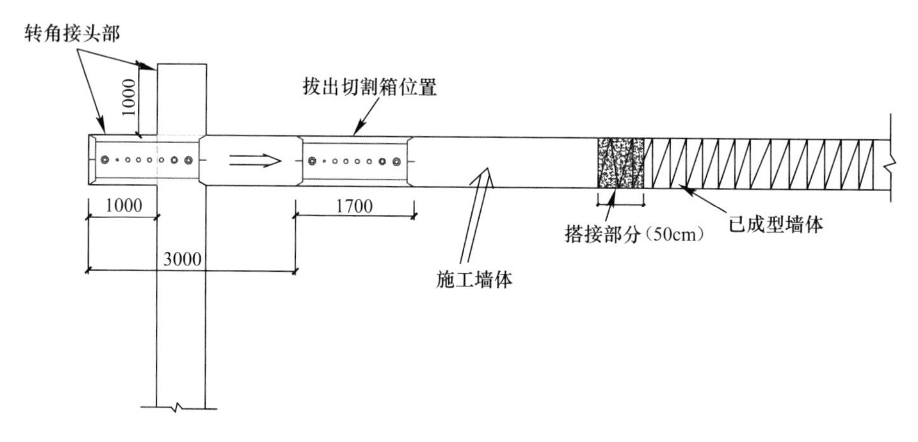

图 3-17 转角墙体搭接处理示意图（二）

3.3.8 切割箱起拔控制

当水泥土搅拌墙仅作为止水帷幕时，一般做法是墙体成型后在墙体成型面内侧拔出切割箱（简称内拔）；当等厚度水泥土搅拌墙需内插型钢作为挡土止水复合围护结构时，需从墙体施工位置到墙体的外面（2 倍切割箱距离）进行退避挖掘再拔出切割箱（简称外拔）。如图 3-18 所示为切割箱内拔/外拔位置示意图。

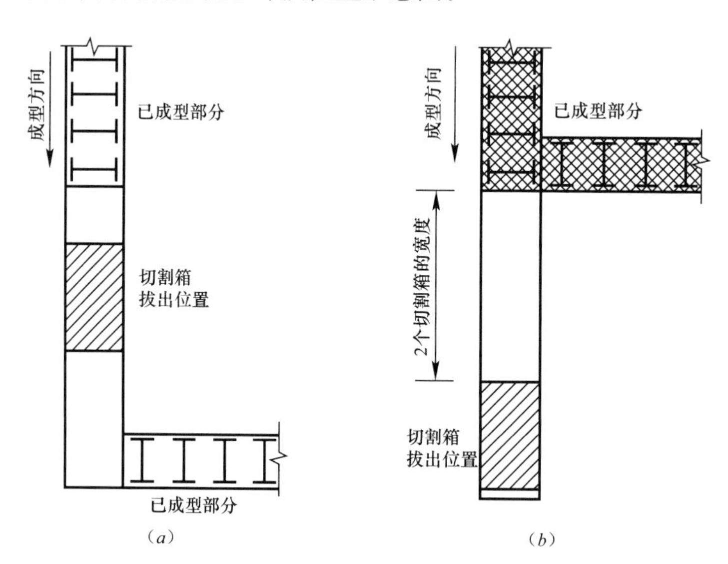

图 3-18 切割箱内拔/外拔位置示意图
(*a*) 内拔；(*b*) 外拔

切割箱采用内拔方式时，在切割箱匀速提升的同时不断注入水泥浆固化液，保证拔出切割箱体积与回灌固化液体积相等，并保持切割刀具的旋转，使注入固化液与槽内浆液拌合均匀，确保切割箱拔出范围槽内墙体的成墙质量。实际施工中在操作空间允许时尽量在正式墙体以外拔出切割箱，且拔出位置与正式墙体保持 1～2m 净距为宜，以尽量减少对正式墙体的扰动，降低施工难度，如图 3-19 所示，采用外拔方式也需要及时补充一定量的固化液，以确保邻近墙体固化液的稳定。

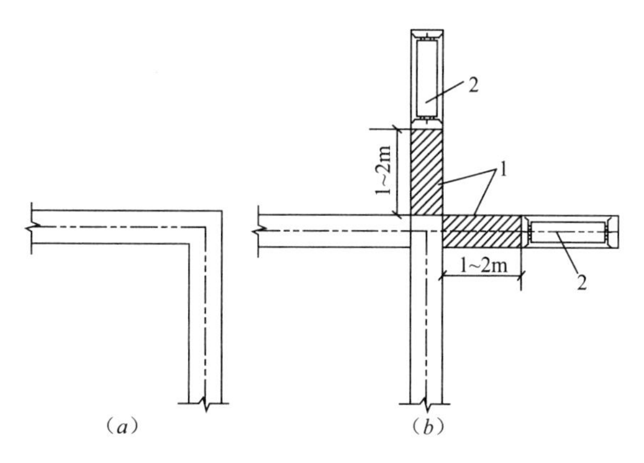

图 3-19　墙外拔出切割箱示意图
(a) 设计转角；(b) 实际施工转角
1—转角十字搭接部位；2—切割箱拔出位置

3.3.9　型钢插入与回收控制

等厚度水泥土搅拌墙可以内插型钢作为挡土和隔水复合围护结构，在地下室施工完成后可以将型钢从搅拌墙体中拔出，达到回收和再次利用的目的，从而节省工程造价。

1. 型钢插入

等厚度型钢水泥土搅拌墙施工时，链锯式切割箱成墙搅拌形成一段工作面后，开始插入型钢，插入前应检查其平整度和接头焊缝质量。型钢的插入必须采用牢固的导向型钢和导向卡，在插入过程中需采取措施确保型钢垂直度，型钢插入定位后需采用悬挂构件控制型钢顶标高，并与已插好的型钢牢固连接，如图 3-20～图 3-22 所示。型钢宜依靠自重插入，当型钢插入有困难时可采用设备压入等辅助措施下沉，不得采用多次重复起吊型钢并松钩下落的插入方法。

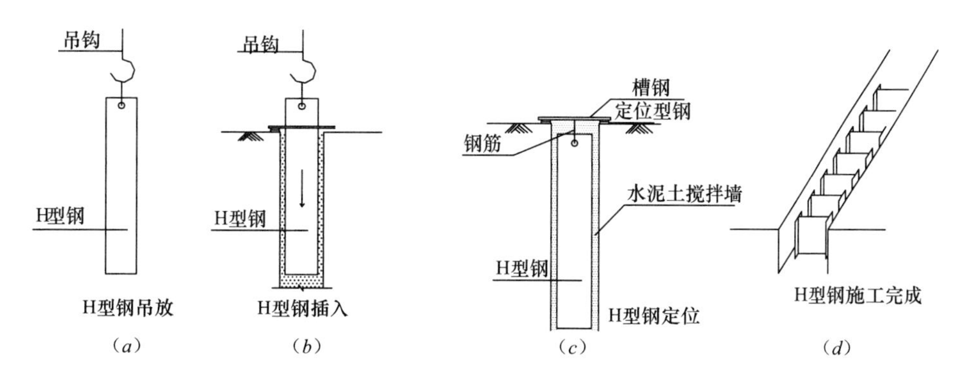

图 3-20　型钢打入流程示意图

2. 型钢回收

型钢回收的作业顺序为：平整场地→安装千斤顶→吊车就位→型钢拔除→孔隙填充。型钢拔除前水泥土搅拌墙与主体结构地下室外墙之间的空隙须回填密实。基坑边线内侧或外侧，必须先清理杂物，留出 6.5m 以上的工作面，并提供堆放场地和运输通道。在拆除支撑和腰梁时应将残留在型钢表面的腰梁限位或支撑抗剪构件、电焊疤等清除干净。型钢

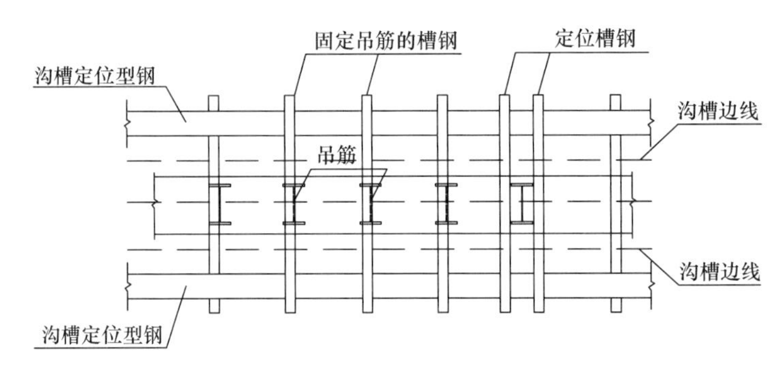

图 3-21　型钢定位示意图

（a）

（b）

图 3-22　型钢插入固定实景照片

拔除采用专用顶升夹具和顶升支座，配合液压千斤顶，组成顶升反力支座。起拔型钢时两只千斤顶放置在型钢腹板两侧的冠梁上，顶升夹具插入型钢端部，并用钢销插入其销孔，千斤顶同步重复顶升，直至更换顶升支座继续顶升，持续顶升型钢至摩阻减小后，用吊车拔出。图 3-23 为型钢拔除专用顶升夹具和顶升支座实物照片。

随着型钢水泥土搅拌墙应用的不断发展，墙体越来越深，插入的型钢越来越长，型钢插入难度加大的同时，型钢拔除所面临的困难也越来越大，尤其初始顶升阶段，由于摩阻力很大，常常会出现千斤顶顶不动、液压夹具夹不住、两侧千斤顶顶升不同步、型钢腹板顶穿等问题。造成千斤顶顶不动、液压夹具夹不住、两侧千斤顶顶升不同步的原因，一般是因为型号、规格不能满足要求，油路密封不严，两侧千斤顶顶升力不一致等，需根据实际情况及时调整维修。型钢顶升过程中也经常出现型钢腹板顶穿的现象，主要是型钢腹板薄、强度不够、集中受力所致。针对此情形改进了丁字形顶升架，利用同型号的短型钢，两侧翼板开孔，每侧与同样开孔的两块厚钢板用高强螺栓连接制成顶升架，拔型钢时，先将欲拔除的型钢两侧翼板开孔，型钢两侧放好千斤顶，顶升架吊放在千斤顶上，用高强螺栓将顶升架两翼的钢板与型钢两侧翼板连接起来。这种改进的顶升架由钢腹板中间一点受力变为型钢两翼受力，受力更加合理。

型钢拔除回收时，需充分考虑对周边环境的保护，根据具体保护对象和变形控制要求采用跳拔、控制每日型钢拔除数量等措施减小对周边环境的影响，并及时对钢拔除后形成的空隙采用注浆充填。

图 3-23　型钢拔除专用顶升夹具和顶升支座图

3.3.10　墙体施工全过程质量控制

等厚度水泥土搅拌墙施工属于深入地下的隐蔽工程，墙体施工质量控制是保证墙体实施效果的关键。等厚度水泥土搅拌墙施工质量控制包括施工期间质量监控、成墙完成质量验收和基坑开挖阶段质量检查三个关键环节。搅拌墙施工期间质量监控的内容包括：验证施工设备性能；材料质量；检查搅拌墙和型钢的定位、长度、标高、垂直度；搅拌墙的水泥掺量、水灰比；外加剂掺量；横向推进速度；浆液的泵压、泵送量与喷浆均匀度；水泥土试样的制作；搅拌墙施工间歇时间及型钢的规格、拼接焊缝质量等。搅拌墙成墙完成质量验收包括水泥土墙体的强度、抗渗性能检测等。基坑开挖阶段通过检查开挖面墙体的质量、渗漏水情况、坑内外水位变化等来判断墙体的实施效果。

1. 墙体施工期间质量监控

水泥土搅拌墙施工期间质量监控是确保成墙质量的重要环节，从原材料角度，水泥浆液拌制选用的水泥、外加剂等材料的检验项目及参数指标须符合国家现行标准的规定和设计要求。浆液水泥掺量、水灰比需满足设计和施工工艺的要求，浆液不得离析。

水泥土搅拌墙施工前，若缺少类似土性的水泥土强度数据或需通过调节水泥用量、水灰比以及外加剂的种类和用量以满足水泥土强度要求，需预先开展水泥土强度室内配比试验，测定水泥土试样 28 天无侧限抗压强度。试验用的土样，需取自水泥土搅拌墙所在深度范围内的土层。当土层分层特征明显、土性差异较大时，宜分别配置水泥土试样。

若项目所在区域首次采用等厚度水泥土搅拌墙技术或者类似地层中无可靠设计与施工经验时，需通过现场试成墙试验检验施工设备的作业能力、施工参数及墙体的设计参数。试成墙施工过程中可通过原位提取刚完成墙体的浆液或养护达到龄期后通过钻孔取芯芯样试块强度试验确定墙体的强度和抗渗性能，从而为正式墙体的设计和施工提供指导。

2. 墙体完成质量验收

水泥土搅拌墙实施完成后，墙体养护达到 28 天后，需对墙体进行钻孔取芯检测，以便通过取芯芯样全面掌握成墙质量，包括水泥土搅拌均匀性、胶结度、强度以及抗渗性能。墙体取芯检测孔沿墙体延长方向均匀布设，一般每 50m 布设一个取芯孔，取芯孔深度需进入墙底以下原状土或岩层中不小于 2m，以验证墙体与底部隔水层的结合情况。水泥土芯样钻取完成后，应根据埋深和土层分布对每个取芯孔芯样的完整性、胶结度、搅拌均匀性等进行定性评价，并通过对芯样抗压强度和抗渗性能试验进行定量评价。

水泥土墙体强度检测可以采用浆液试块或钻孔取芯芯样进行强度试验，实践表明，采用浆液试块检测强度的方法可以避免对试样的扰动，得出的指标更接近实际成墙的强度，当采用钻孔取芯检测强度时，检测结果需乘以 1.2～1.3 的补偿系数。表 3-6 为上海、天津、南昌四个项目水泥土搅拌墙墙体强度检测结果，水泥土墙体浆液试块 28 天龄期单轴抗压强度平均值为 1.31～1.82MPa，28 天龄期钻孔取芯单轴抗压强度平均值约 0.99～1.33MPa，钻孔取芯芯样测定的强度略低于浆液试块的强度，其原因是试样钻取过程中的扰动损伤造成的，浆液试块抗压强度与钻孔取芯抗压强度的比值在 1.17～1.37 之间。

钻孔取芯试样与浆液试块单轴抗压强度对比表 表 3-6

项目名称	浆液试块 28 天龄期单轴抗压强度平均值 p_1(MPa)	28 天龄期钻孔取芯芯样单轴抗压强度平均值 p_2(MPa)	p_1/p_2
上海奉贤中小企业大厦	1.31	0.99	1.32
上海虹桥商务区一期 08 地块 D13 街坊	1.33	1.09	1.22
天津中钢响螺湾项目	1.82	1.33	1.37
南昌绿地中央广场	1.50	1.28	1.17

水泥土墙体抗渗性能可以通过芯样渗透试或原位渗透试验进行测定，试验表明，两种方法测得的水泥土墙体渗透系数基本处于同一数量级。图 3-24 为上海国际金融中心项目（水泥土墙体深度 53m）和上海虹桥商务区一期 08 地块 D13 街坊项目（水泥土墙体深度 49m）水泥土墙体芯样渗透试验和原位渗透试验（现场注水试验）结果对比。

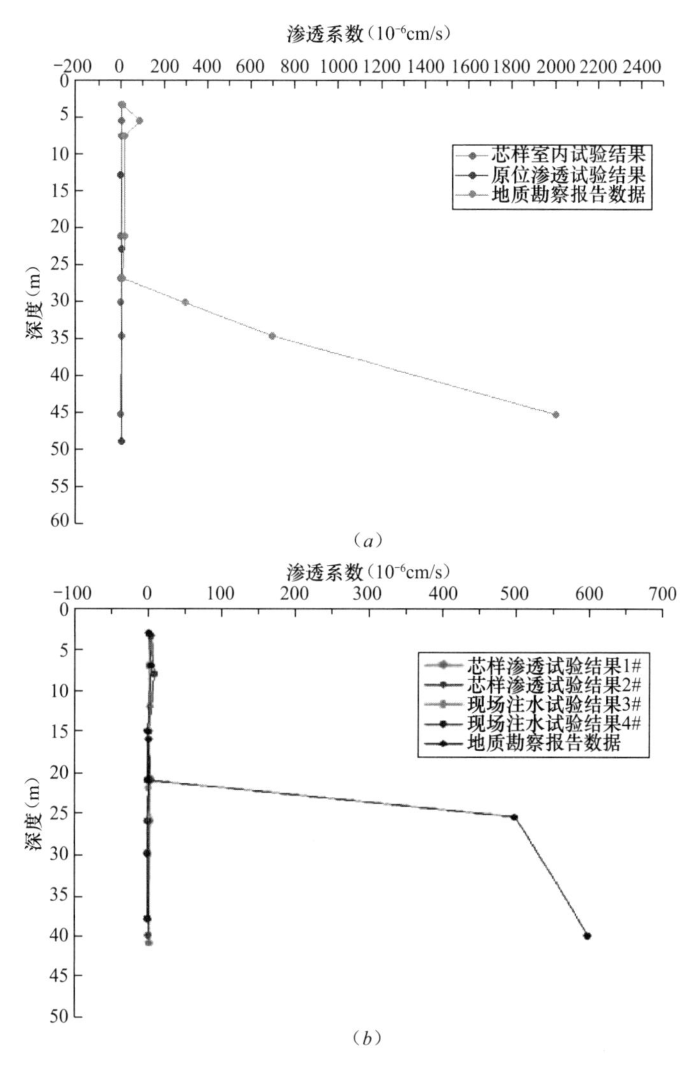

图 3-24　水泥土墙体芯样渗透试验和原位渗透试验结果对比

（*a*）上海国际金融中心项目；（*b*）上海虹桥商务区核心区一期 08 地块 D13 街坊项目

3. 基坑开挖阶段质量检查

水泥土搅拌墙作为隔水帷幕，基坑正式开挖前，应在基坑外设置坑外水位观测井，包括潜水水位和承压水水位观测井，并通过试抽水试验检验墙体的封闭性和隔水效果。基坑开挖期间需检查开挖面等厚度水泥土搅拌墙墙体的渗漏水情况、墙体平整度和垂直度，并通过坑内降水、坑外水位观测检验水泥土搅拌墙的封闭性和隔水效果。图 3-25 为基坑开挖阶段墙体的实景照片。

图 3-25　基坑开挖阶段墙体实景照片

3.4　墙体施工环境影响控制

随着深大地下空间开发，等厚度水泥土搅拌墙深度需求越来越大，水泥土搅拌墙施工通过纵向和横向切削土体，使土体与水泥浆液充分搅拌混合形成等厚度墙体，施工过程对墙体范围内的原状土体进行了破坏，并且水泥土搅拌墙的深度一般较深，施工过程中不可避免地会对邻近的土体产生扰动，在复杂的城市环境中，这种土体扰动可能对周边环境产生一定的影响。根据水泥土搅拌墙在日本工程中的实践，搅拌成墙施工对周边环境的影响较小，均处于可控范围内。但国内地质和环境条件更加复杂，水泥土搅拌墙的深度大，墙体施工期间的环境影响监控对于建立变形控制措施有重要意义。本节结合上海国际金融中心项目、上海虹桥商务区一期 08 地块 D13 街坊项目、上海新闸路西斯文理项目超深水泥土搅拌墙试成墙实施期间对邻近土体深层侧向位移及地表沉降的监测，系统阐述了水泥土搅拌墙施工对周边环境的影响，并提出了控制墙体施工对周边环境影响的措施。

3.4.1　墙体施工对周边环境影响实测

1. 上海国际金融中心工程

1）试验概况

该项目场地为上海典型“上软下硬”地层，浅层为软土层，深层为赋含承压水的粉土、粉砂层，其中深层粉砂层标贯击数超过 50 击，采用等厚度水泥土搅拌墙作为超深隔水帷幕。墙体正式实施前，开展了非原位试成墙试验，试验段延长为 8m，厚度为 700mm，深度 56m，墙底进入粉砂层。一方面通过试成墙试验检验设备的作业能力，确定施工参数和工艺，检验成墙质量、水泥土搅拌均匀性、强度、隔水性能等；另一方面掌握超深墙体施工对周边环境的影响，以指导正式墙体的施工。试成墙实施前，布设了地表沉降、深层水平位移和深层土体分层沉降监测点，如图 3-26、图 3-27 所示。

试成墙采用三工序成墙施工工艺（即先行挖掘、回撤挖掘、成墙搅拌），挖掘液采用钠基膨润土拌制，每立方被搅土体掺入约 100kg 的膨润土；先行挖掘挖掘液水灰比为 10～20，挖掘液混合泥浆流动度为 200～240mm；固化液采用 P. O 42. 5 级普通硅酸盐水泥，掺量 25%，水灰比为 1. 3～1. 5。实施过程中，先行挖掘横向推进工效约 150～180min/m，回撤挖掘工效约 15～20min/m、成墙搅拌工效约 30～35min/m，实施过程中对深层土体侧向位移、地表沉降进行监测。

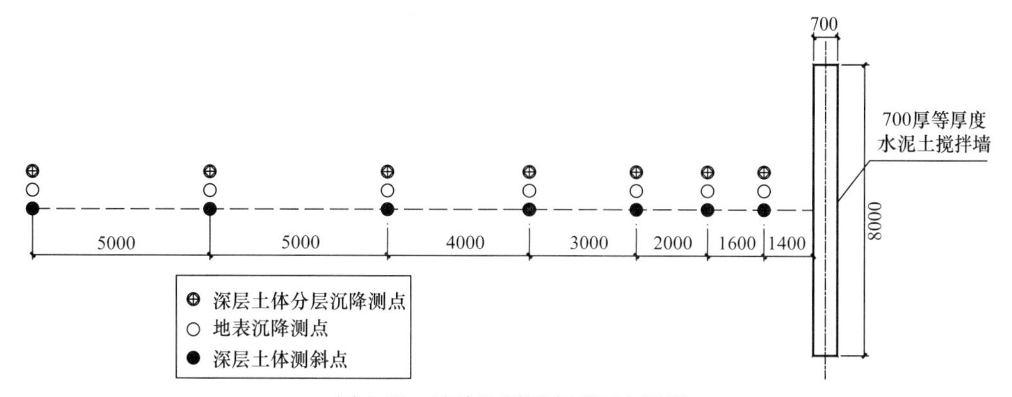

图 3-26　试验监测测点平面布置图

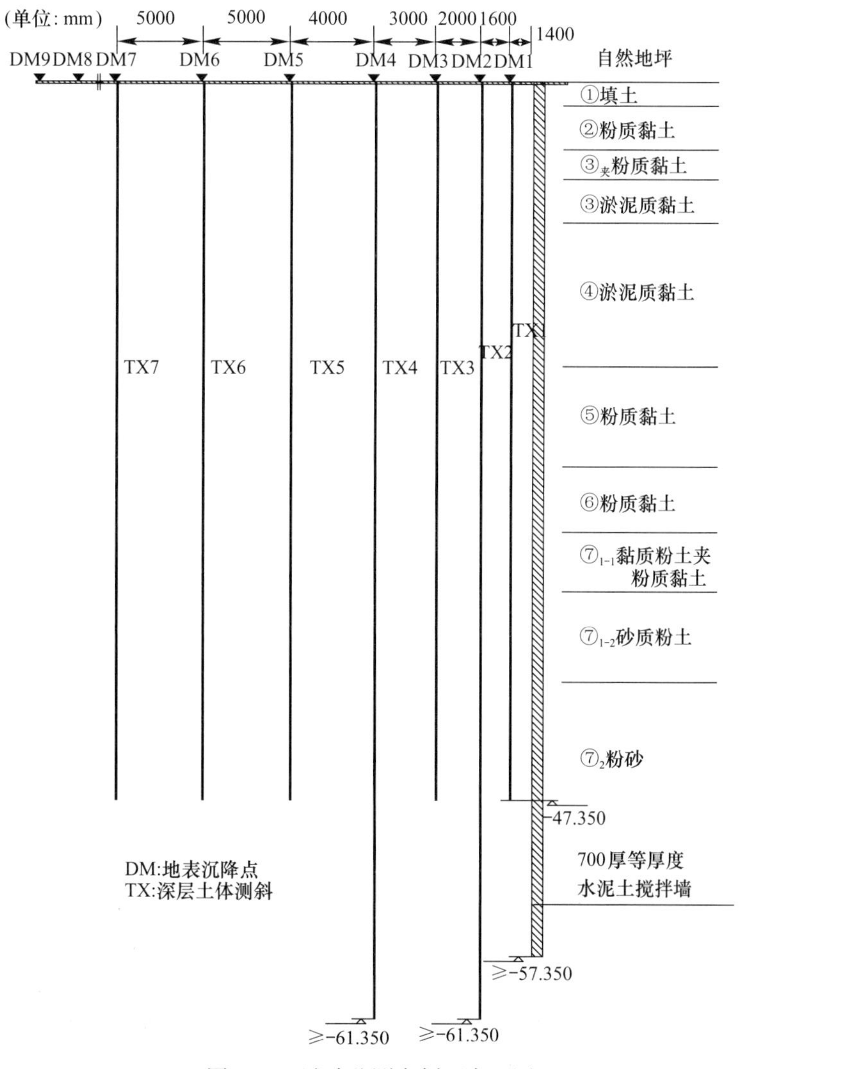

图 3-27　试验监测点剖面布置图

2）环境影响监测

（1）深层土体侧向位移

图 3-28 为距离试验墙体 1.4m、5.0m、12.0m 和 22.0m 的测斜点在成墙期间测得的土体侧向位移曲线。在深度方向，土体产生朝向墙体的侧向位移，土体侧向位移随深度增大呈减小的趋势。距离墙体 1.4m 处，最大侧移位于顶口，大小约 45mm（受顶部槽壁坍塌影响），深度 3m 处，侧向位移减小至 11mm。在水平方向，距墙体越远，土体侧向位移逐渐减小，距离试验墙体 5m 处，最大侧移为 10mm；在距离试验墙体 12m 处，最大侧移减小为 3mm；而在距离试验墙体 22m 处，侧移几乎为 0。总体而言，水泥土搅拌墙成墙施工时，土体侧向位移影响范围主要是在距墙体 5m 的范围之内。

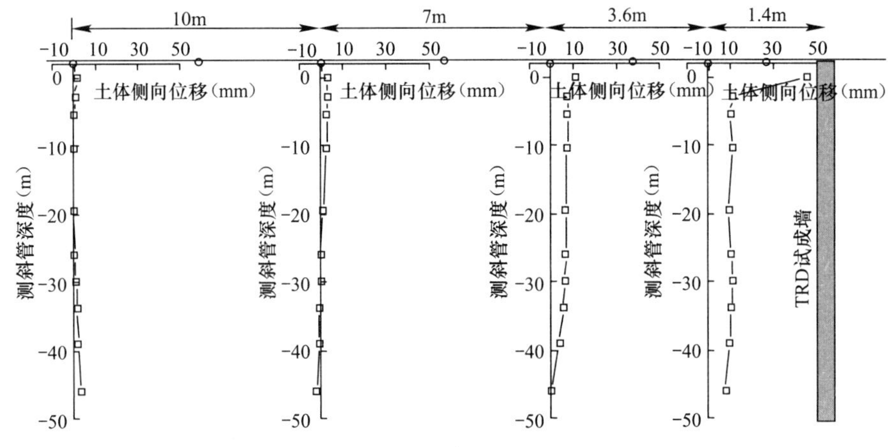

图 3-28 土体测斜曲线

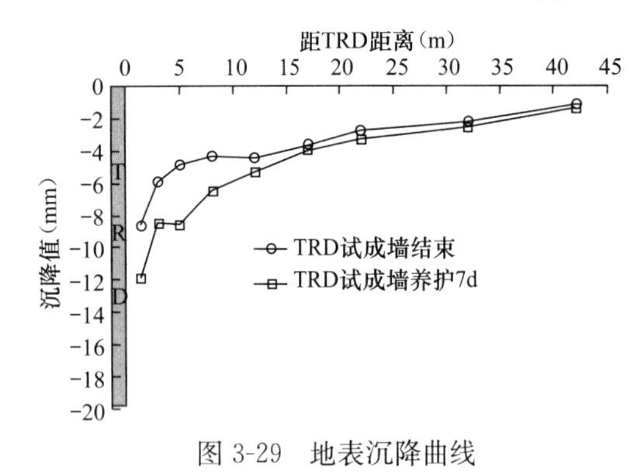

图 3-29 地表沉降曲线

（2）地表沉降

图 3-29 为水泥土搅拌墙成墙结束和成墙养护 7 天时的地表沉降曲线。靠近墙体处地表产生沉降，随距离增大，地表沉降逐渐减小。墙体养护期间，靠近墙体区域地表沉降仍有一定量的增加。成墙结束时最大沉降约为 8mm；距离墙体 10m 以外，地表沉降小于 5mm；成墙施工对地表的主要影响范围约 10m。

2. 上海虹桥商务区一期 08 地块 D13 街坊工程

1）试验概况

该项目场地为上海典型“上软下硬”地层，浅层为软土层，深层为赋含承压水的粉土、粉砂层，承压水头埋深约 5～6m，采用等厚度水泥土搅拌墙作为超深隔水帷幕。墙体正式实施前，开展了非原位试成墙试验，试验段延长为 8m，厚度为 800mm，深度 52m，墙底进入粉砂层。通过试成墙试验一方面检验设备的作业能力，确定施工参数和工艺，检验成墙质量、水泥土搅拌均匀性、强度、隔水性能等；另一方面掌握超深墙体施工对周边环境的影响，以指导正式墙体的施工。试成墙实施前，布设了地表沉降、深层水平位移和深层土体分层沉降监测点，如图 3-30、图 3-31 所示。

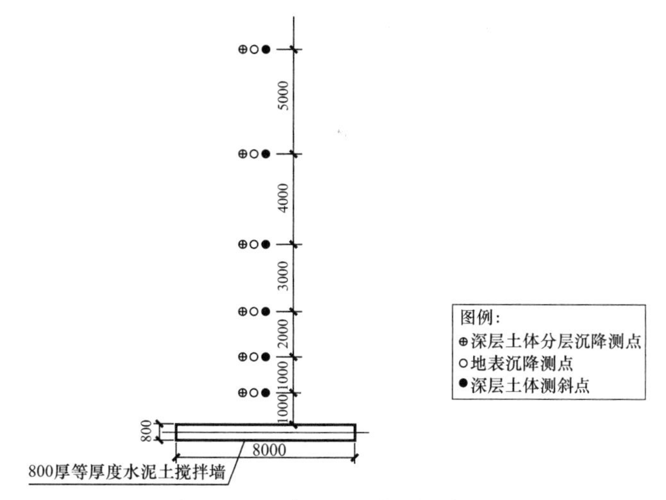

图 3-30 试验监测测点平面布置图

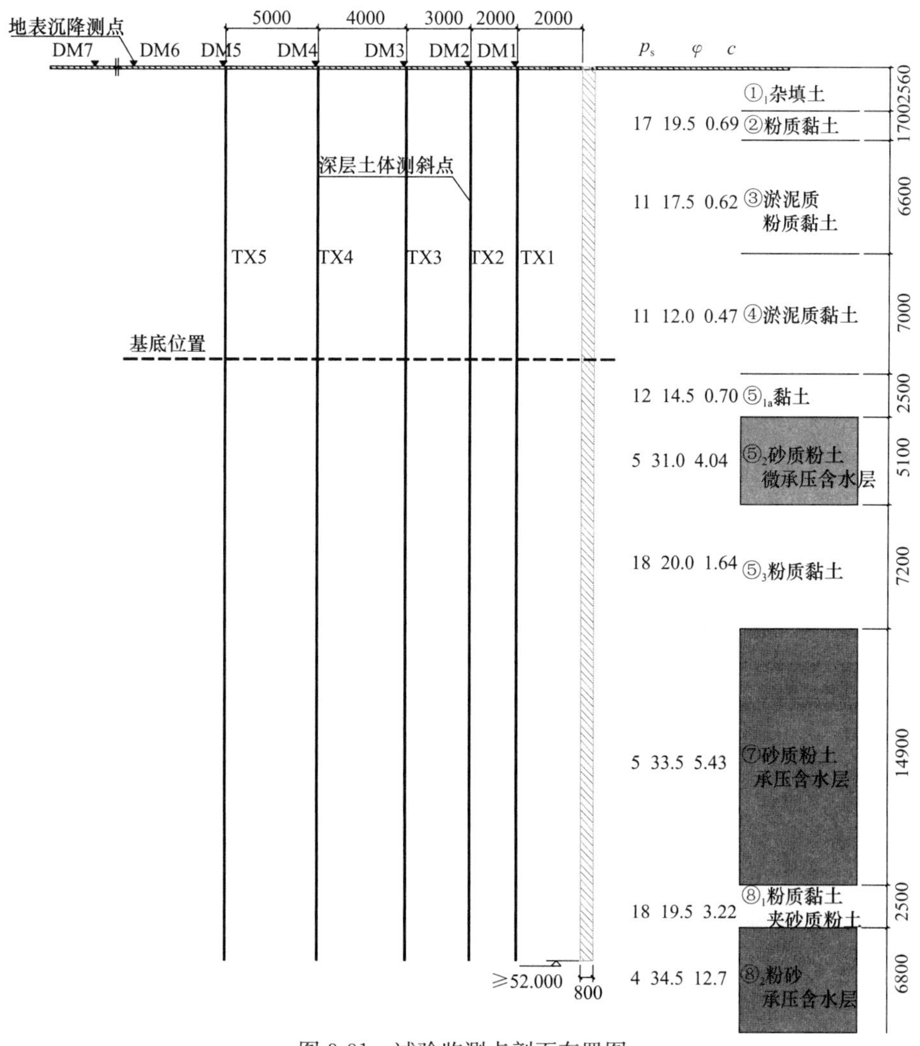

图 3-31 试验监测点剖面布置图

c—黏聚力（kPa）；φ—内摩擦角（°）；p_s—静力触探比贯阻力（MPa）

试成墙采用三工序成墙施工工艺（即先行挖掘、回撤挖掘、成墙搅拌），挖掘液采用钠基膨润土拌制，每立方被搅土体掺入约 50～100kg/m^3 的膨润土，固化液采用 P.O 42.5 级普通硅酸盐水泥，掺量 25%，水灰比为 1.5～2.0。实施过程中，平均先行挖掘速度约 45min/m，平均回撤速度约 12min/m，平均成墙推进速度约 32min/m，实施过程中对深层土体侧向位移、地表沉降进行监测。

2）环境影响监测

（1）深层土体侧向位移

图 3-32 为水泥土搅拌墙试成墙完成并养护 2 天距离试验墙体 2m、4m、7m、11m 和 16m 的测斜点测得的土体侧向位移曲线。土体主要产生朝向墙体的侧向位移；顶部位移相对较大，随着深度增加，侧向位移逐渐变小；距离成墙越近，土体侧向位移相对越大，最大侧移约 8mm，距离试成墙越远，成墙施工的影响越小；土体侧向位移影响主要在距墙体约 7m 的范围内。

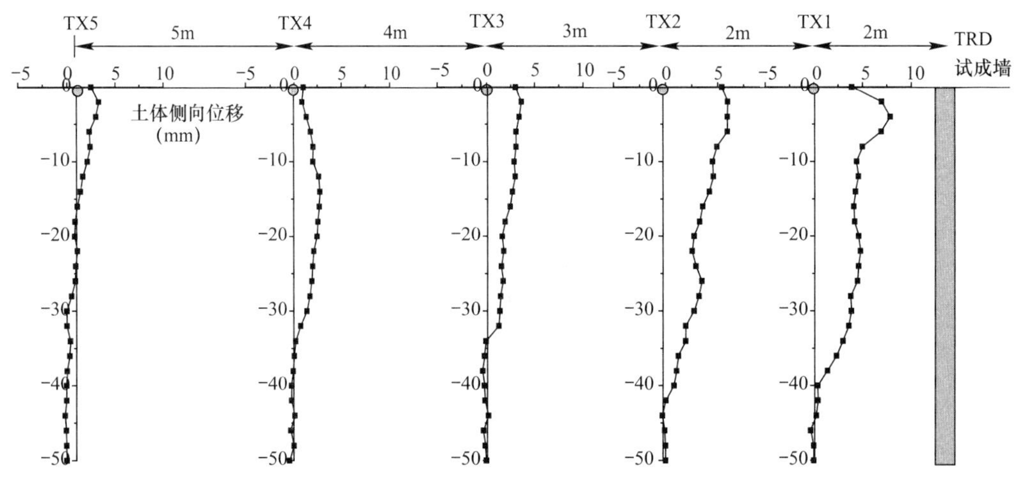

图 3-32　土体测斜曲线

（2）地表沉降

图 3-33 为试成墙施工期间邻近地表沉降分布曲线。从图中可以看出，距离墙体越近，地表沉降相对越大，最大沉降约 4mm；随距离增大，地表沉降逐渐减小。试成墙施工对地表沉降的主要影响范围约 10m。

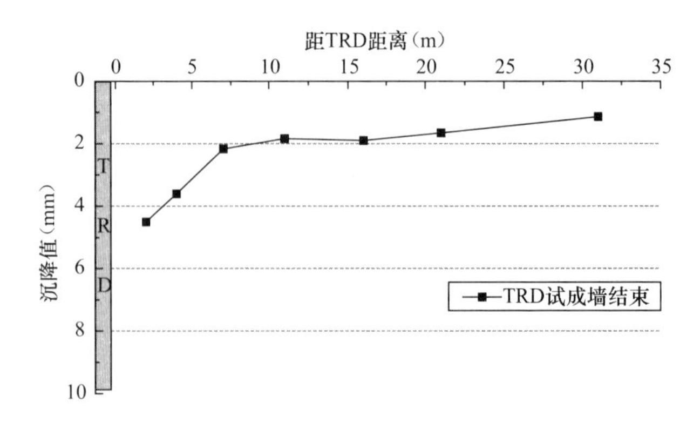

图 3-33　地表沉降曲线

3. 上海新闸路西斯文理工程

1）试验概况

该项目场地为上海典型地层，浅层为软土层，深层为富含承压水的粉土、粉砂层，采用等厚度水泥土搅拌墙作为超深隔水帷幕，隔断承压含水层。墙体正式实施前，开展了原位试成墙试验，试验段延长为12m，厚度为700mm，深度50m，墙底进入相对隔水的黏土层。通过试成墙试验一方面检验设备的作业能力，确定施工参数和工艺，检验成墙质量、水泥土搅拌均匀性、强度、隔水性能等；另一方面掌握超深墙体施工全过程对周边环境的影响，以指导正式墙体的施工，减小成墙施工对邻近地铁隧道的影响。试成墙实施前，布设了地表沉降、深层水平位移和深层土体分层沉降监测点，如图3-34、图3-35所示。

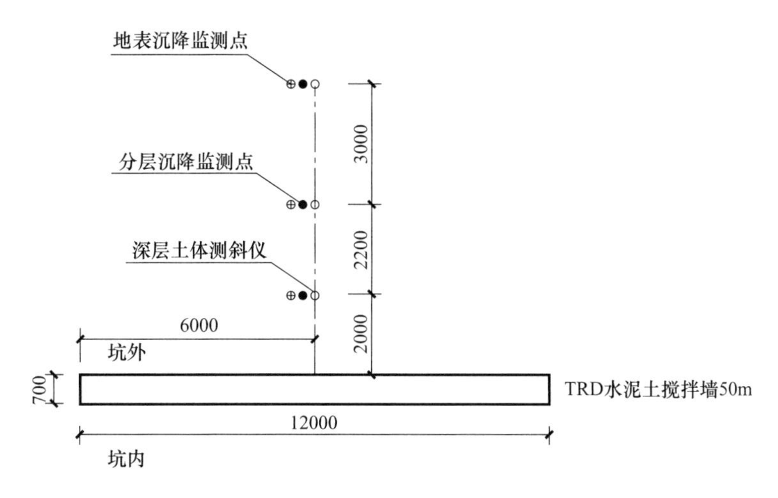

图3-34 试验监测测点平面布置图

试成墙采用三工序成墙工艺（即先行挖掘、回撤挖掘、成墙搅拌），挖掘液采用钠基膨润土拌制，每立方被搅土体掺入约50～100kg/m³的膨润土，固化液采用P.O 42.5级普通硅酸盐水泥，掺量25%，水灰比为1.2～1.5。实施过程中，平均先行挖掘速度约120min/m，平均回撤速度约15min/m，平均成墙推进速度约50min/m。实施过程中对先行挖掘、回撤挖掘、成墙搅拌三个阶段深层土体侧向位移、地表沉降进行了跟踪监测。

2）环境影响监测

（1）深层土体侧向位移

图3-36～图3-39为试成墙施工期间土体侧向位移分布曲线。三工序成墙过程中，回撤挖掘阶段土体的侧向位移相对大于其他工序阶段；在墙体先行挖掘和回撤挖掘阶段，由于开槽区域土体应力释放，挖掘稳定液未完全补偿释放的应力，槽壁向槽内产生变形；挖掘完成后搅拌成墙过程由于注入一定压力的水泥浆液，同时水泥浆液的重度大于挖掘阶段挖掘液的重度，土体侧向位移有所回复，最大回复量约2mm。试成墙施工过程中土体产生朝向墙体的位移；距离墙体越近，土体侧向位移越大，最大侧移约5mm，位于约8m深度；随深度增大，土体侧向位移逐渐减小。

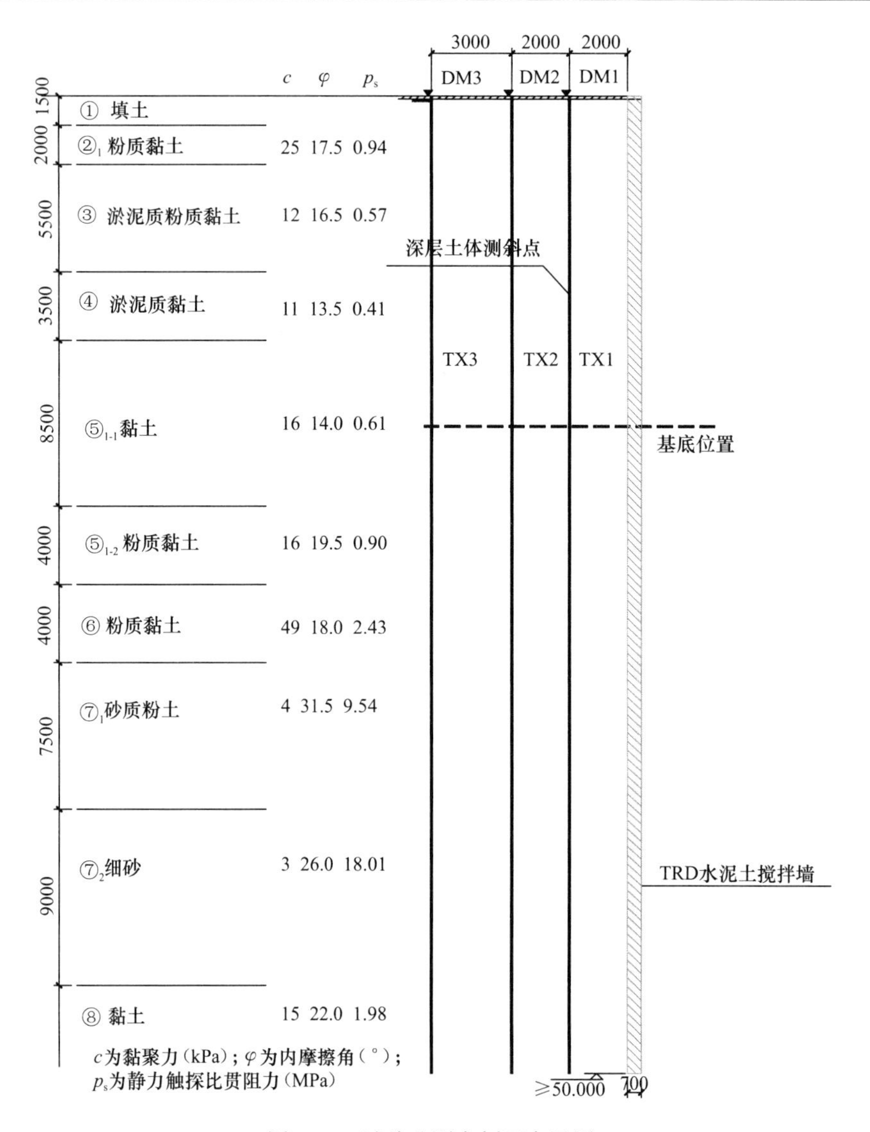

图 3-35 试验监测点剖面布置图

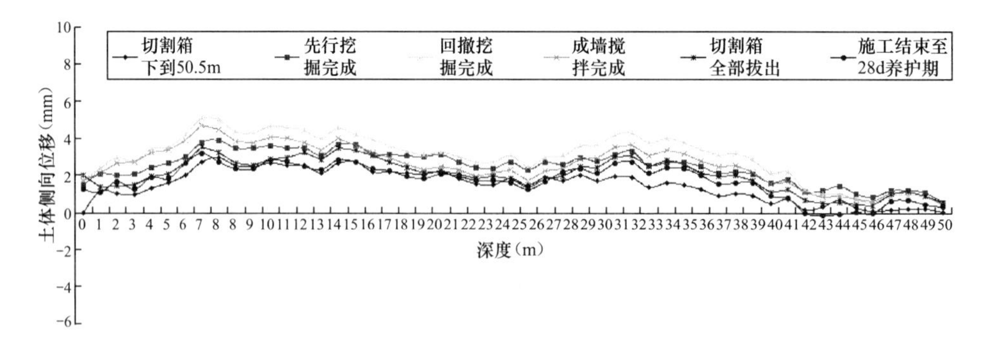

图 3-36 2m 处土体测斜孔 TX1 历时变形曲线图

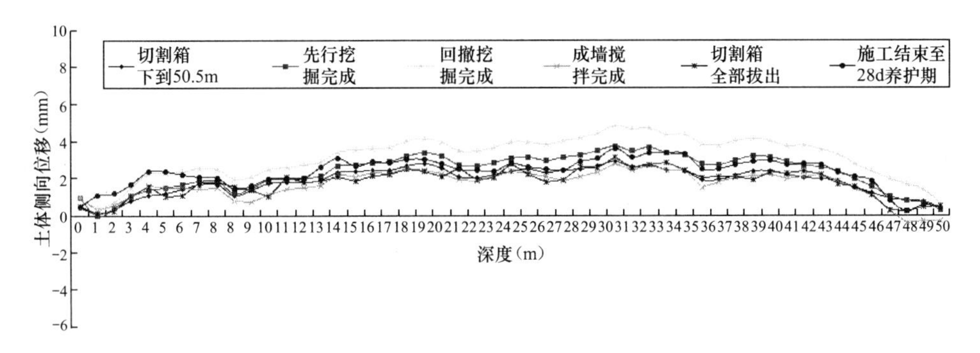

图 3-37　4.2m 处土体测斜孔 TX2 历时变形曲线图

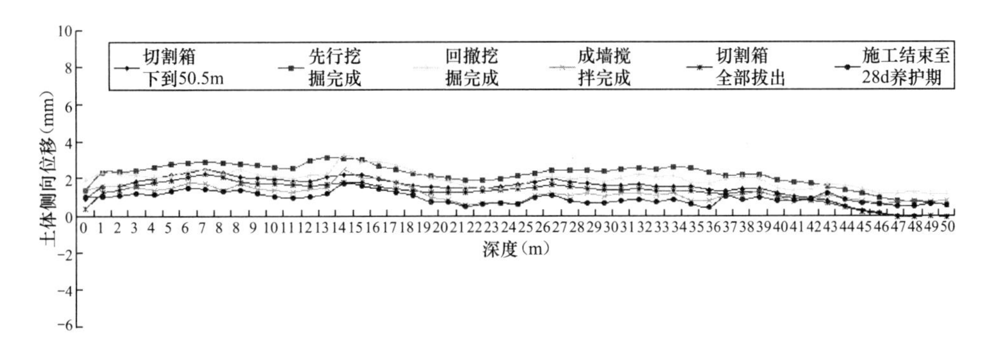

图 3-38　7.2m 处土体测斜孔 TX3 历时变形曲线图

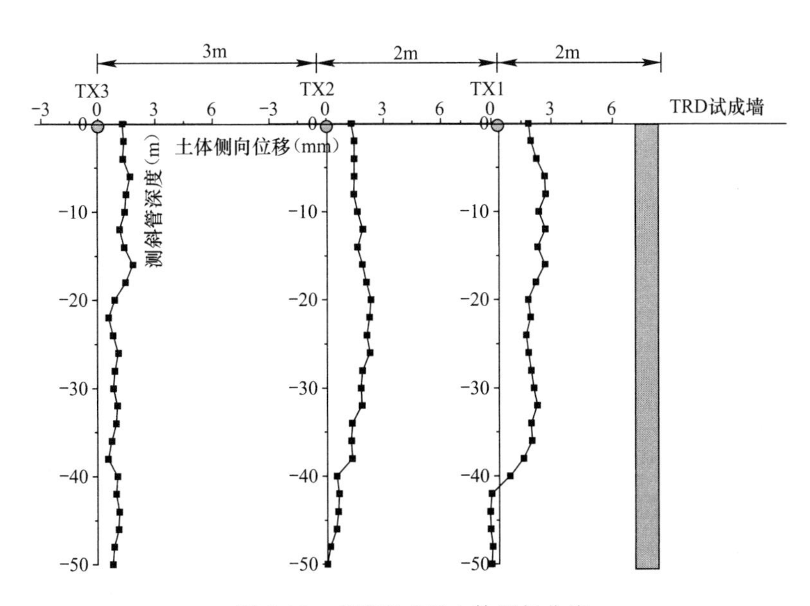

图 3-39　成墙完成后土体测斜曲线

(2) 地表沉降

图 3-40 为三工序成墙过程中地表沉降发展曲线。最大沉降产生于回撤挖掘阶段，与

土体侧向位移性状一致；在墙体先行挖掘和回撤挖掘阶段，由于开槽区域土体应力释放，挖掘稳定液未完全补偿释放的应力，引起地表产生一定沉降；搅拌成墙过程由于注入一定压力的水泥浆液，同时水泥浆液的重度大于挖掘阶段挖掘液的重度，地表沉降有所回复，最大回复量约 2mm；切割箱全部拔出、墙体养护阶段，土体沉降又有所增加，增加量约 2mm。图 3-41 为水泥土搅拌墙试成墙施工期间邻近地表沉降分布曲线。试成墙施工期间邻近地表产生沉降，距墙体越近，沉降越大，最大沉降约 3mm。

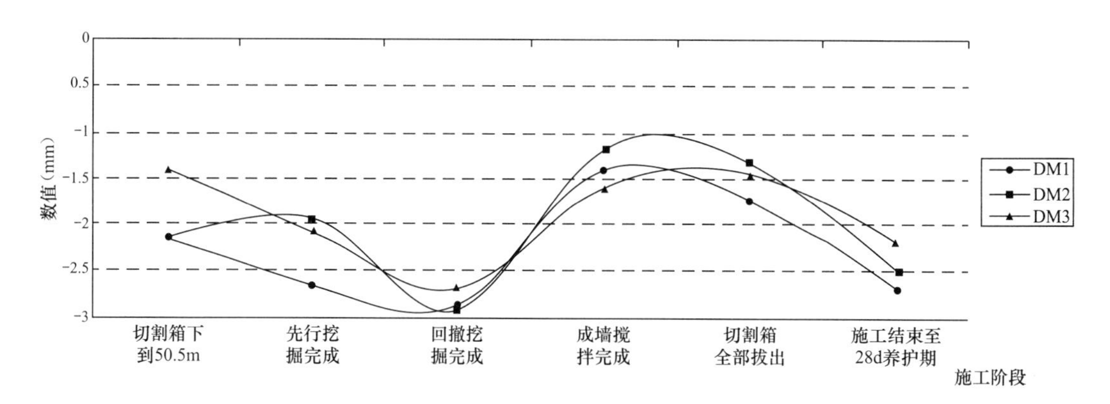

图 3-40　成墙过程中地表沉降曲线图

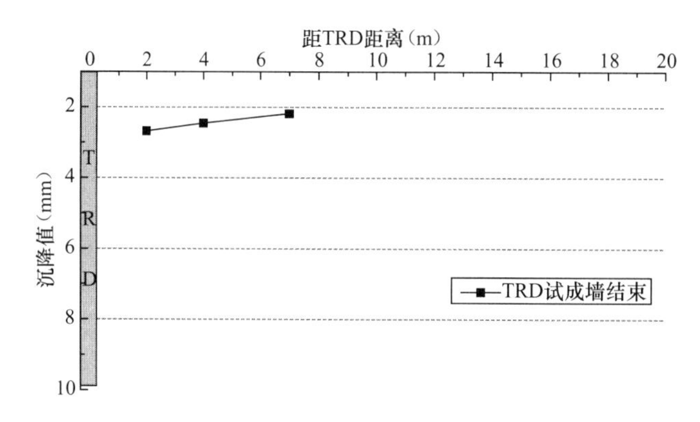

图 3-41　成墙结束后地表沉降曲线图

4. 超深墙体施工环境影响分析

上述三个项目等厚度水泥土搅拌墙试成墙深度介于 50～56m，均为超深墙体，场地土层为上海典型“上软下硬”地层，超深墙体施工一般采用“三工序”成墙工艺：先行挖掘、回撤挖掘、搅拌成墙。

等厚度水泥土搅拌墙施工过程对于土体的影响为成墙期间不同工序阶段影响的叠加，因此各工序的控制决定了等厚度水泥土搅拌墙施工对周边环境影响的程度。在墙体先行挖掘和回撤挖掘阶段，由于开槽区域土体应力释放，挖掘稳定液未完全补偿释放的应力，槽壁向槽内产生变形，邻近土体产生朝向成槽的位移，同时地表产生一定沉降。在搅拌成墙阶段，由于注入一定压力的水泥浆液，同时水泥浆液的重度大于挖掘阶段挖掘液的重度，土体侧向位移和地表沉降有所回复，根据上海新闸路西斯文理工程监测数据，变形回复量约2mm。在成墙结束养护阶段，土体沉降有很小幅度的增加。

总的来说，水泥土墙体施工期间，土体主要产生朝向墙体方向的侧向位移，土体侧移随距墙体距离的增大逐渐减小，随深度增加逐渐减小，成墙对周边土体的影响主要集中在距墙体约10m内；土体最大侧向位移基本小于10mm，如表3-7所示。邻近地表主要产生沉降，沉降量随距墙体距离的增大逐渐减小，地表沉降主要分布在10m范围内，最大沉降约为3～8mm，距离墙体10m以外，地表沉降小于5mm。

水泥土搅拌墙施工影响监测　表3-7

工程名称	试成墙尺寸	土体最大侧向位移（mm）	地表最大沉降（mm）	施工工效
上海国际金融中心	长度8m 厚度700mm 深度56m	11	8	先行挖掘：150～180min/m 回撤挖掘：15～20min/m 搅拌成墙：30～35min/m
上海虹桥商务区一期08地块D13街坊	长度8m 厚度800mm 深度52m	8	4	先行挖掘：45min/m（平均） 回撤挖掘：12min/m（平均） 搅拌成墙：32min/m（平均）
上海新闸路西斯文理	长度12m 厚度700mm 深度50m	5	3	先行挖掘：120min/m（平均） 回撤挖掘：15min/m（平均） 搅拌成墙：50min/m（平均）

3.4.2　墙体施工影响控制措施

根据等厚度水泥土搅拌墙施工对周边土体影响实测，墙体施工对周边环境的影响总体较小。对于邻近敏感环境的工程，从环境影响变形控制角度，可采取如下技术措施进一步减小对周边环境影响。

1. 通过试成墙确定合理施工参数

等厚度水泥土搅拌墙施工对周边环境影响与场地土层条件关系密切，首先需结合工程经验和环境变形控制要求初步确定合理的施工参数。而后通过现场试成墙对施工参数及相关措施进行验证和修正。在试成墙施工前需布设土体测斜、地面沉降及土体分层沉降等监测点，在试成墙各个工序中进行跟踪监测，掌握等厚度水泥土搅拌墙施工各阶段的土体及环境变形规律。

2. 控制先行挖掘单次掘进长度，控制喷浆成墙时间

超深等厚度水泥土搅拌墙一般采用三工序成墙工艺，先行挖掘时采用泥浆护壁，先行挖掘至喷浆成墙前的阶段深层土体及地表沉降增幅最明显，且墙体越深、单次掘进长度越长、静置时间越长，影响越大。因此控制单次挖掘长度、缩短喷浆成墙时间是减小对周边环境影响的关键。通常将预估单日成墙长度作为单次先行挖掘长度，先行挖掘、回撤后进行一次性喷浆成墙。从变形控制角度，可以减小先行挖掘的单次掘进长度，将单日可完成的墙体分成多次实施，每次先行掘进的长度控制在6～8m，先行挖掘完成后及时回撤，回撤挖掘也不宜过快，宜控制在12～15min/m，防止速度过快产生活塞效应，影响槽壁稳定性。回撤完成后及时完成喷浆成墙施工，最大限度地减少槽壁的暴露时间，减少槽壁变形，防止槽壁坍塌，减小对周边环境的影响。

3. 控制先行挖掘掘进速度，提高挖掘液泥浆持壁性能

先行挖掘过程中随着切割箱掘进需及时向槽内补充挖掘液，防止槽内液面过低造成坍槽。先行挖掘过程中掘进速度不宜过快，可以控制在60～90min/m，一方面可以降低挖掘液补充不及时的风险，另一方面可以防止掘进速度过快引起坍塌。

挖掘液的持壁性能直接关系到槽壁稳定性，为了增强槽壁稳定性，挖掘液宜采用具有一定黏度和流动度的膨润土浆液，对砂层较厚的地层条件，挖掘液配置需采用性能更稳定的钠基土膨润土，同时适当加大膨润土泥浆比重，以增加挖掘液的持壁性能，确保槽壁稳定性。挖掘液的水灰比在满足施工工艺的情况下应尽量小，一般控制在5～10，固化液水灰比一般控制在1.2～1.5。

4. 施工作业范围扩散应力措施

等厚度水泥土搅拌墙施工设备自重大，且紧邻槽边的主机履带或步履大船承受了机身绝大部分重量，而超深墙体一般采用三工序成墙工艺，施工过程中主机反复在槽边运作，容易影响槽壁稳定性，引起槽壁坍塌，对周边环境产生不良影响，尤其当场地浅层为软土时影响更为显著。

地表浅层土体承载力较低、土性较差时，可在TRD工法机施工范围内采用铺设钢筋混凝土路面或设置钢筋混凝土导墙的方案，扩散设备的基底压力，确保地基承载力和槽壁稳定满足要求，防止对槽壁稳定性产生不良影响。混凝土路面及导墙可有效避免设备行走及切割过程中路面塌陷、槽壁坍塌问题，有利于确保槽壁稳定性，在保证设备施工安全的同时，有效减小由于槽壁变形、槽壁坍塌对周边环境的影响。

5. 等厚度型钢水泥土搅拌墙型钢回收及孔隙注浆填充措施

采用等厚度型钢水泥土搅拌墙作为基坑围护结构时，型钢回收也会对周边环境产生影响。型钢回收起拔应在等厚度水泥土搅拌墙与主体结构外墙之间的空隙回填密实后进行，并采取跳拔施工，型钢拔出后留下的空隙应及时注浆填充，注浆宜采用水泥浆液，水灰比不宜大于0.4。周边环境条件复杂、保护要求极高的基坑工程，型钢不宜回收。

第4章 等厚度水泥土搅拌墙的强度与抗渗性能

4.1 概述

等厚度水泥土搅拌墙技术已在国内不同地区多个工程中得到应用，最大成墙深度达到65m，为复杂敏感环境下深大地下空间开发中深层地下水控制提供了一种有效的手段。等厚度水泥土搅拌墙作为围护结构、超深隔水帷幕或地基加固，墙体的均匀性、强度和抗渗性能是其质量检验的重要指标，也是确保地下空间开发和周边环境安全的关键。由于国内各地区地质条件复杂多样，差异显著，尤其在深厚密实砂层、卵砾石层、软岩层等成层或交错分布的地层中，对墙体施工深度和成墙质量的工程需求越来越高，因此掌握各种复杂地质条件下不同深度的成墙质量和实施效果对于指导设计和施工有重要意义。本章结合上海、天津、武汉、南京、南昌等多个地区的工程实践，如表4-1所示，阐述了多种典型复杂地层条件下等厚度水泥土搅拌墙的强度、抗渗性能和实施效果，可为水泥土搅拌墙的设计、施工和检测提供指导，为进一步推广等厚度水泥土搅拌墙技术的应用奠定基础。

表4-1中以上海、天津、武汉、南京为代表的沿江沿海地区水文地质条件有一定相似性，存在富含承压水的粉土层或砂层，含水层深厚、水量丰富、水头压力高、渗透性强，深大地下空间开发过程中存在承压水突涌的可能。但这些地区的地质条件又存在一定差异，如上海、天津等地区为典型的"上软下硬"地层，地表以下200m深度范围内以黏性土和砂土为主，浅层为软黏土层，深层为深厚的富含承压水、标贯击数40～100击的密实砂层；武汉、南京等地区深层分布有深厚的密实砂层，砂层以下为岩层；南昌、淮安等地区浅层就分布有厚度较大的粉土层、砂层或卵砾石层，隔水帷幕需穿过埋深较浅的卵砾石层或密实砂层嵌入隔水性较好的岩层或黏土层。上述地区基本涵盖了目前国内等厚度水泥土搅拌墙技术应用的典型地层，本章根据不同区域的地层分布特点分别对上海地区、天津、武汉、南京地区以及南昌、淮安、苏州地区典型工程中等厚度泥土搅拌墙的强度、抗渗性能和实施效果进行阐述。

部分典型地层等厚度水泥土搅拌墙工程实例　　表4-1

序号	工程名称	应用形式	墙体厚度（mm）	墙体深度（m）	地质特点
1	上海虹桥商务区核心区一期08地块D13街坊[45]	隔水帷幕	800	49.5	20～50m深度分布第⑤$_2$层和第⑦层粉土层承压水层
2	上海白玉兰广场[46]	隔水帷幕	800	61	23～29m深度分布第⑤$_2$粉砂层、34～57m深度分布第⑤$_{3-2}$粉土层承压水层
3	上海奉贤中小企业总部大厦[47]	型钢水泥土搅拌墙	850	26.6	13～19m深度分布第⑤$_t$层粉砂微承压水层

续表

序号	工程名称	应用形式	墙体厚度（mm）	墙体深度（m）	地质特点
4	上海国际金融中心[48]	隔水帷幕	700	53	28～60m深度分布第⑦层粉土和粉砂层承压水层
5	上海新江湾23街坊23-1、23-2地块商办项目[49]	隔水帷幕	700	42.1	29～40m深度分布第⑦黏质粉土夹粉砂承压水层
6	上海市轨道交通10号线海伦路地块综合开发[50]	地墙槽壁加固	850	48	17～20m深度分布第⑤$_2$粉砂层、30～44m深度分布第⑦粉砂层承压水层
7	天津中钢响螺湾[51]	隔水帷幕	700	45	深层分布有埋深约24～29m、厚度约30m的粉、细砂微承压含水层
8	湖北武汉长江航运中心大厦[52]	隔水帷幕	850	58.6	9～22m深度分布有粉质黏土与粉土、粉砂互层，22～52m深度分布有细砂层承压含水层，砂层以下为强、中风化泥岩
9	江苏南京河西生态公园[53]	隔水帷幕	800	50	埋深7m以下分布有平均厚度超过40m的粉细砂、中细砂层以及卵石土层承压含水层
10	江西南昌绿地中央广场[54]	型钢水泥土搅拌墙	850	27.5	10～22m深度分布有深厚的砂层承压含水层，砂层以下为强、中、微风化砂砾岩层
11	江苏淮安雨润中央新天地[55]	隔水帷幕	850	46	5～28m深度分布③$_2$、③$_3$粉土层和④$_1$细砂层，为潜水含水层；在28～45m深度分布⑤$_1$黏土夹粉砂层，该层中存在着透镜体状分布的⑤$_2$层细砂承压水含水层，埋深约30～43.3m，厚度2～6.3m
12	江苏苏州财富广场[56]	隔水帷幕	700	46	30～43m深度分布第⑦粉土夹粉砂层承压水层

4.2 上海地区水泥土搅拌墙的强度与抗渗性能

上海地处长江三角洲东南前缘，属滨海平原地貌类型，除少数区域外，地基土皆为巨厚的第四纪沉积物，主要由黏性土、粉性土和砂土构成。浅层30m以内多为流塑—可塑状的黏土层，其中的第③层淤泥质粉质黏土和第④层淤泥质黏土属于含水量高、孔隙比大、压缩性高的软黏土；深层30m以下分布有稍密—密实的第⑦层粉土层或砂土层，属于承压含水层，平均标贯击数普遍在20～50击之间，局部大于50击。上海地区地基浅层软黏土与深层粉、砂土之间性质存在较为明显的差异，沿竖向具有“上软下硬”、成层分布的特点，典型的地层剖面如图4-1所示。

下文介绍了表4-1中上海地区6个工程水泥土搅拌墙强度和抗渗性能的检测结果，墙深从26.6～61m、墙厚从700～850mm不等，每个项目的检测均在水泥土搅拌墙正式墙体上开展。墙体强度在施工完成达到28天龄期后通过钻孔取芯芯样强度试验测定，抗渗性能通过取芯芯样的室内渗透试验或钻孔的现场渗透试验测定的渗透系数反映，或通过基坑实施阶段坑内外的水位监测、基坑侧壁渗漏情况等进行阐述。

1. 上海虹桥商务区核心区一期08地块D13街坊工程

该项目位于上海虹桥区域，基坑面积约46090m^2，周长约890m，开挖深度约17.05m，采用整体顺作实施方案。基坑开挖深度范围的土层主要有②层粉质黏土、③层

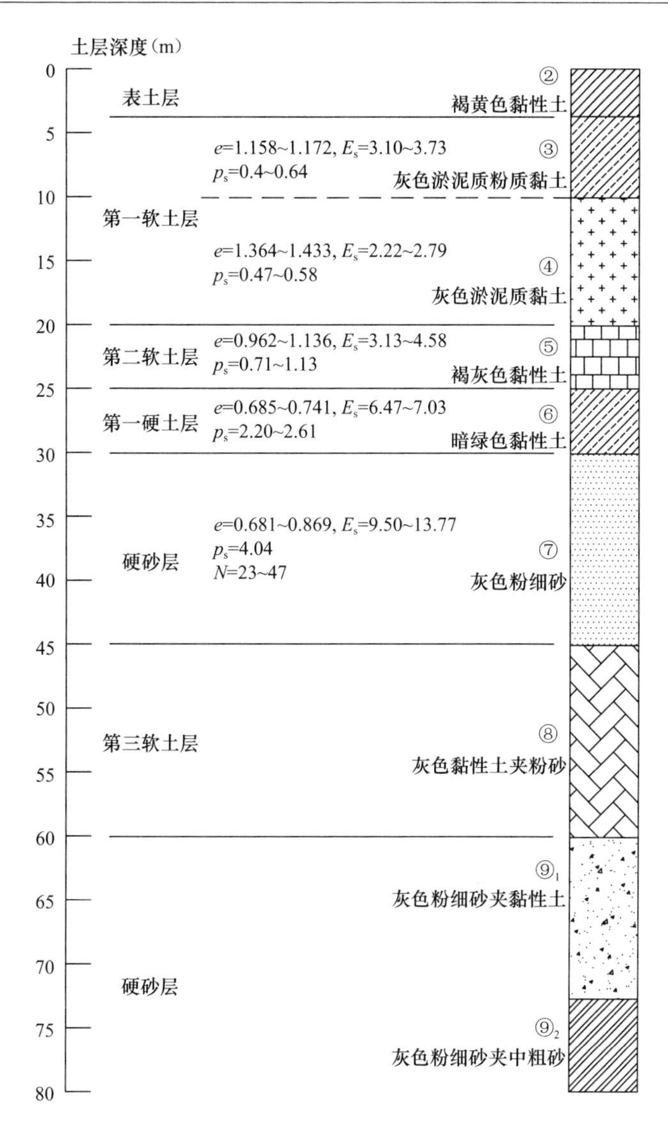

图 4-1　上海地区典型地层剖面图

注：e—孔隙比；E_s—压缩模量 $E_{s0.1-0.2}$（MPa）；

N—标准贯入试验锤击数；p_s—静力触探比贯入阻力（MPa）

淤泥质粉质黏土、④层淤泥质黏土；基底以下为层厚较大、渗透性较好的第⑤$_2$ 砂质粉土、第⑦层砂质粉土层。为减小抽降承压水对邻近高架桥、市政道路和能源管沟等环境的影响，采用 800mm 厚、40～49.5m 深的水泥土搅拌墙作为周边悬挂隔水帷幕，墙体水泥掺量 25%，采用三工序成墙工艺。

1）钻孔取芯芯样描述

表 4-2 为水泥土墙体施工完成达到 28 天龄期的现场取芯记录，图 4-2 为部分芯样照片。从取芯记录和芯样照片来看，钻孔取芯芯样自上而下较为完整，芯样连续性好，破碎较小，芯样灰量足并自上而下均匀呈水泥土颜色。总体而言，钻孔取芯芯样率较高，完整性较好，水泥土搅拌墙均匀性较好。

水泥土搅拌墙取芯记录　　表 4-2

对应土层	颜色	芯样完整性	搅拌均匀程度	状态（原状土层状态）
$①_1$ 杂填土	灰色	完整连续	均匀	坚硬（松散）
②粉质黏土	灰色	完整连续	均匀	坚硬（可塑—软塑）
③淤泥质粉质黏土	灰色	完整连续	均匀	坚硬（流塑）
④淤泥质黏土	灰色	完整连续	均匀	坚硬（流塑）
$⑤_{1a}$黏土	灰色	完整连续	均匀	坚硬（软塑）
$⑤_{1b}$粉质黏土	灰色	完整连续	均匀	坚硬（可塑）
$⑤_2$ 砂质粉土	灰色	完整连续	均匀	坚硬（中密）
$⑤_3$ 粉质黏土	灰色	完整连续	均匀	坚硬（可塑）
$⑤_4$ 粉质黏土	灰色	完整连续	均匀	坚硬（可塑—硬塑）
⑥粉质黏土	灰色	完整连续	均匀	坚硬（硬塑）
⑦砂质粉土	灰色	完整连续	均匀	坚硬（中密）
$⑦_{夹}$粉质黏土	灰色	完整连续	均匀	坚硬（可塑）
$⑧_1$ 粉质黏土夹砂质粉土	灰色	完整连续	均匀	坚硬（可塑）

图 4-2　水泥土搅拌墙取芯芯样照片

2）墙体强度

表 4-3 为对应不同土层深度钻孔取芯芯样抗压强度平均值的汇总，图 4-3 为各钻孔芯样抗压强度随土层深度的变化曲线。成层地基土经整体切削喷浆搅拌形成的墙体取芯芯样强度自上而下较为均匀，平均值约 0.94～1.26MPa。

芯样抗压强度试验结果　　表 4-3

对应土层	芯样强度平均值（MPa）	备注
$①_1$ 杂填土	1.26	共 18 个孔，54 件试样
②粉质黏土	1.15	共 18 个孔，54 件试样
③淤泥质粉质黏土	1.13	共 18 个孔，54 件试样
④淤泥质黏土	1.06	共 18 个孔，108 件试样
$⑤_{1a}$黏土	1.08	共 18 个孔，54 件试样
$⑤_2$ 砂质粉土	1.01	共 18 个孔，192 件试样
⑦砂质粉土	0.94	共 18 个孔，162 件试样

3）墙体抗渗性能

各原状土层渗透系数和水泥土搅拌墙渗透试验结果如表 4-4、图 4-4 所示。表 4-4 为水泥土渗透系数试验结果汇总表，图 4-4 为原状土与水泥土墙体渗透系数随深度变化曲线。由渗透试验结果可看出，室内渗透试验与原位渗透试验结果相差不大，量级一致；水泥土搅拌墙体渗透系数基本达到 10^{-6}cm/s 数量级，对于浅层黏土层，由于原状土层渗透系数已达到 10^{-6}cm/s 量级，水泥土渗透系数较原状土降低幅度较小，但黏土层中水泥土强度已较原状土有较大增加，对确保水泥土搅拌墙体抗渗性能是有利的。对于深层的粉土层，

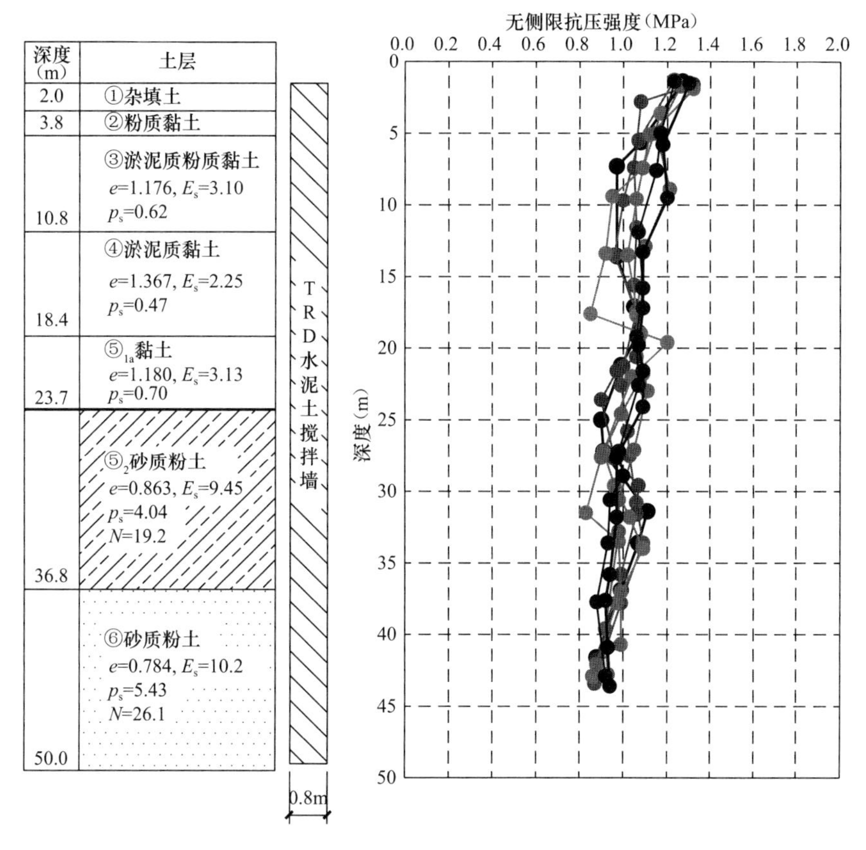

图 4-3　不同深度水泥土搅拌墙芯样 28d 抗压强度

水泥土渗透系数由原状土层的 10^{-4}cm/s 降低至 10^{-6}cm/s，降低两个数量级，水泥土搅拌墙抗渗性能提高显著。整个墙身范围中的水泥土搅拌墙渗透系数无明显差异，均处于同一数量级，也说明各土层中水泥土墙体搅拌均匀，抗渗性好。

水泥土搅拌墙渗透系数试验结果　　　　**表 4-4**

对应土层	渗透系数 $K(10^{-6}$cm/s)		
	原状土勘察报告	水泥土搅拌墙室内渗透试验检测结果	水泥土搅拌墙原位渗透试验成果
②粉质黏土	2.00	3.94	—
③淤泥质粉质黏土	5.00	6.03	—
④淤泥质黏土	0.30	2.62	3.15
⑤$_{1a}$黏土	0.40	2.91	1.80
⑤$_2$ 砂质粉土	500.0	2.28	0.76
⑥砂质粉土	600.0	2.31	0.78

该项目实施期间因业主变更等客观原因发生多次长时间停工，整体工期相对一般基坑工程较长。等厚度水泥土搅拌墙从施工完成（2013.6）至地下结构完成（2016.5），历时约 3 年，超过了常规隔水帷幕的使用周期，但效果良好。图 4-5 为降水井启动后的坑外潜水和承压水观测井的水位变化。减压井启动后，坑内承压水水位降深约 10m；由于该项目水泥土搅拌墙未完全隔断承压含水层，坑外承压水位有所下降，降深约 2m 左右（包含水

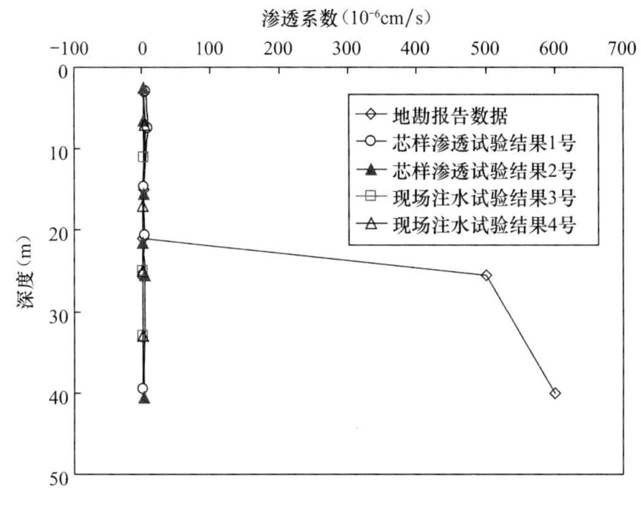

图 4-4　原状土与水泥土墙体渗透系数随深度变化曲线

位季节性变化的影响）；坑内外承压水位降深比约 5∶1。通过对邻近高架桥的位移监测，基坑开挖降水对其产生的最大沉降小于 4mm，也反映了水泥土搅拌墙起到很好的隔水效果，减小了大面积抽降承压水对邻近高架桥的影响。

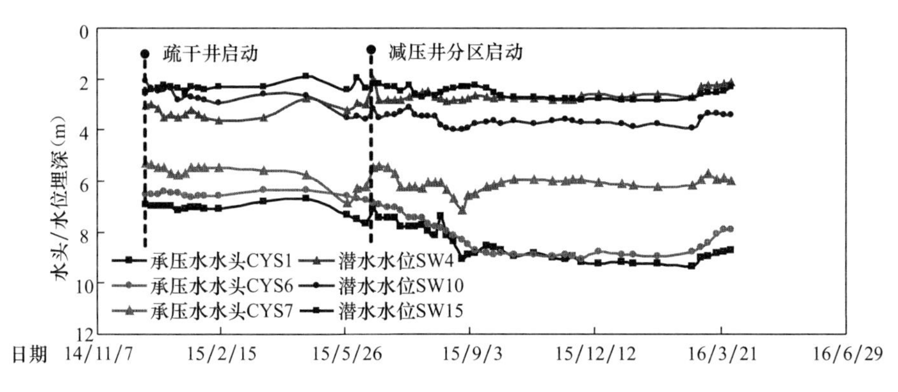

图 4-5　基坑降水期间坑外潜水及承压水水位变化曲线

2. 上海白玉兰广场工程

该项目位于上海市虹口区东大名路、旅顺路交界位置，基坑面积约为 42400m²，周长约为 865m，开挖深度 21.0～24.3m，采用“分区顺逆结合”的实施方案，围护结构采用“两墙合一”地下连续墙。场地浅层分布有较厚的软土第③层淤泥质黏土和第④层淤泥质黏土；基底以下分布有层厚较大、渗透性较好的第⑤$_2$ 粉砂夹粉质黏土和第⑤$_{3-2}$黏质粉土夹粉质黏土层。为控制抽降承压水对邻近地铁车站和变电站的影响，采用 800mm 厚、61m 深的水泥土搅拌墙作为变电站侧地下连续墙外侧超深隔水帷幕，隔断粉砂和粉土承压含水层，墙体水泥掺量 25%，采用三工序成墙工艺。该项目详细概况可参见第 5 章 5.2 节。

1）钻孔取芯芯样描述

表 4-5 为水泥土墙体施工完成达到 28 天龄期的现场取芯记录。芯样自上而下均较为完整，芯样连续性好，破碎较小，呈半硬塑状态，芯样呈深灰色，并且自上而下颜色较为均匀。总体而言，钻孔取芯芯样率均较高，完整性较好，水泥土搅拌墙均匀性较好。

水泥土搅拌墙取芯记录　　表 4-5

对应土层	颜色	芯样完整性	搅拌均匀程度	状态（原状土层状态）
①$_{1}$ 杂填土	深灰色	完整	均匀	半硬塑（松散）
②黏土	深灰色	完整	均匀	半硬塑（可塑—软塑）
③淤泥质粉质黏土	深灰色	完整	均匀	半硬塑（流塑）
④淤泥质黏土	深灰色	完整	均匀	半硬塑（流塑）
⑤$_{1}$ 粉质黏土	深灰色	完整	均匀	半硬塑（流塑）
⑤$_{2}$ 粉砂夹粉质黏土	深灰色	完整	均匀	半硬塑（稍密—中密）
⑤$_{3-1}$粉质黏土	深灰色	完整	均匀	半硬塑（软塑—可塑）
⑤$_{3-2}$黏质粉土夹粉质黏土	深灰色	完整	均匀	半硬塑（稍密—中密）
⑧$_{1}$ 粉质黏土	深灰色	完整	均匀	半硬塑（软塑—可塑）

2）墙体强度

表 4-6 为对应不同土层深度钻孔取芯芯样抗压强度平均值的汇总，图 4-6 为各芯样抗压强度检测结果随土层深度的变化曲线。成层地基土经整体切削喷浆搅拌形成的墙体取芯芯样强度自上而下较为均匀，芯样的强度平均值 0.99～1.17MPa。

芯样抗压强度试验结果　　表 4-6

对应土层	芯样强度平均值（MPa）	备注
①$_{1}$ 杂填土	1.05	3 件试样
④淤泥质黏土	0.99	3 件试样
⑤$_{2}$ 粉砂夹粉质黏土	1.06	3 件试样
⑤$_{3-2}$黏质粉土夹粉质黏土	1.08	3 件试样
⑧$_{1}$ 粉质黏土	1.17	3 件试样

3）墙体抗渗性能

该项目场地承压水初始水头埋深约 5m，开挖至基底时，坑内承压水水头降深最大约 16m。基坑开挖降水过程坑外承压水水位变化如图 4-7 所示，图中纵坐标为坑外水位绝对标高，横坐标为施工日期。坑外承压水水位在基坑降水过程中变化很小，最大变化范围在 1.5m 之内，属于水位的季节性变化。工程实施效果表明水泥土搅拌墙隔水帷幕起到了显著的隔水效果，最大限度地减小了大范围承压水降水对邻近地铁车站和变电站的影响。

3. 上海奉贤中小企业总部大厦工程

该项目位于上海市奉贤区，基坑面积约 22740m^{2}，周边总长约 646m，开挖深度 6.15～11.85m，采用整体顺作实施方案。场地地表以下 13m 深度范围内主要为软塑的粉质黏土和流塑淤泥质黏土；13～19m 深度范围为第⑤$_{1}$ 层粉砂微承压水层，该层渗透性强，水量丰富；25～28m 深度范围为相对隔水层第⑥层粉质黏土层。该项目采用 850mm 厚、26.6m 深的等厚度型钢水泥土搅拌墙作为周边围护结构，利用水泥土搅拌墙隔断粉砂层微承压水，墙体水泥掺量 25%，采用三工序成墙工艺。该项目详细概况可参见第 5 章 5.6 节。

1）钻孔取芯芯样描述

表 4-7 为水泥土墙体施工完成达到 28 天龄期的现场取芯记录，图 4-8 为部分芯样照片。从现场取芯记录和芯样照片来看，钻孔取芯芯样自上而下均较为完整，芯样连续性好，破碎较小，芯样水泥土上下颜色较为均匀。

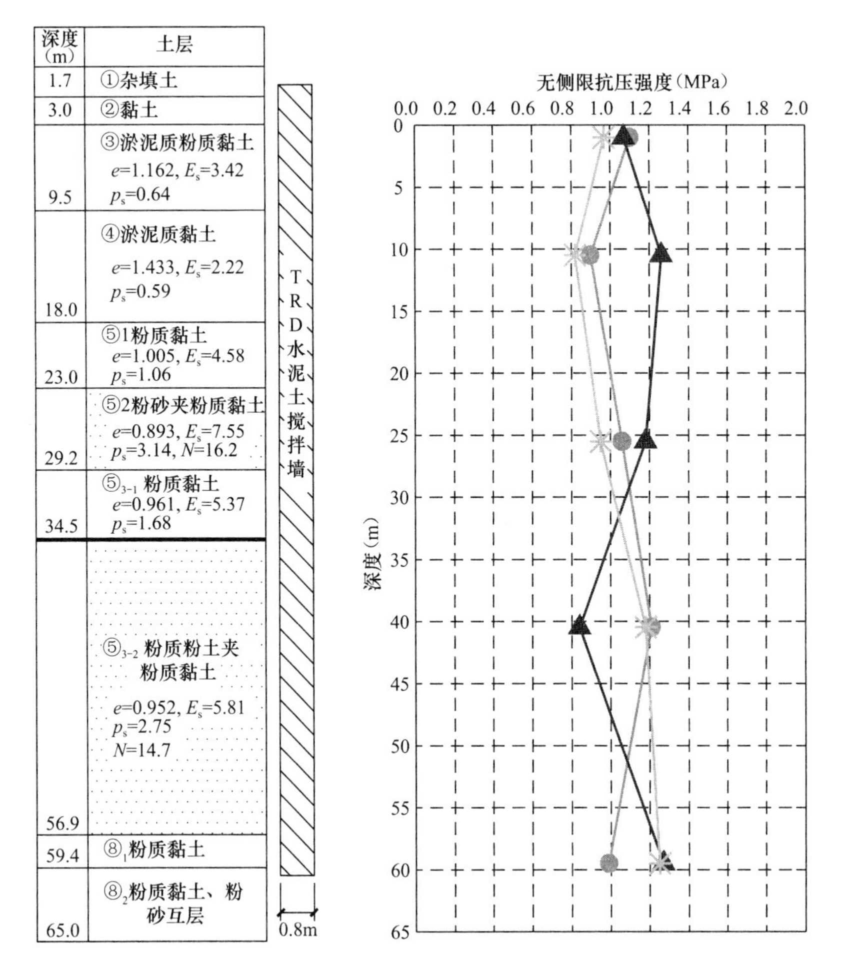

图 4-6　不同深度水泥土搅拌墙芯样 28d 抗压强度

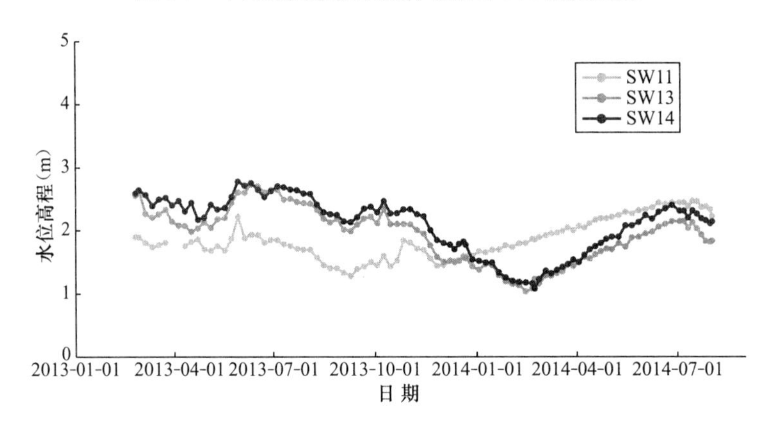

图 4-7　基坑降水期间坑外承压水水位变化曲线

水泥土搅拌墙取芯记录　　表 4-7

对应土层	颜色	芯样完整性	搅拌均匀程度	状态（原状土层状态）
②粉质黏土	灰色	完整	均匀	坚硬（可塑—软塑）
③淤泥质粉质黏土	灰色	完整	均匀	坚硬（流塑）

续表

对应土层	颜色	芯样完整性	搅拌均匀程度	状态（原状土层状态）
③$_t$砂质粉土	灰色	完整	均匀	坚硬（松散—稍密）
④淤泥质黏土	灰色	完整	均匀	坚硬（流塑）
⑤$_{1-1}$黏土	灰色	完整	均匀	坚硬（流塑—软塑）
⑤$_t$粉砂	灰色	完整	均匀	坚硬（稍密—中密）
⑤$_{1-2}$粉质黏土	灰色	完整	均匀	坚硬（软塑）
⑥粉质黏土	灰色	完整	均匀	坚硬（可塑）

2）墙体强度

表4-8为对应不同土层深度钻孔取芯芯样抗压强度平均值的汇总，图4-9为各芯样抗压强度检测结果随土层深度的变化曲线。各土层中芯样的强度平均值0.85～1.19MPa，总体较为均匀。

图4-8　水泥土搅拌墙取芯芯样照片

4. 墙体抗渗性能

图4-10为基坑开挖阶段型钢水泥土搅拌墙暴露实景，水泥土墙面平整，侧壁干燥，无渗漏水现象。该项目场地内承压水初始水头埋深约5.6m，地下二层区域基坑开挖至基底时坑内承压水水头降深约5.4m，基坑开挖过程坑外承压水的水位变化如图4-11所示，图中纵坐标为坑外水位高程，横坐标为施工日期。可以看出，坑外承压水水位在基坑实施过程中变化幅度较小，表明水泥土搅拌墙帷幕的封闭性好，起到了良好的隔水效果。

芯样抗压强度试验结果　　表4-8

对应土层	芯样强度平均值（MPa）	备注
②粉质黏土	1.19	3件试样
③淤泥质粉质黏土	1.08	3件试样
⑤$_{1-1}$黏土	1.01	3件试样
⑤$_t$粉砂	0.91	3件试样
⑥粉质黏土	0.85	3件试样

5. 上海国际金融中心工程

该项目位于上海市浦东新区竹园商贸地块，基坑面积约为48860m^2，周长约为950m，开挖深度22.6～28.1m，采用“顺逆结合”的实施方案。场地地基土主要由黏性土、粉性土及砂土组成。浅层分布有较厚的软土第③层淤泥质黏土和第④层淤泥质黏土；深层为层厚较大、渗透性较好的第⑦层粉土和粉砂层。为控制抽降承压水对周边环境的影响，采用水泥土搅拌墙作为周边超深悬挂隔水帷幕，水泥土搅拌墙厚度为700mm，埋深53m，墙体水泥土掺量25%，采用三工序成墙工艺。该项目详细概况可参见第5章5.1节。

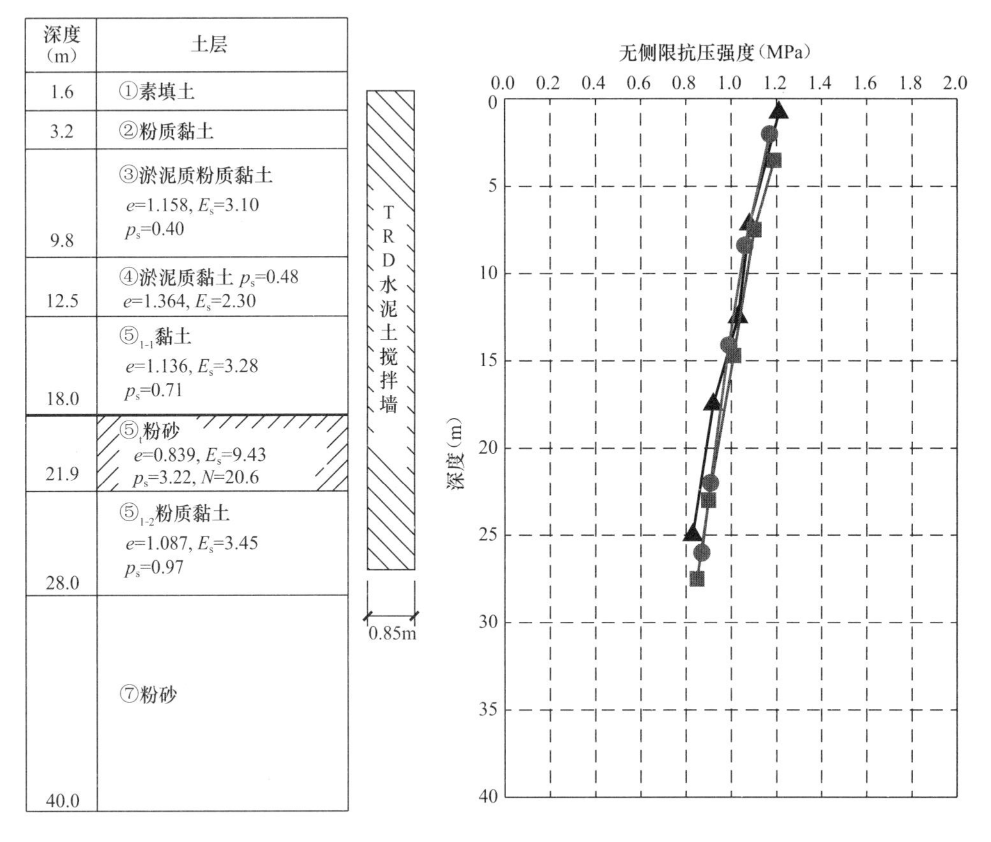

图 4-9　不同深度水泥土搅拌墙芯样 28d 抗压强度

(a)　　(b)

图 4-10　基坑开挖期间水泥土搅拌墙侧壁现场实景

1）钻孔取芯芯样描述

表 4-9 为水泥土墙体施工完成达到 28 天龄期的现场取芯记录，图 4-12 为部分芯样照片。从现场取芯记录和芯样照片来看，钻孔取芯芯样自上而下均较为完整，芯样连续性好，破碎较小，芯样水泥土颜色自上而下较为均匀。总体而言，钻孔取芯芯样率均较高，完整性较好，水泥土搅拌墙均匀性较好。

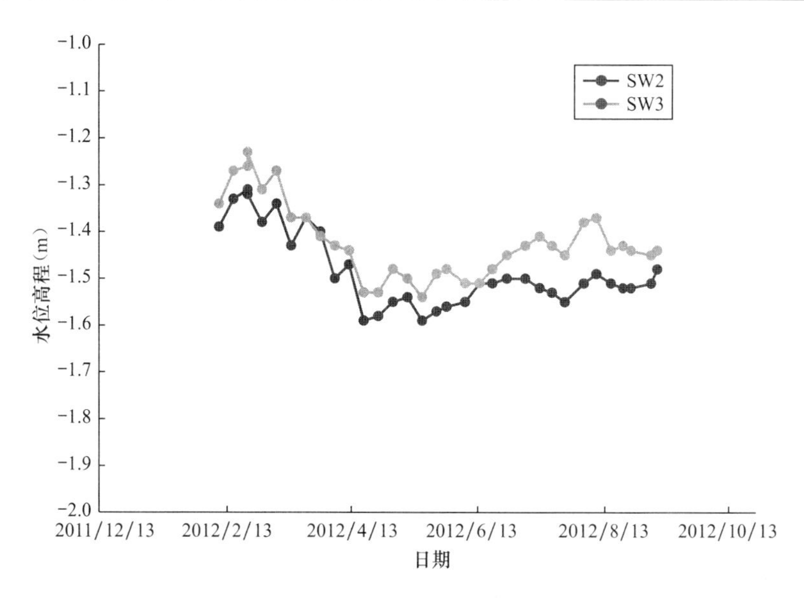

图 4-11　基坑降水期间坑外承压水水位变化曲线

水泥土搅拌墙取芯记录　　表 4-9

对应土层	颜色	芯样完整性	搅拌均匀程度	状态（原状土层状态）
②粉质黏土	灰色	完整	均匀	坚硬（可塑—软塑）
$③_{夹}$黏质粉土	灰色	完整	均匀	坚硬（松散）
③淤泥质粉质黏土	灰色	完整	均匀	坚硬（流塑）
④淤泥质黏土	灰色	完整	均匀	坚硬（流塑）
⑤粉质黏土	灰色	完整	均匀	坚硬（流塑—软塑）
⑥粉质黏土	灰色	完整	均匀	坚硬（可塑—硬塑）
$⑦_{1-1}$黏质粉土夹粉质黏土	灰色	完整	均匀	坚硬（稍密—中密）
$⑦_{1-2}$砂质粉土	灰色	完整	均匀	坚硬（中密—密实）
$⑦_2$ 粉砂	灰色	完整	均匀	坚硬（密实）

2）墙体强度

图 4-13 为各钻孔芯样抗压强度检测结果随土层深度的变化曲线。各土层经整体切削喷浆搅拌形成的墙体强度较一致，基本大于 0.8MPa。

3）墙体抗渗性能

各原状土层渗透系数和水泥土搅拌墙渗透试验结果如表 4-10、图 4-14 所示，表 4-10 为水泥土搅拌墙渗透系数试验结果汇总，图 4-14为原状土与水泥土渗透系数随深度变

图 4-12　水泥土搅拌墙取芯芯样照片

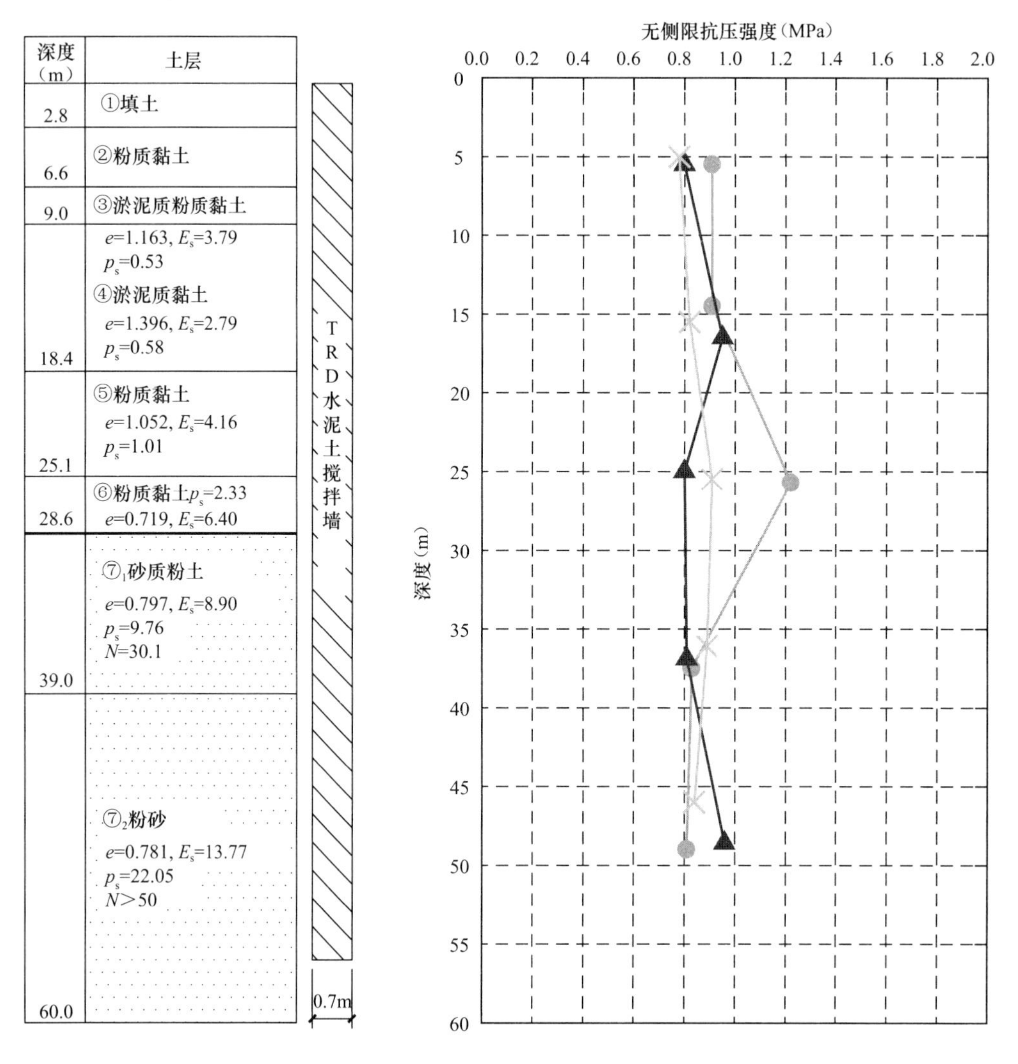

图 4-13　不同深度水泥土搅拌墙芯样 28d 抗压强度

化曲线。由渗透试验结果可得到，室内渗透试验与原位渗透试验结果基本一致；水泥土搅拌墙体渗透系数较原状土层有明显降低，均达到或小于 10^{-6}cm/s 数量级，对于浅层黏土层，水泥土渗透系数由原状土层的 10^{-5}cm/s 降低至 10^{-6}cm/s；对于深层的砂土层，水泥土渗透系数由原状土层的 10^{-3}～10^{-4}cm/s 降低至 10^{-6}～10^{-7}cm/s，普遍降低两个数量级。各土层尤其是粉土和粉砂层中水泥土搅拌墙抗渗性能提高显著。整个墙身范围中的水泥土搅拌墙渗透系数无明显差异，普遍均处于同一数量级，也反映了各土层中水泥土墙体搅拌均匀，抗渗性好。

图 4-15 为基坑实施期间坑内外潜水和承压水观测井的水位变化。基坑实施期间坑外潜水水位基本不变。减压井启动后，坑内承压水水位最大降深约 16m；由于该项目承压水层埋深大，水泥土搅拌墙未完全隔断承压含水层，坑外承压水位有所下降，降深小于 7m；坑内外承压水位降深比约 2.5∶1，超深等厚度水泥土搅拌墙作为悬挂式帷幕隔水效果明显。

水泥土搅拌墙渗透系数试验结果　　表 4-10

对应土层	渗透系数 K（10^{-6}cm/s）		
	原状土勘察报告	水泥土搅拌墙室内渗透试验检测结果	水泥土搅拌墙原位渗透试验成果
③$_{夹}$黏质粉土	90.0	4.02	—
③淤泥质粉质黏土	20.0	3.75	—
④淤泥质黏土	10.0	4.76	3.17
⑤粉质黏土	20.0	2.74	4.66
⑥粉质黏土	9.0	2.28	—
⑦$_{1-1}$黏质粉土夹粉质黏土	300.0	1.38	—
⑦$_{1-2}$砂质粉土	700.0	3.75	—
⑦$_2$ 粉砂	2000.0	0.67	4.85

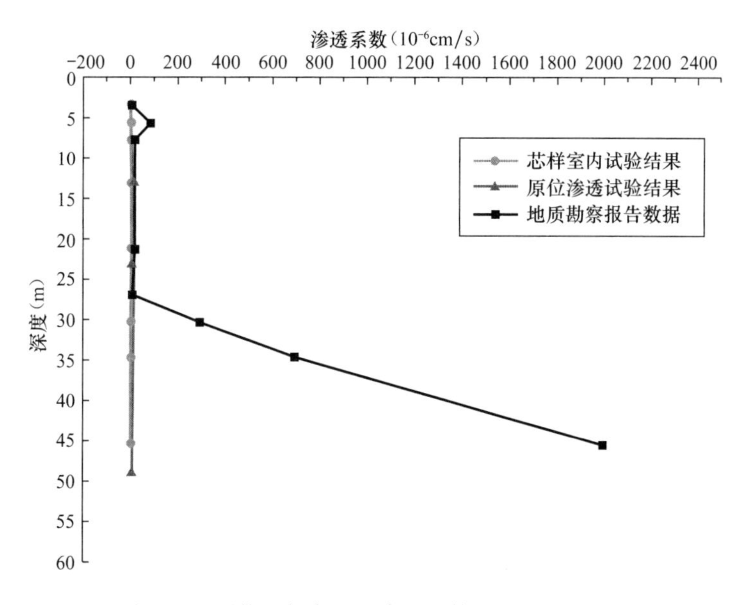

图 4-14　原状土与水泥土渗透系数随深度变化曲线

6. 上海新江湾 23 街坊 23-1、23-2 地块商办工程

该项目位于上海市杨浦区新江湾城区域，基坑开挖范围内主要为杂填土、松散的砂质粉土和流塑淤泥质黏土；17～29m 深度范围为软塑—硬塑的黏土；29～40m 深度范围为第⑦黏质粉土夹粉砂承压水层，该层渗透性强，水量丰富。基坑工程采用整体顺作实施方案，为减小坑内抽降承压水对邻近地铁车站产生影响，采用 700mm 厚、42.1m 深的水泥土搅拌墙作为分隔区域隔水帷幕，隔断粉土夹粉砂层承压水，墙体水泥掺量 25%，采用三工序成墙工艺。

表 4-11 为对应不同土层深度钻孔取芯芯样抗压强度平均值的汇总，图 4-16 为各钻孔芯样抗压强度检测结果随土层深度的变化曲线。成层地基土经整体切削喷浆搅拌形成的墙

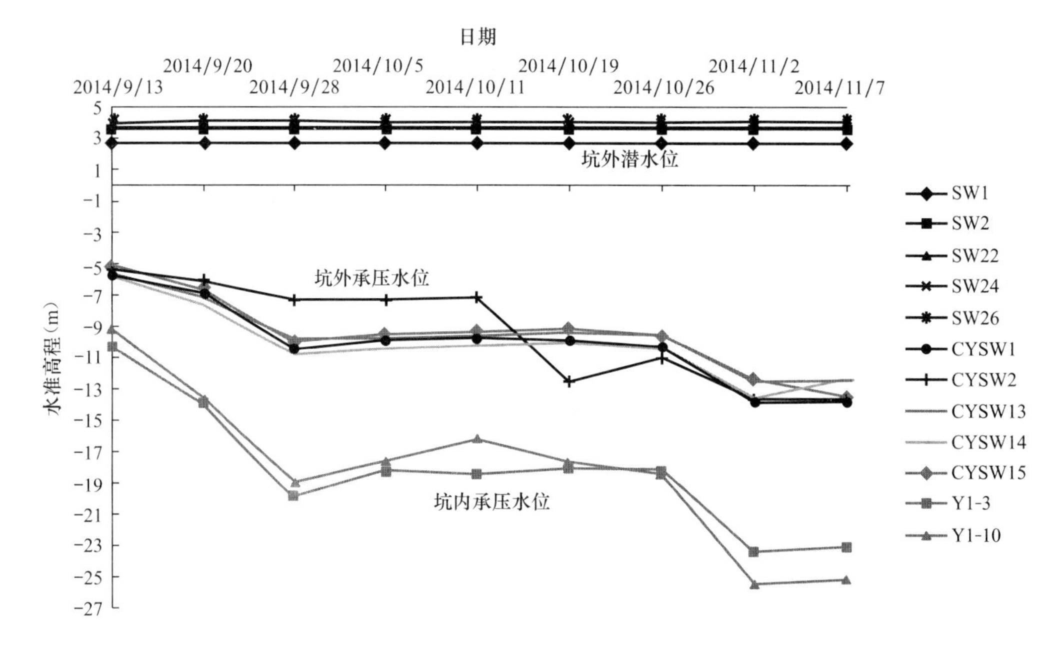

图 4-15　基坑降水期间塔楼区域坑内外水位变化曲线

体取芯芯样强度自上而下较为均匀，芯样强度均大于 0.8MPa。

芯样抗压强度试验结果　　**表 4-11**

对应土层	芯样强度平均值（MPa）	备注
②$_3$ 砂质粉土	0.87	共 2 个孔，6 件试样
④淤泥质黏土	0.85	共 2 个孔，6 件试样
⑤$_{1-1}$ 黏土	0.86	共 2 个孔，6 件试样
⑥粉质黏土	0.83	共 2 个孔，6 件试样
⑦黏质粉土夹粉砂	0.86	共 2 个孔，6 件试样

7. 上海市轨道交通 10 号线海伦路地块综合开发项目

该项目位于上海虹口区的四平路、天水路、同嘉路和海伦路之间，基坑总面积约 15000m^2，最大开挖深度约 22.5m，采用分区顺作法实施方案，周边采用地下连续墙作为围护结构。基坑开挖范围内主要为杂填土、第②$_3$ 层灰色砂质粉土、第④层灰色淤泥质黏土和第⑤$_2$ 层灰色粉砂，深层分布有较厚的第⑦层粉砂。第⑤$_2$ 和第⑦层含有承压水，局部区域两层相互连通。为确保邻近地铁区域地墙成槽的稳定性和墙体接缝的止水效果。采用 850mm 厚、48m 深的水泥土搅拌墙作为地铁区域地墙槽壁加固兼接缝隔水帷幕，墙体水泥掺量 30%，采用三工序成墙工艺。

表 4-12 为墙体实施完成达到 28 天后对应不同土层深度钻孔取芯芯样抗压强度平均值的汇总，图 4-17 为各钻孔芯样抗压强度检测结果随土层深度的变化曲线。成层地基土经整体切削喷浆搅拌形成的墙体取芯芯样强度自上而下较为均匀，芯样强度平均值约 1.2MPa。

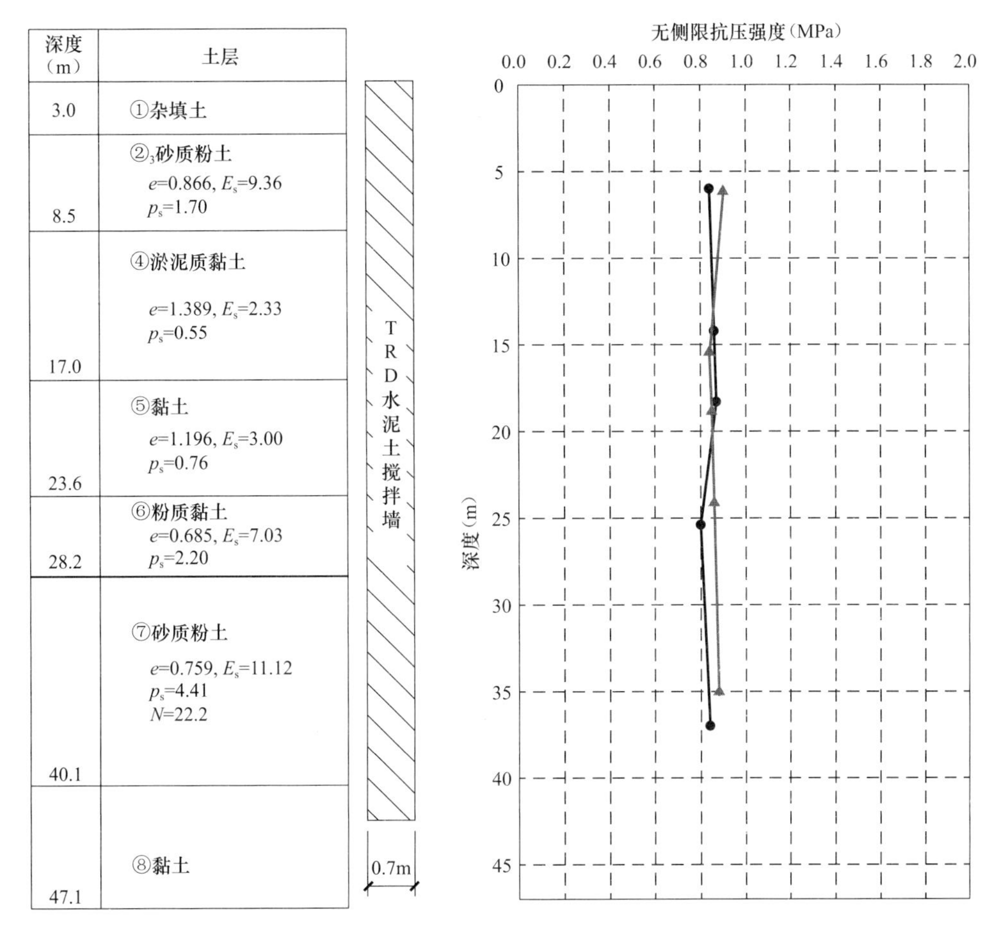

图 4-16　不同深度水泥土搅拌墙芯样 28d 抗压强度

芯样抗压强度试验结果　　　　表 4-12

对应土层	芯样强度平均值（MPa）	备注
②3 砂质粉土	1.25	3 件试样
⑤2 粉砂	1.24	3 件试样
⑥粉质黏土	1.23	3 件试样
⑦粉砂	1.22	3 件试样
⑧1 黏土	1.22	3 件试样

8. 上海地区水泥土搅拌墙强度与抗渗性能分析

上文选取上海地区已成功实施的多个工程对水泥土搅拌墙进行强度和抗渗性能检测。墙体实施完成养护 28 天后通过钻取的芯样判别水泥土搅拌墙均一性和完整性，通过芯样单轴抗压强度试验检测墙体强度，通过室内渗透试验、现场注水渗透试验或基坑实施阶段坑内外的水位监测检验墙体的抗渗性能。水泥土搅拌墙钻孔取芯强度试验结果如表 4-13、图 4-18、图 4-19 所示。

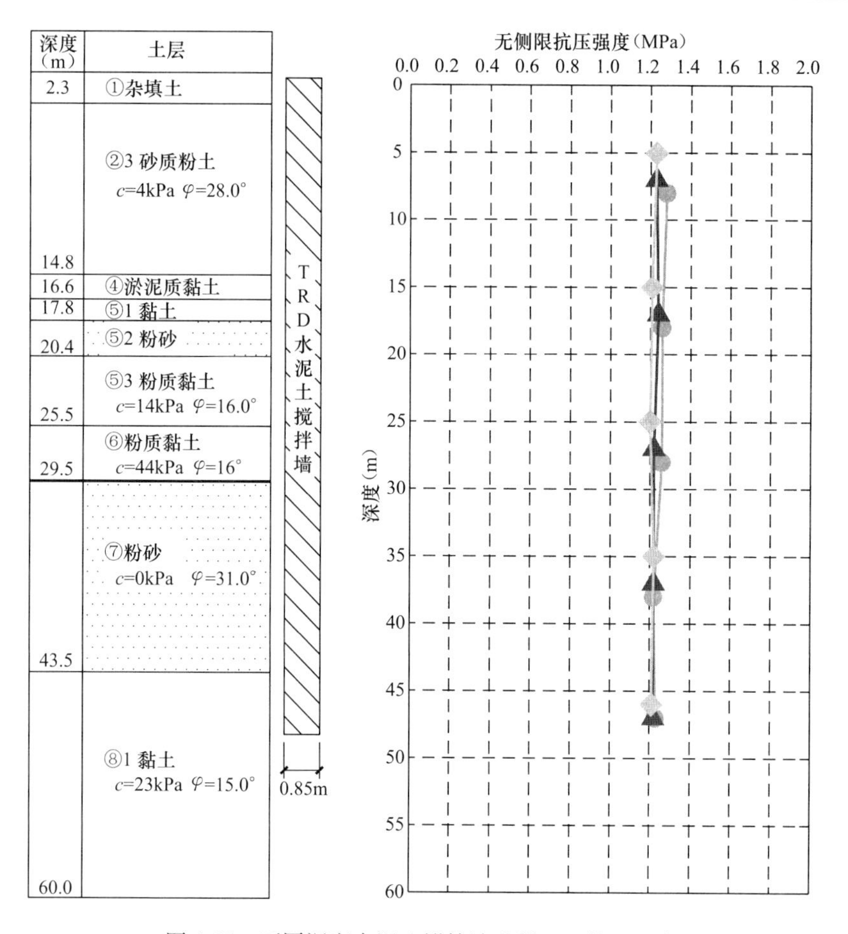

图 4-17　不同深度水泥土搅拌墙芯样 28d 抗压强度

上海地区典型工程水泥土搅拌墙钻孔取芯芯样强度汇总　　表 4-13

序号	工程名称	强度平均值（MPa）	标准差	变异系数	备注
1	上海国际金融中心	0.81	0.27	0.39	共 19 孔，285 件试样
2	虹桥商务区核心区一期 08 地块 D13 街坊	1.05	0.11	0.10	共 18 孔，678 件试样
3	上海白玉兰广场	1.07	0.15	0.14	共 3 孔，15 件试样
4	上海奉贤中小企业总部大厦	1.01	0.12	0.12	共 3 孔，15 件试样
5	上海新江湾 23 街坊 23-1、23-2 地块商办项目	0.85	0.04	0.05	共 2 孔，30 件试样
6	上海市轨道交通 10 号线海伦路地块综合开发项目	1.23	0.02	0.02	共 3 孔，15 件试样

上文上海地区典型土层条件下实施的水泥土搅拌墙深度普遍超过 40m，最大墙深为 61m，根据水泥土搅拌墙强度和抗渗性能检测结果，可以概括得出以下结论：

（1）与成层分布的原状地基土相比，水泥土搅拌墙墙体均一性好，墙体在软黏土、粉土和砂土层中所取出的芯样无明显差异。芯样总体呈灰色柱状体，成型连续、完整，水泥搅拌均匀、胶结度较好。

（2）水泥土搅拌墙墙体芯样单轴抗压强度平均值为 0.8～1.2MPa，普遍超过 1.0MPa，其中浅层软黏土中水泥土强度平均值为 1.06MPa，深层砂土中水泥土强度平均值为 1.05MPa，各土层中水泥土搅拌墙强度基本一致，墙身沿竖向抗压强度值均匀、离散性小。

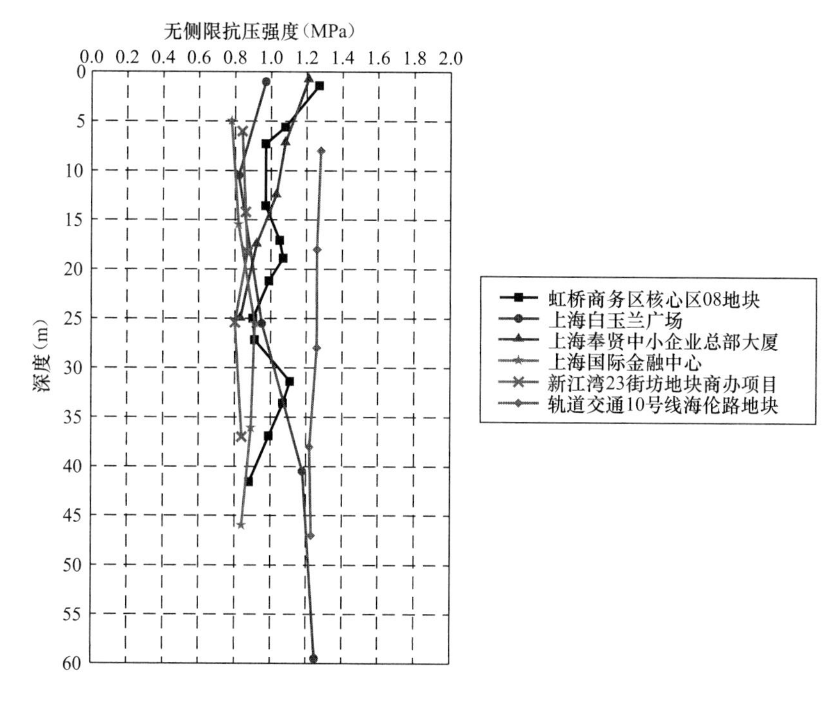

图4-18　不同工程中水泥土搅拌墙28d抗压强度分布曲线

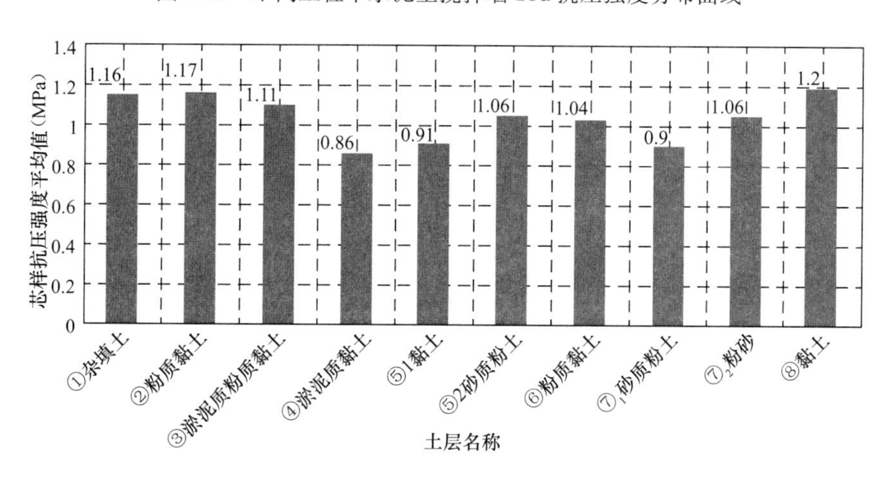

图4-19　对应不同土层水泥土搅拌墙28d平均抗压强度

(3) 墙体渗透系数较原状土层尤其是粉土和砂土显著降低，整个墙身范围中的水泥土渗透系数无明显差异，离散性小，粉土、砂土层中墙体渗透系数达到10^{-6}～10^{-7}cm/s数量级。基坑开挖降水期间，坑外潜水和承压水水位变化小。水泥土搅拌墙成墙质量可靠，抗渗性能好，满足深厚承压水隔渗要求。

4.3　天津、武汉、南京地区水泥土搅拌墙的强度与抗渗性能

天津地区与上海地区的地质条件有一定相似性，即浅层以黏性土或淤泥质黏土层为

主，深层约 30m 以下分布有厚度超过 30m、水量丰富、渗透性高的粉土层或砂层，其砂层标贯击数在 40～100 击之间。武汉、南京等地区浅层杂填土、黏性土层较薄，埋深不到 20m，以下分布有厚度逾 40m、标贯击数超过 40 击的深厚密实砂层，砂层以下分布粒径达 15cm 的卵砾石层，其下为单轴抗压强度 10MPa 以上的岩层。各地区典型土层剖面如图 4-20所示。以上地区地下空间开发过程中面临深层地下水控制问题，采用水泥土搅拌墙主要作为超深隔水帷幕，墙体需要穿越深厚的砂层和卵砾石层并嵌入相对隔水的岩层，墙体施工和质量控制难度大。

天津地区典型土层

深度（m）	土层
3.5	①$_b$素填土
8.1	②$_a$粉质黏土
16.1	②$_b$淤泥质黏土 c=10.3kPa φ=11°
18.6	②$_c$粉质黏土
20.6	③粉质黏土
26.6	④粉质黏土 c=13.8kPa φ=21.6°
33.1	⑤粉砂 c=6.8kPa φ=37.6° N=40
55.1	⑥粉细砂 c=8.2kPa φ=38.1° N=75 承压水

武汉沿江地区典型土层

深度（m）	土层
8.2	①杂填土
14.8	②$_1$粉质黏土夹粉土
24.5	②$_2$粉质黏土与粉土、粉砂互层 c=14kPa φ=15°
30.0	③-1 细砂 c=0kPa φ=28° N=24.8
54.0	③$_2$ 细砂 c=0kPa φ=32° N=34.2 承压水
57.1	④中细砂夹卵砾石 N=42
58.2	⑤强风化泥岩
65.0	⑥中风化泥岩

南京河西地区典型土层

深度（m）	土层
3.2	①$_1$杂填土
12.0	②$_2$淤泥质粉质黏土 c=9kPa φ=14.8°
15.8	③$_1$粉砂 c=3kPa φ=23.2°
26.1	③$_2$粉砂 c=2kPa φ=32.3° N=15.6
47.8	③$_3$粉细砂 c=2kPa φ=31.0° N=23.2 承压水
55.6	④卵石土 c=2kPa φ=40.0°
60.0	⑤$_1$强风化泥岩

图 4-20　天津、武汉、南京地区典型土层剖面图

下文介绍了表 4-1 中天津、武汉、南京地区典型工程中水泥土搅拌墙强度和抗渗性能的检测结果，墙深从 45～58.6m、墙厚从 700～850mm 不等，每个项目的检测均在水泥土搅拌墙正式墙体上开展。墙体强度在施工完成达到 28 天龄期后通过钻孔取芯芯样强度试验测定，抗渗性能通过室内渗透试验或现场渗透试验测定的渗透系数反映，或通过基坑实施阶段坑内外的水位监测、基坑侧壁渗漏情况等进行阐述。

1. 天津中钢响螺湾工程

该项目位于天津市滨海新区，基坑面积约 22900m²，周长 585m，开挖深度为 20.6～24.1m，采用整体顺作实施方案。基坑开挖深度范围内以粉质黏土为主，浅层分布有厚度约 7～12m 的流塑状淤泥质黏土，深层分布有埋深约 24～29m、厚度约 30m 的深厚粉、细砂微承压含水层，基坑底部接近微承压含水层。为减小抽降承压水对周边环境的影响，采用 700mm 厚、45m 深的水泥土搅拌墙作为周边悬挂帷幕，墙体水泥土掺量 25%，采用三工序成墙工艺。该项目详细概况可参见第 5 章 5.4 节。

1）钻孔取芯芯样描述

表 4-14 为水泥土墙体施工完成达到 28 天龄期的现场取芯记录，图 4-21 为部分芯样照片。从现场取芯记录和芯样照片来看，钻孔取芯芯样自上而下均较为完整，芯样连续性好，破碎较小，芯样呈水泥土颜色，并且自上而下颜色较为均匀。总体而言，钻孔取芯芯样率均较高，完整性较好，水泥土搅拌墙均匀性较好。

水泥土搅拌墙取芯记录　　表 4-14

对应土层	颜色	芯样完整性	搅拌均匀程度	状态（原状土层状态）
①b 素填土	灰色	完整	均匀	较硬（软塑）
②a 粉质黏土	灰色	完整	均匀	较硬（软塑）
②b 淤泥质黏土	灰色	完整	均匀	较硬（流塑）
②c 粉质黏土	灰色	完整	均匀	较硬（软塑）
③粉质黏土	灰色	完整	均匀	较硬（可塑）
④粉质黏土	灰色	完整	均匀	较硬（可塑）
⑤粉砂	灰色	完整	均匀	较硬（密实）
⑥粉、细砂	灰色	完整	均匀	较硬（密实）

图 4-21　水泥土搅拌墙取芯芯样照片

2）墙体强度

表 4-15 为对应不同土层深度钻孔取芯芯样抗压强度平均值的汇总，图 4-22 为各钻孔芯样抗压强度检测结果随土层深度的变化曲线。成层地基土经整体切削喷浆搅拌形成的墙体取芯芯样强度自上而下较为均匀，不同深度芯样强度平均值介于 1.24～1.41MPa。

芯样抗压强度试验结果 **表 4-15**

对应土层	芯样强度平均值（MPa）	备注
②$_a$ 粉质黏土	1.25	3 件试样
②$_b$ 淤泥质黏土	1.32	6 件试样
③粉质黏土	1.41	3 件试样
④粉质黏土	1.25	3 件试样
⑤粉砂	1.24	3 件试样
⑥粉、细砂	1.39	6 件试样

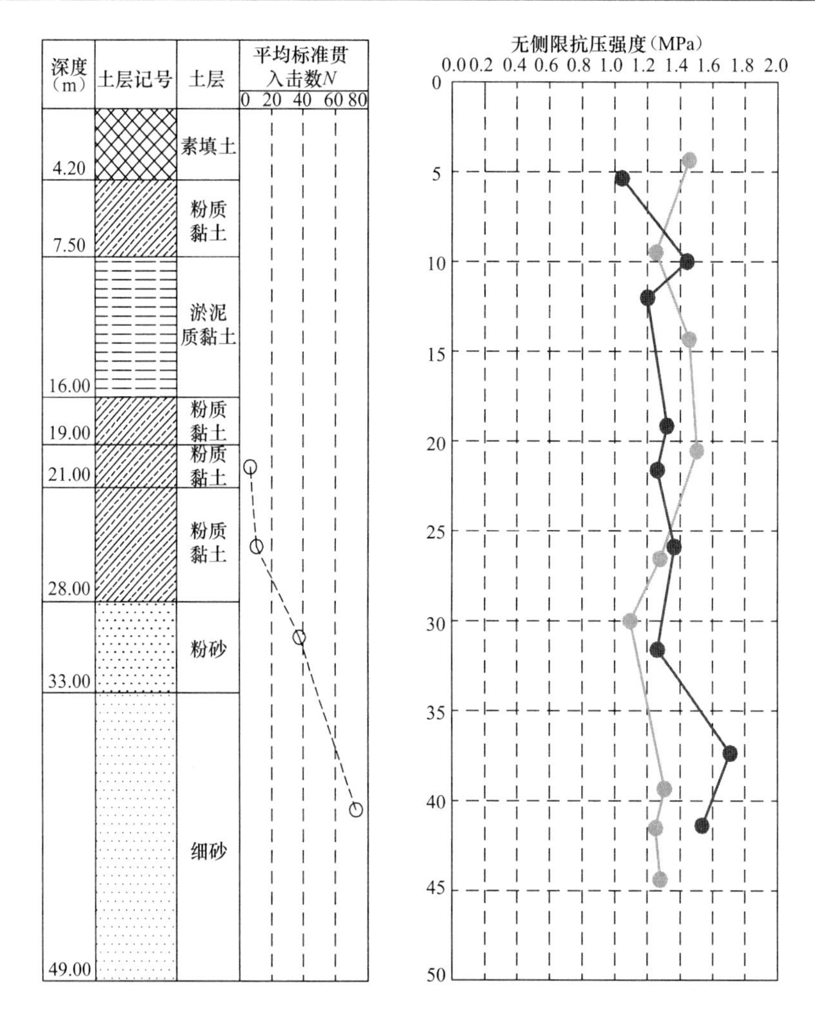

图 4-22 不同深度水泥土搅拌墙芯样 28d 抗压强度

3）墙体抗渗性能

该项目场地承压水初始水头埋深约 13.8m，基坑开挖至基底时，坑内承压水水位降深最大约 14m。图 4-23 为基坑实施过程中坑外潜水位及承压水位的变化情况，图中纵坐标为坑外水位绝对标高，横坐标为施工日期。从图中可以看出，基坑降水期间，坑外潜水位基本无变化。由于该项目承压水层埋深大，水泥土搅拌墙未完全隔断承压含水层，坑外承压水位有所下降，最大降深小于7m；坑内外承压水位降深比约2∶1，超深等厚度水泥土搅拌墙作为悬挂式帷幕隔水效果明显。

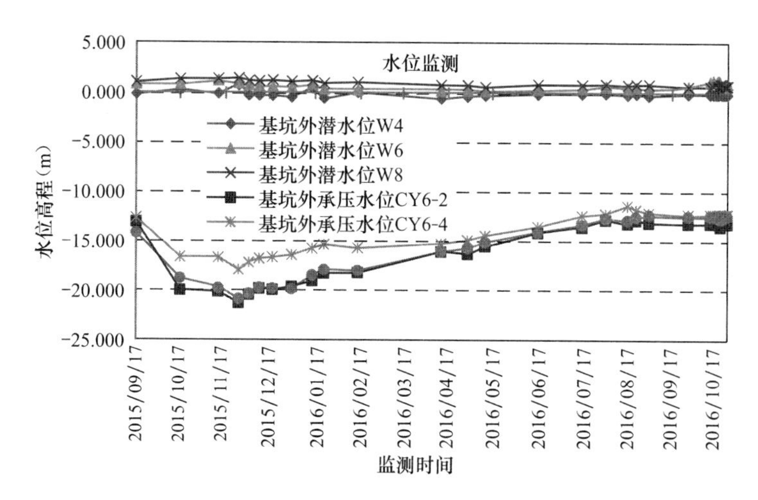

图4-23 基坑降水期间坑外水位变化曲线

2. 武汉长江航运中心大厦工程

该项目位于武汉市江汉区，距离长江堤岸最近仅60m，基坑面积约31000m²，周边延长米约760m，开挖深度为19.6～22.3m，采用整体顺作实施方案，周边采用“两墙合一”地下连续墙作为挡土围护结构。场地浅层约9m深度范围内主要为杂填土，在9～22m深度范围内为粉质黏土与粉土、粉砂互层，22～52m深度范围内为分布有深厚的中密—密实细砂层，砂层以下为强、中风化泥岩。场地内的粉土、细砂层为承压含水层，水量丰富，渗透性强，渗透系数约为2×10^{-2}cm/s。岩层下覆中风化泥岩为相对隔水层。为隔断承压含水层，防止基坑承压水降水对周边环境产生影响，采用850mm厚、58.6m深的水泥土搅拌墙作为地墙外侧隔水帷幕隔断承压水，水泥土搅拌墙底部嵌入饱和单轴抗压强度9.5MPa的中风化泥岩，墙体水泥掺量25%，采用三工序成墙工艺。

1）钻孔取芯芯样描述

表4-16为水泥土搅拌墙施工完成达到28天后现场取芯记录，图4-24为部分芯样照片。从取芯记录和芯样照片来看，钻孔取芯芯样自上而下均较为完整，芯样连续性好，破碎较小，芯样呈深灰色，并且自上而下颜色较为均匀。

水泥土搅拌墙取芯记录　　表4-16

对应土层	颜色	芯样完整性	搅拌均匀程度	状态（原状土层状态）
①杂填土	灰色	完整	均匀	坚硬（松散）
②$_1$粉质黏土夹粉土	灰色	完整	均匀	坚硬（软塑—流塑）
②$_2$粉质黏土与粉土、粉砂互层	灰色	完整	均匀	坚硬（黏土为可塑—软塑，粉土为稍密，粉砂为稍密）
③$_1$细砂	灰色	完整	均匀	坚硬（中密）
③$_2$细砂	灰色	完整	均匀	坚硬（密实）
④中细砂夹卵砾石	灰色	完整	均匀	坚硬（密实）
⑤强风化泥岩	灰色	完整	均匀	坚硬（泥岩）

图 4-24 水泥土搅拌墙取芯芯样照片

2）墙体强度

表 4-17 为对应不同土层深度钻孔取芯芯样抗压强度平均值的汇总，图 4-25 为各钻孔芯样抗压强度检测结果随土层深度的变化曲线。成层地基土经整体切削喷浆搅拌形成的墙体取芯芯样强度自上而下较为均匀，芯样强度平均值介于 1.02～1.12MPa。

3）墙体抗渗性能

各原状土层渗透系数和水泥土搅拌墙渗透试验结果如表 4-18、图 4-26 所示，表 4-17 为水泥土搅

芯样抗压强度试验结果平均值汇总表 **表 4-17**

对应土层	芯样强度平均值（MPa）	备注
①杂填土	1.12	共 2 个孔，9 件试样
$②_2$ 粉质黏土与粉土、粉砂互层	1.10	共 3 个孔，21 件试样
$③_1$ 细砂	1.02	共 2 个孔，18 件试样
$③_2$ 细砂	1.10	共 3 个孔，51 件试样
④中细砂夹卵砾石	1.11	共 3 个孔，21 件试样

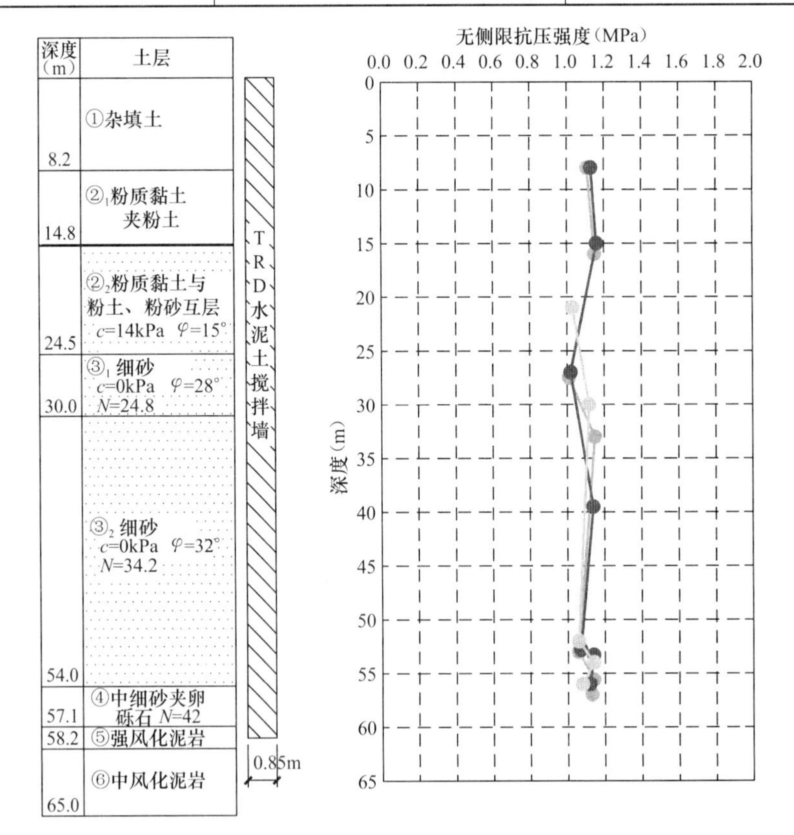

图 4-25 不同深度水泥土搅拌墙芯样 28d 抗压强度

拌墙渗透系数试验结果汇总表，图 4-26 为原状土与水泥土渗透系数随深度变化曲线。由渗透试验结果可得到，水泥土搅拌墙体渗透系数均达到 10^{-8} cm/s 数量级，对于深层透水性强的砂层，水泥土渗透系数由原状土层的 10^{-2} cm/s 降低至 10^{-8} cm/s，降低六个数量级，水泥土搅拌墙抗渗性能显著提高。墙身范围中的水泥土搅拌墙渗透系数无明显差异，均处于同一数量级，也表明各土层中水泥土搅拌均匀，搅拌墙体均匀性好。

水泥土搅拌墙渗透系数试验结果　　表 4-18

对应土层	渗透系数（10^{-6}cm/s）	
	原状土勘察报告	水泥土搅拌墙室内渗透试验检测结果
①杂填土	—	0.078
②$_1$ 粉质黏土夹粉土	5.96	0.072
②$_2$ 粉质黏土与粉土、粉砂互层	46.1	0.087
③$_1$ 细砂	21200	0.069
③$_2$ 细砂		0.080
④中细砂夹卵砾石		0.085
⑤强风化泥岩	—	0.068

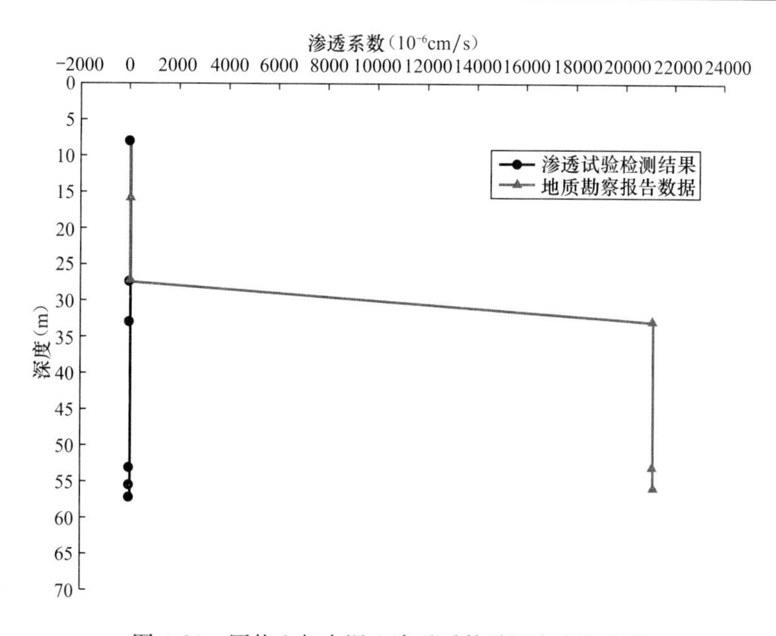

图 4-26　原状土与水泥土渗透系数随深度变化曲线

图 4-27 为水泥土搅拌墙隔水帷幕实施完成后抽水试验成果。抽水过程中，坑内水位降深达到 9～12m，而坑外水位变化小于 1m，说明邻近抽水井一定范围内水泥土搅拌墙隔水帷幕隔水效果可靠。

图 4-28 为基坑分区开挖期间暴露的水泥土墙体照片，墙面平整，无渗漏水现象。图 4-29为基坑实施期间坑内外水位变化情况，可以看出基坑坑内承压水降水过程中，坑外承压水位有一定的变化，坑内与坑外承压水位平均降深幅度比值约 4：1，最大比值约 6：1。结合基坑抽水试验的成果，该项目可能部分水泥土搅拌墙由于场地中风化岩面（f_{rk}＝9.5MPa）的起伏未完全嵌入相对隔水的中风化岩层中，导致该区域隔水帷幕内外存在一

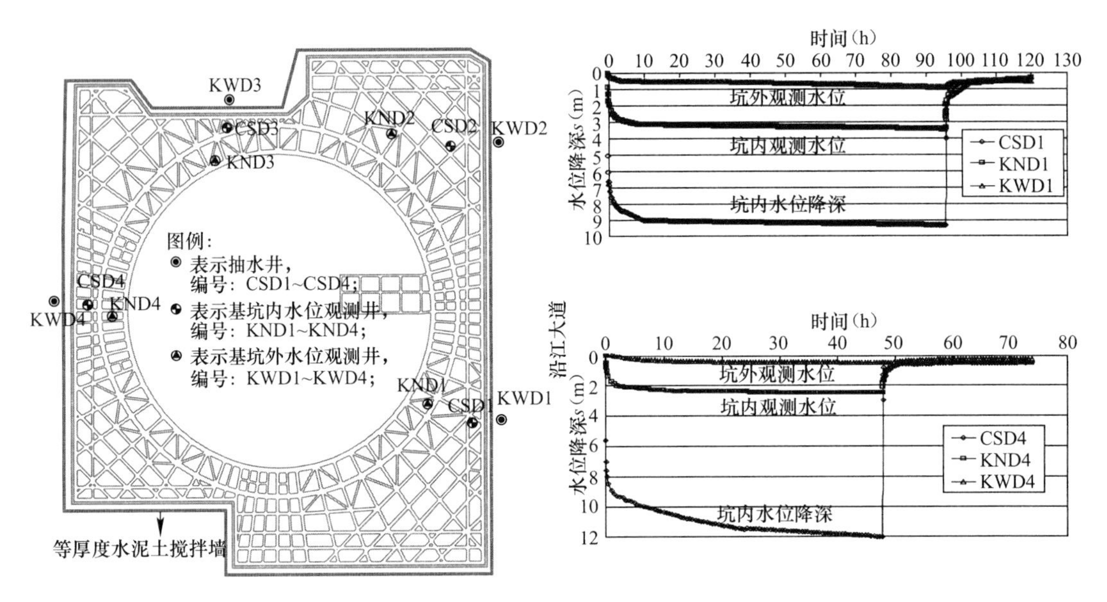

图 4-27 基坑抽水试验成果

定的水力联系，但由于隔水帷幕深度大，有效阻隔了坑内外的水力联系，减小了基坑降水对周边环境的影响。

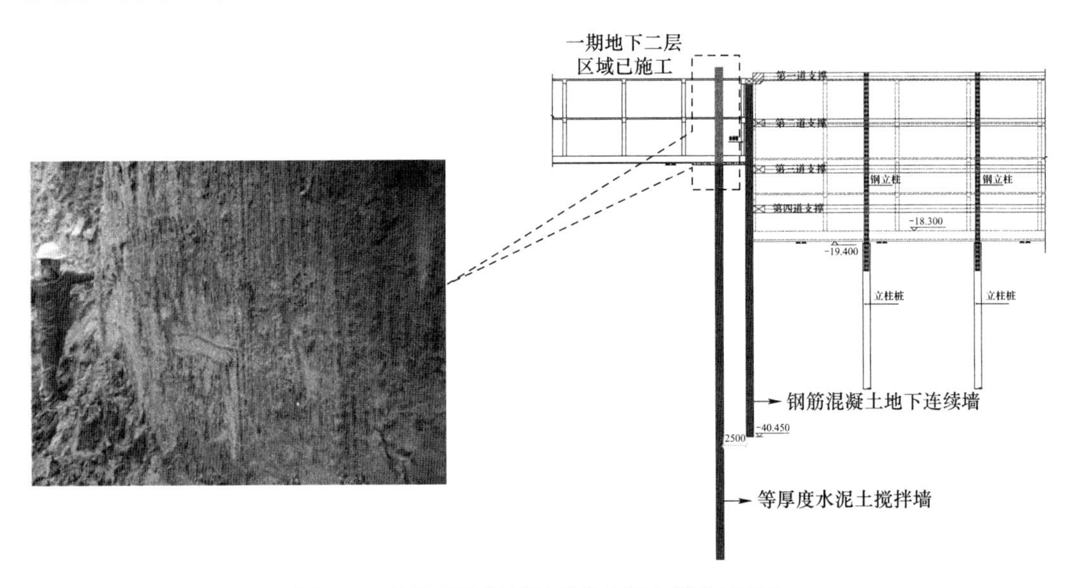

图 4-28 基坑开挖期间暴露的水泥土搅拌墙照片

3. 南京河西生态公园工程

该项目位于南京市河西地区，项目场地邻近长江，基坑总面积约 28300m^2，周边延长米约 838m，开挖深度为 10.25m，采用整体顺作实施方案，周边围护结构采用钻孔灌注桩排桩。基坑开挖深度范围内浅层分布有 3～7m 厚的②$_2$ 淤泥质粉质黏土，其下分布有平均厚度超过 40m 的粉细砂、中细砂层以及卵石土层，该土层为承压含水层，与长江水系有紧密的水力联系，含水量丰富且渗透系数较大，接近基坑基底。基坑北侧紧邻地铁车站及隧道，为控制抽降承压水对地铁车站及隧道的影响，北侧采用 800mm 厚、50m 深的水泥

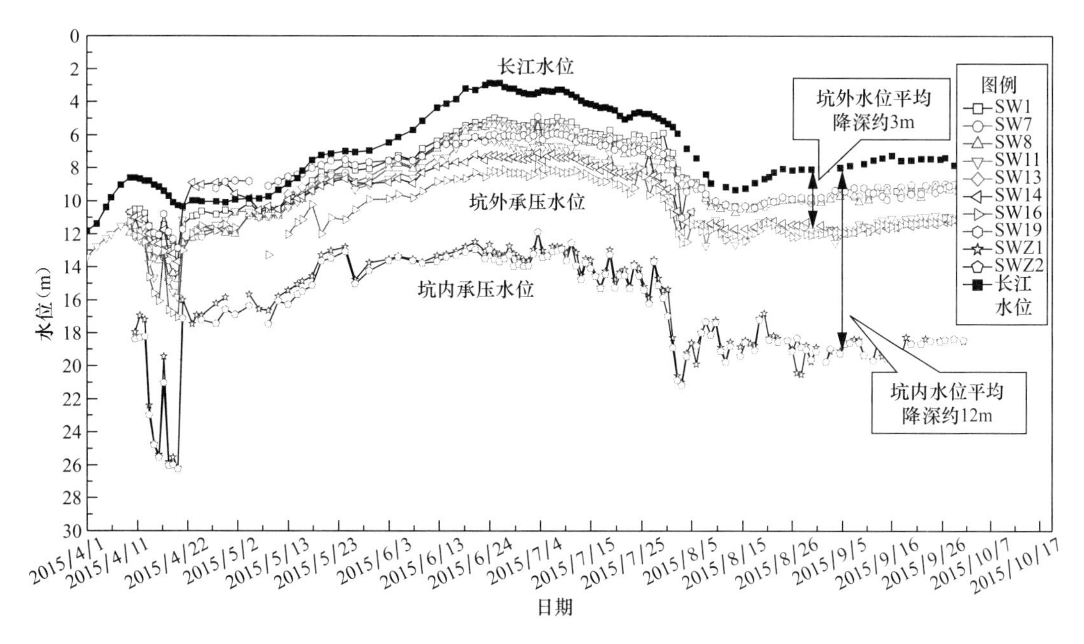

图 4-29　基坑降水期间坑内外水位变化曲线

土搅拌墙作为隔水帷幕隔断承压水，墙体水泥掺量 25%，采用三工序成墙工艺。该项目详细概况可参见第 5 章 5.3 节。

1）钻孔取芯芯样描述

表 4-19 为水泥土墙体施工完成达到 28 天龄期的现场取芯记录，图 4-30 为部分芯样照片。从取芯记录和芯样照片来看，钻孔取芯芯样自上而下均较为完整，芯样连续性好，破碎较小，芯样呈水泥土颜色，并且自上而下颜色较为均匀。

水泥土搅拌墙取芯记录　　**表 4-19**

对应土层	颜色	芯样完整性	搅拌均匀程度	状态（原状土层状态）
①$_1$ 杂填土	灰色	完整	均匀	较硬（松散）
②$_2$ 淤泥质粉质黏土	灰色	完整	均匀	较硬（流塑）
③$_1$ 粉砂	灰色	完整	均匀	较硬（稍密）
③$_2$ 粉砂	灰色	完整	均匀	较硬（中密）
③$_3$ 粉细砂	灰色	完整	均匀	较硬（密实）
④卵石土	灰色	完整	均匀	较硬（中密—密实）

2）墙体强度

表 4-20 为对应不同土层深度钻孔取芯芯样抗压强度平均值的汇总，图 4-31 为各钻孔芯样抗压强度检测结果随土层深度的变化曲线。成层地基土经整体切削喷浆搅拌形成的墙体取芯芯样强度自上而下较为均匀，各土层中芯样强度超过 3MPa。

图 4-30　水泥土搅拌墙取芯芯样照片

3）墙体抗渗性能

基坑开挖阶段，采用水泥土搅拌墙作为隔水帷幕的区域围护桩侧壁干燥，无渗漏水现象，

芯样抗压强度试验结果　　表 4-20

对应土层	芯样强度平均值（MPa）	备注
①1 杂填土	3.14	共 14 个孔，42 件试样
②2 淤泥质粉质黏土	3.41	共 14 个孔，3 件试样
③1 粉砂	3.16	共 14 个孔，15 件试样
③2 粉砂	3.20	共 14 个孔，24 件试样
③3 粉细砂	3.15	共 14 个孔，84 件试样
④卵石土	3.15	共 14 个孔，42 件试样

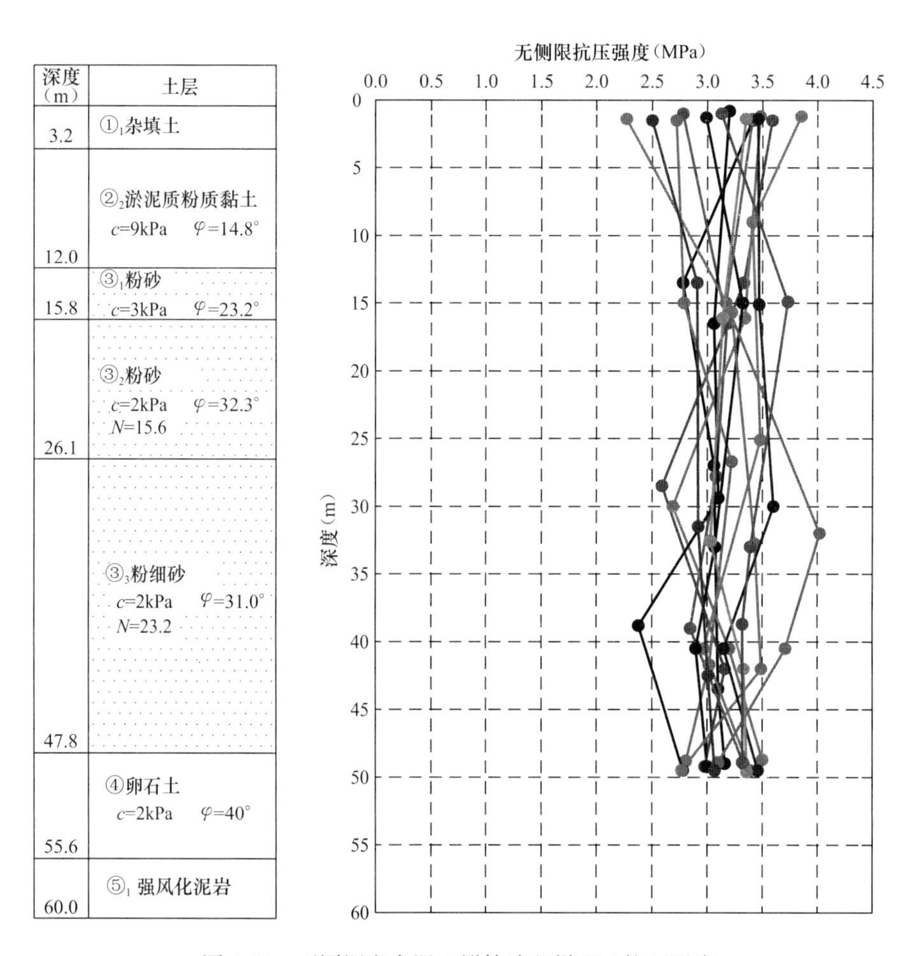

图 4-31　不同深度水泥土搅拌墙芯样 28d 抗压强度

如图 4-32 所示。该项目场地内承压水初始水头埋深约 5.1～6.2m，由于基坑底部已进入承压含水层，开挖至基底时坑内承压水水头需降到开挖面以下约 1m，即承压水水头降深约 6.1m。基坑开挖过程对应两个坑外承压水位观测井的水位变化情况如图 4-33 所示（图中纵坐标为坑外水位绝对标高），整个基坑实施期间坑外承压水水位变化幅度较小，变化范围在 0.6～1.7m 之间，水泥土搅拌墙隔水效果显著，基坑承压水降水未对坑外水位产生显著影响。

(a)

(b)

图 4-32　基坑侧壁实景（围护桩外侧为水泥土搅拌墙）

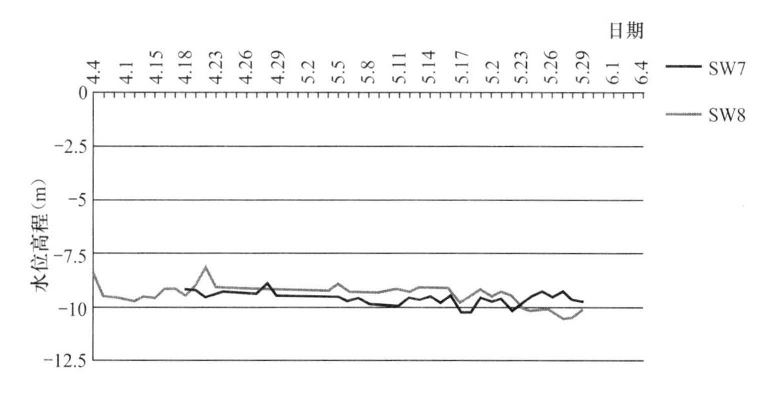

图 4-33　基坑实施期间坑外承压水水位变化曲线

4. 天津、武汉、南京地区水泥土搅拌墙强度与抗渗性能分析

上文对天津、武汉、南京地区已成功实施的超深等厚度水泥土搅拌墙进行了强度和抗渗性能检测。天津、武汉、南京地区项目中等厚度水泥土墙体深度范围涉及的土层主要由 25m 以内浅层黏土和深层 25m 以下砂土构成；砂土层为承压含水层，厚度普遍接近或超过 30m，底部埋深大都超过 50m，水量丰富且渗透性强，其平均标贯击数超过 30 击，最高达 75 击；其中武汉长江航运中心大厦工程中水泥土墙体嵌入饱和单轴抗压强度约 9.5MPa 的中风化泥岩层。

通过 45～59m 不同深度搅拌墙体的钻孔取芯芯样检测，不同深度的墙体芯样完整性和均一性均较好，各土层中所取出的芯样强度普遍大于 1.0MPa，如表 4-21 所示，且整个墙深范围内强度基本一致，表明水泥土搅拌墙技术在深厚密实砂层、软岩层等复杂地层中成墙质量可靠。水泥土墙体渗透系数较原状土层尤其是砂土层降低显著，在渗透性强的砂性土层中墙体渗透系数达到 10^{-7}～10^{-8}cm/s 量级，抗渗性能提高显著，且墙体均一性好，整个墙身范围中的水泥土渗透系数无明显差异，离散性小。

水泥土搅拌墙钻孔取芯芯样单轴抗压强度一览表　　　　表 4-21

序号	工程名称	强度平均值（MPa）	标准差	变异系数	备注
1	天津中钢响螺湾	1.33	0.16	0.12	共 2 孔，18 件试样
2	南京河西生态公园	3.16	0.45	0.14	共 14 孔，210 件试样
3	武汉长江航运中心大厦	1.09	0.05	0.05	共 3 孔，120 件试样

基坑工程实施表明，等厚度水泥土搅拌墙技术在天津、武汉、南京等复杂地层具有较好的适用性，超深墙体隔水效果显著。基坑实施过程中坑内潜水和承压水水位随着开挖深度的加深不断抽降，但坑外的水位基本保持稳定。基坑开挖阶段，围护结构侧壁干燥，无渗漏水现象，水泥土搅拌墙有效隔断坑内外水力联系，有效减小了大面积抽降承压水对周边环境的影响。

4.4 南昌、淮安、苏州地区水泥土搅拌墙的强度与抗渗性能

南昌、淮安两地的地质条件与上述工程有所不同，场地内浅层黏性土层较薄，开挖深度范围内即存在厚度较大、水量丰富、渗透性强的粉土层、砂土层或卵砾石层，隔水帷幕需穿过埋深较浅的卵砾石层或粉土层嵌入隔水性较好的软岩层或黏土层。苏州地区浅层分布有较薄的黏性土层，10m 深度以下存在 8～10m 厚的粉土层，深层约 30m 以下分布有厚度超过 6m 的粉土夹砂层，这两个土层均为含水量大、水力补给迅速的承压含水层。典型土层剖面如图 4-34 所示。

南昌地区典型土层

深度（m）	土层
4.0	①$_1$ 素填土 c=12kPa φ=10°
12.8	② 粉质黏土 c=12kPa φ=15° N=9~13
14.6	③ 细砂 N=8~12 c=0kPa φ=30°
19.7	④ 细砂 N=14~19 c=51.9kPa φ=13.9°
22.2	⑤ 砾砂 N=17~25 c=51.9kPa φ=13.9°
22.8	⑥$_1$ 强风化砂砾岩 饱和单轴抗压强度标准值 $f$rk=1.2kPa
32.9	⑥$_2$ 中风化砂砾岩 饱和单轴抗压强度标准值 $f$rk=8.8kPa

淮安地区典型土层

深度（m）	土层
2.1	①杂填土
3.9	② 黏土
17.7	③$_2$ 粉土 c=6.0kPa φ=31.5° N=10
23.4	③$_3$ 粉土 N=8 c=6.0kPa φ=31.6°
25.9	④$_1$ 细砂 N=22 c=1kPa φ=33.5°
27.9	④$_2$ 粉质黏土夹粉砂 c=22kPa φ=11.9°
37.2	⑤$_1$ 黏土夹粉砂 N=10 c=27kPa φ=13°
38.8	⑤$_2$ 细砂 N=22 c=1kPa φ=33.5°
40.9	⑤$_1$ 黏土夹粉砂
42.9	⑤$_2$ 细砂
45.9	⑤$_1$ 黏土夹粉砂
49.7	⑥$_1$ 中砂 N=49 c=1kPa φ=34°
52.1	⑥$_2$ 黏土 N=35 c=113kPa φ=21°

苏州地区典型土层

深度（m）	土层
1.5	①$_3$ 素填土
5.2	② 黏土 c=55.3kPa φ=13.8°
8.2	③ 粉质黏土 c=26.2kPa φ=16.1°
16.9	④ 粉土 c=7.08kPa φ=30.28° N=13.5
20.8	⑤ 粉质黏土 c=21.5kPa φ=13.6°
25.8	⑥$_1$ 黏土 c=51.9kPa φ=13.9°
33.7	⑥$_2$ 粉质黏土 c=29.5kPa φ=16.25°
39.7	⑦ 粉土夹粉砂 c=5.0kPa φ=30.5° N=18.9 承压水
50.0	⑧ 粉质黏土 c=23.4kPa φ=12.9°

图 4-34　南昌、淮安及苏州地区典型土层剖面图

下文介绍了表 4-1 中南昌、淮安、苏州地区典型基坑工程水泥土搅拌墙强度和抗渗性能的检测结果，墙深从 27.5～46m、墙厚从 700～850mm 不等，每个项目的检测均在水泥

土搅拌墙正式墙体上开展。墙体强度在施工完成达到28天龄期后通过钻孔取芯芯样强度试验测定，抗渗性能通过室内渗透试验或现场渗透试验测定的渗透系数反映，或通过基坑实施阶段坑内外的水位监测、基坑侧壁渗漏情况等进行阐述。

1. 南昌绿地中央广场工程

该项目位于江西省南昌市红谷滩中心区，基坑面积约14000m^2，周长约440m，开挖深度约15.45～17.45m，采用顺作实施方案。场地浅层约10m深度范围内主要为填土和黏性土，在10～22m深度范围内分布有深厚的砂层，该层由浅到深依次为松散—稍密的细砂、中密的粗砂、中密的砾砂层，砾砂层下部卵砾石含量较高。砂层以下分别为强、中、微风化砂砾岩层。场地内的细砂、粗砂、砾砂层为承压含水层，与赣江连通，水量丰富，渗透性强，渗透系数约为80m/d。岩层下覆中风化砂砾岩层为相对隔水层。由于砾砂下部卵砾石含量相对较高，且隔水帷幕底端需进入到饱和单轴抗压强度标准值为8.8MPa的中风化砂砾岩，该项目采用850mm厚、22.1～27.5m深的等厚度型钢水泥土搅拌墙作为周边围护结构，搅拌墙底部嵌入中风化砾砂岩隔断承压水，墙体水泥掺量27%，采用三工序成墙工艺。该项目详细概况可参见第5章5.6节。

1）钻孔取芯芯样描述

表4-22为水泥土墙体施工完成达到28天龄期的现场取芯记录。芯样自上而下均较为完整，芯样连续性好，破碎较小，不同土层中芯样水泥土颜色较为均匀。

水泥土搅拌墙取芯记录 **表4-22**

对应土层	颜色	芯样完整性	搅拌均匀程度	状态（原状土层状态）
①素填土	灰色	完整	均匀	胶结良好（松散）
②粉质黏土	灰色	完整	均匀	胶结良好（可塑）
③细砂	灰色	完整	均匀	胶结良好（松散）
④粗砂	灰色	完整	均匀	胶结良好（中密）
⑤砾砂	灰色	完整	均匀	胶结良好（中密）
⑥$_1$强风化砾砂岩	灰色	完整	均匀	胶结良好（极软岩）
⑥$_2$中强风化砾砂岩	紫红色	完整	均匀	胶结良好（软岩）

2）墙体强度

图4-35为对应不同土层深度钻孔芯样抗压强度随土层深度的变化曲线。通过上述强度试验结果可知，成层地基土经整体切削喷浆搅拌形成的墙体取芯芯样强度自上而下较为均匀，各土层中芯样强度介于1.2～1.4MPa。

3）墙体抗渗性能

基坑开挖阶段等厚度水泥土搅拌墙实景如图4-36所示，型钢水泥土搅拌墙侧壁干燥，无渗漏水现象，且墙面平整、水泥土强度较高。场地内承压水初始水头埋深约8.60m，由于基坑底部已进入承压含水层，当开挖至基底时（挖深15.45～17.45m）坑内承压水水头需降到开挖面以下约1m，即承压水水头降深约7.8～9.8m，基坑开挖过程中坑外承压水位观测井的水位变化情况如图4-37所示，图中纵坐标为坑外水位埋深，横坐标为施工日期。基坑降水过程中，坑外承压水水位无明显下降，也表明水泥土搅拌墙墙身隔水效果好，墙体嵌入中风化岩层并结合较好，形成了封闭的隔水帷幕。

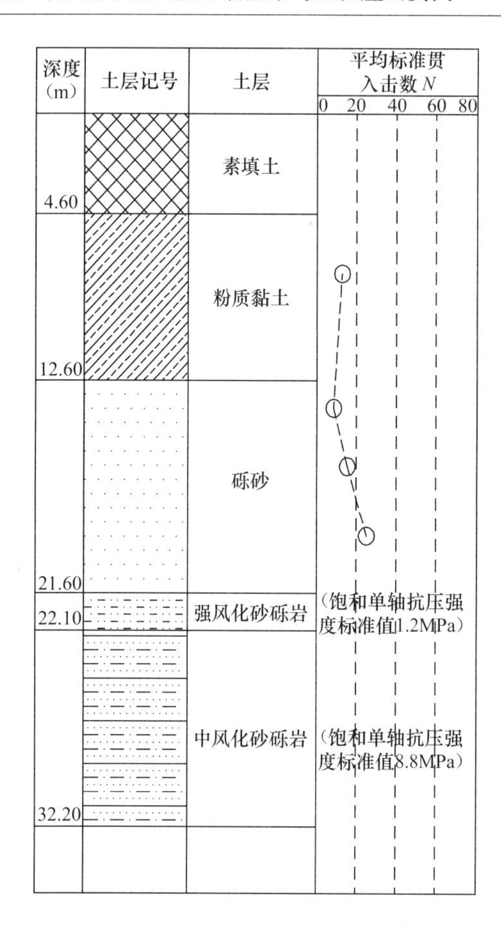

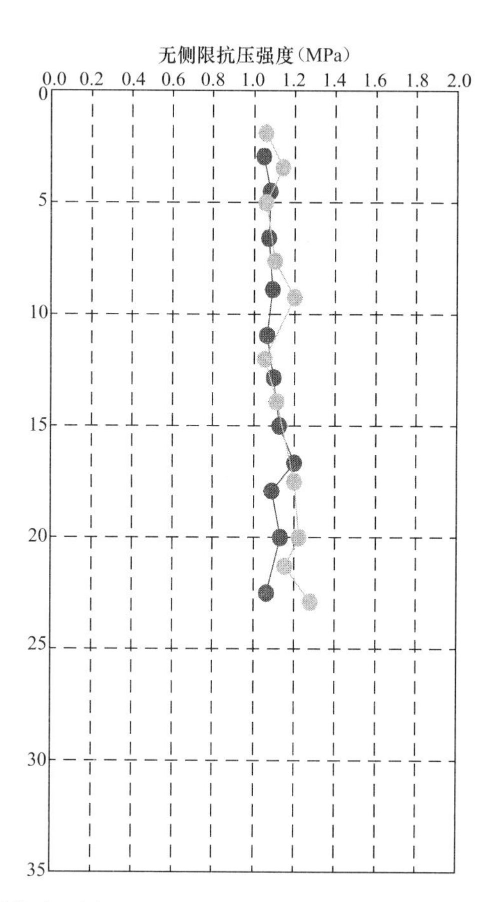

图 4-35　不同深度水泥土搅拌墙芯样 28d 抗压强度

(*a*)

(*b*)

图 4-36　基坑开挖实景

(*a*) 等厚度型钢水泥土搅拌墙侧壁；(*b*) 基坑内挖土现场

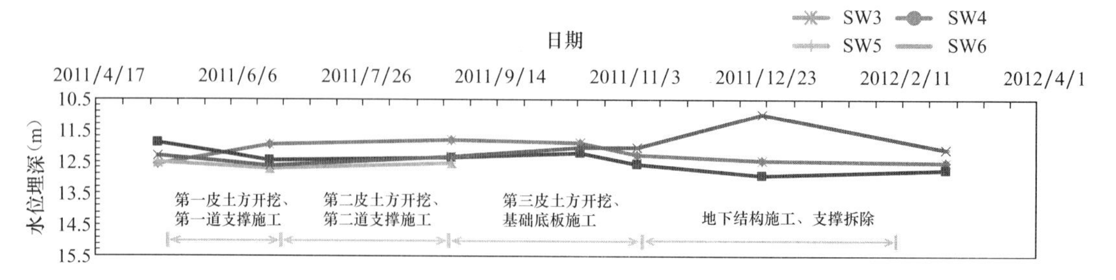

图 4-37　基坑降水期间坑外微承压水水位变化曲线

2. 淮安雨润中央新天地工程

该项目位于江苏省淮安市中心核心商业区，基坑面积约为 39663m²，周长约为 822m，开挖深度约为 21.3～25.6m，采用分区顺作实施方案，周边围护结构采用钻孔灌注桩排桩。场地浅层埋深 5m 深度以上主要为杂填土和黏土层。在 5～28m 深度范围内分布有稍密—中密③₂、③₃ 粉土层和中密④₁ 细砂层，共同构成基坑主要的潜水含水层组，渗透性强，含水量极为丰富。在 28～45m 深度范围为软塑的⑤₁ 黏土夹粉砂层，属于相对隔水层。⑤₁ 层中广泛存在着透镜体状分布的⑤₂ 层细砂，埋深约 30～43.3m，厚度 2～6.3m。⑤₁ 层下方为⑥₁ 层中砂，埋深约 41.5～57m，与⑤₂ 层均属于承压水含水层。该项目采用 850mm 厚、35～46m 深的水泥土搅拌墙作为隔水帷幕隔断粉土层潜水以及⑤₂ 层细砂承压水，墙体水泥掺量 27%，采用三工序成墙工艺。该项目也是江苏地区首个采用 TRD 工法等厚度水泥土搅拌墙作为超深隔水帷幕的工程。

1）钻孔取芯芯样描述

表 4-23 为水泥土墙体施工完成达到 28 天龄期的现场取芯记录，图 4-38 为部分芯样照片。从取芯记录和芯样照片来看，芯样总体呈灰色，成型连续完整，水泥搅拌均匀、含灰量较高、胶结度较好，芯样状态硬，对应各原状土层中所取出的芯样无明显差异。

水泥土搅拌墙取芯记录　　表 4-23

对应土层	颜色	芯样完整性	搅拌均匀程度	状态（原状土层状态）
①杂填土	灰色	完整	均匀	硬（松散）
②黏土	灰色	完整	均匀	硬（可塑）
③$_{1a}$粉土	灰色	完整	均匀	硬（稍密）
③$_{1b}$淤泥质粉质黏土	灰色	完整	均匀	硬（流塑）
③₂ 粉土	灰色	完整	均匀	硬（稍密—中密）
③₃ 粉土	灰色	完整	均匀	硬（中密—密实）
④₁ 细砂	灰色	完整	均匀	坚硬（中密）
⑤₁ 黏土夹粉砂	灰色	完整	均匀	硬（软塑）

2）墙体强度

表 4-24 为对应不同土层深度钻孔取芯芯样抗压强度平均值的汇总，图 4-39 为各钻孔芯样抗压强度检测结果随土层深度的变化曲线。成层地基土经整体切削喷浆搅拌形成的墙体取芯芯样强度自上而下较为均匀，各土层中芯样强度达到 1MPa。

图 4-38　淮安雨润中央新天地工程水泥土搅拌墙取芯芯样照片

3）墙体抗渗性能

基坑开挖阶段，围护桩侧壁干燥，无渗漏水现象，现场实景如图 4-40 所示，水泥土搅拌墙隔水效果良好。

芯样抗压强度试验结果　　表 4-24

对应土层	芯样强度平均值（MPa）	备注
②黏土	1.07	共 6 个孔，6 件试样
③$_2$ 粉土	1.08	共 6 个孔，42 件试样
③$_3$ 粉土	1.06	共 6 个孔，24 件试样
④$_1$ 细砂	1.06	共 6 个孔，18 件试样
⑤$_1$ 黏土夹粉砂	1.07	共 6 个孔，57 件试样

深度（m）	土层
1.7	①杂填土
3.3	② 黏土
6.1	③$_{1a}$ 粉土 c=7.0kPa φ=30.9°
16.5	③$_2$ 粉土 c=6.0kPa φ=31.5° N=10
24.2	③$_3$ 粉土 c=6.0kPa φ=31.6° N=18
27.5	④$_1$ 细砂 N=22 c=1kPa φ=33.5°
39.8	⑤$_1$ 黏土夹粉砂 c=27.0kPa φ=13.0°
41.2	⑤$_2$ 细砂
45.0	⑤$_1$ 黏土夹粉砂

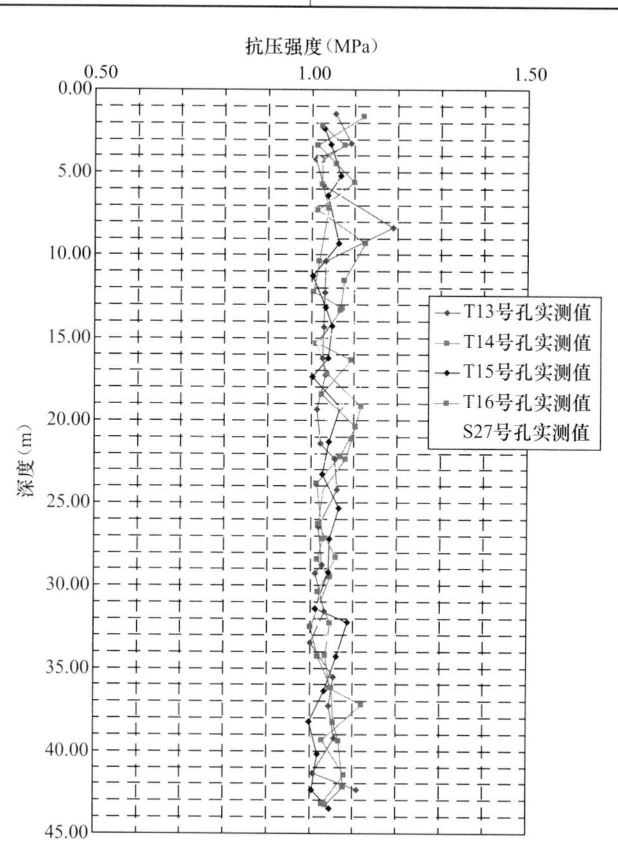

图 4-39　不同深度水泥土搅拌墙芯样 28d 抗压强度

(a)

(b)

图 4-40　基坑围护结构侧壁现场实景

该项目场地内潜水、微承压水和承压水的初始水头埋深分别约为 0.5m、7.7m、16m，当开挖至 26.1m 时，坑内潜水、微承压水和承压水水头降深分别达到 26.6m、24.7m 和 9.1m。基坑开挖过程中坑外潜水、微承压水和承压水的水位变化情况如图 4-41 所示，图中纵坐标为坑外水位变化量，横坐标为日期。可以看出，基坑实施过程中坑外的水位基本保持稳定，仅出现随季节变化产生的小幅波动，幅度在 0.5～1.5m 之间。可见，水泥土搅拌墙有效隔断坑内外水力联系，基坑内部大面积抽降地下水对坑外影响很小。

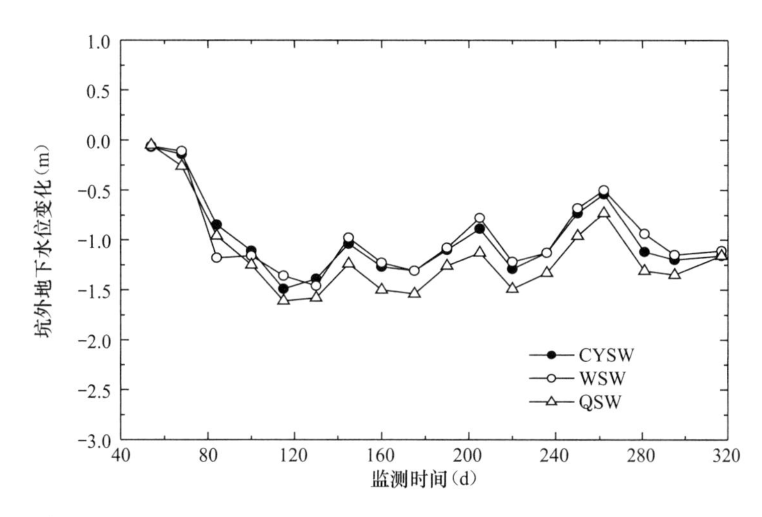

图 4-41　基坑降水期间坑外潜水（QSW）、微承压水（WSW）及承压水（CYSW）水位变化曲线

3. 苏州财富广场工程

该项目位于苏州工业园区，基坑面积约为 10500m²，周边延长米约为 428m，开挖深度 15.4～17.6m，采用整体顺作实施方案，周边采用“两墙合一”地下连续墙作为围护结构。基坑开挖深度范围内分布有较厚的填土和软塑—可塑状态的粉质黏土，以及微承压水层粉土层，深层分布有承压水层粉土夹粉砂层。基坑北侧邻近苏州地铁一号线区间隧道，为控制塔楼深坑抽降承压水对邻近地铁隧道的影响，采用 700mm 厚、46m 深的等厚度水泥土搅拌墙作为塔楼电梯井深坑周边隔水帷幕隔断粉土夹粉砂层承压水，墙体水泥掺量 25%，采用三工序成墙工艺。

1）钻孔取芯芯样描述

表 4-25 为水泥土墙体施工完成达到 28 天龄期的现场取芯记录，图 4-42 为部分芯样照片。从取芯记录和芯样照片来看，钻孔取芯芯样自上而下均较为完整，芯样连续性好，破碎较小，芯样水泥土颜色自上而下较为均匀。

水泥土搅拌墙取芯记录　　　　**表 4-25**

对应土层	颜色	芯样完整性	搅拌均匀程度	状态（原状土层状态）
①$_3$ 素填土	灰色	完整	均匀	硬塑（松软）
②黏土	灰色	完整	均匀	稍硬（可塑—硬塑）
③粉质黏土	灰色	完整	均匀	稍硬（可塑—软塑）
④粉土	灰色	完整	均匀	稍硬（中密）
⑤粉质黏土	灰色	完整	均匀	稍硬（软塑—流塑）

续表

对应土层	颜色	芯样完整性	搅拌均匀程度	状态（原状土层状态）
⑥$_1$ 黏土	灰色	完整	均匀	稍硬（可塑—硬塑）
⑥$_2$ 粉质黏土	灰色	完整	均匀	稍硬（可塑—软塑）
⑦粉土夹粉砂	灰色	完整	均匀	稍硬（中密）
⑧粉质黏土	灰色	完整	均匀	稍硬（软塑—流塑）

图 4-42　水泥土搅拌墙取芯芯样照片

2）墙体强度

表 4-26 为对应不同土层深度钻孔取芯芯样抗压强度平均值的汇总，图 4-43 为各钻孔芯样抗压强度检测结果随土层深度的变化曲线。除浅层局部芯样强度小于 0.6MPa 外，其余各土层中芯样的强度介于 1.04～1.46MPa，成层地基土经整体切削喷浆搅拌形成的墙体取芯芯样强度自上而下较为均匀。

3）墙体抗渗性能

水泥土搅拌墙实施完成后，进行水泥土搅拌墙室内渗透试验，表 4-27 为水泥土搅拌墙芯样渗透系数试验结果汇总表，图 4-44 为原状土与水泥土渗透系数随深度变化曲线。水泥土搅拌墙体渗透系数较原状土层明显降低，均达到或小于 10^{-6}cm/s 数量级，对于黏土层，水泥土渗透系数普遍由原状土层的 10^{-5}～10^{-6}cm/s 降低至 10^{-6}～10^{-7}cm/s；对于渗透性较强的粉土层和粉土夹粉砂层，水泥土渗透系数由原状土层的 10^{-3}cm/s降低至 10^{-7}cm/s，降低四个数量级，粉土和粉土夹粉砂层中水泥土搅拌墙抗渗性能提高显著。整个墙身范围中的水泥土搅拌墙渗透系数无明显差异，也说明各土层中水泥土搅拌均匀，搅拌墙体均匀性好。

芯样抗压强度试验结果　　表 4-26

对应土层	芯样强度平均值（MPa）	备注
①$_3$ 素填土	0.50	1 件试样
②黏土	0.66	1 件试样
③粉质黏土	1.04	3 件试样
④粉土	1.25	10 件试样
⑤粉质黏土	1.37	4 件试样
⑥$_1$ 黏土	1.46	5 件试样
⑥$_2$ 粉质黏土	1.45	6 件试样
⑦粉土夹粉砂	1.23	7 件试样
⑧粉质黏土	1.04	8 件试样

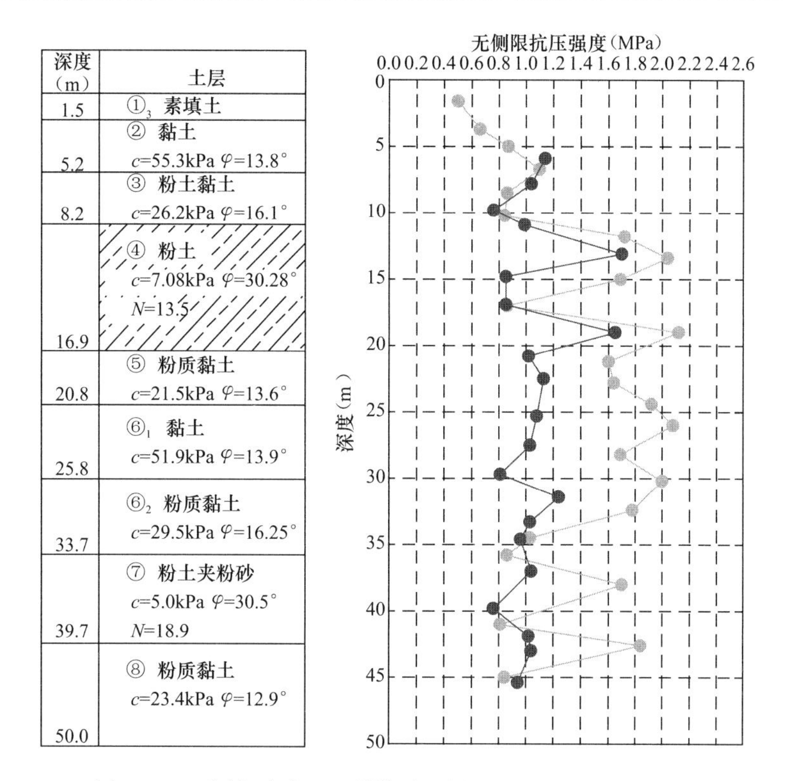

图 4-43　不同深度水泥土搅拌墙芯样 28d 抗压强度检测结果

水泥土搅拌墙渗透系数试验结果　　**表 4-27**

对应土层	渗透系数 K（10^{-6}cm/s）	
	原状土勘察报告	室内渗透试验检测结果
②黏土	0.50	—
③粉质黏土	40.0	—
④粉土	1000.0	0.39
⑤粉质黏土	9.0	0.33
⑥1 黏土	0.90	0.35
⑥2 粉质黏土	50.0	1.06
⑦粉土夹粉砂	1000.0	0.69
⑧粉质黏土	7.0	1.02

该项目场地内承压水初始水头埋深约 5.4m，当开挖到塔楼深坑底时（挖深 22.7m）坑内承压水水头降深需到达 7.1m，基坑开挖过程邻近地铁隧道侧 2 个坑外承压水位观测井的水位变化情况如图 4-45 所示，图中纵坐标为坑外水位绝对标高，横坐标为施工日期。可以看出，基坑塔楼深坑承压水降水过程中，坑外承压水水位基本无变化，深坑承压水降水未对坑外水位产生影响，水泥土搅拌墙有效隔断了坑内外承压水水力联系，避免了承压水降水对地铁隧道的影响。监测表明，该项目基坑开挖降水对邻近地铁隧道位移的影响总体小于 5mm。

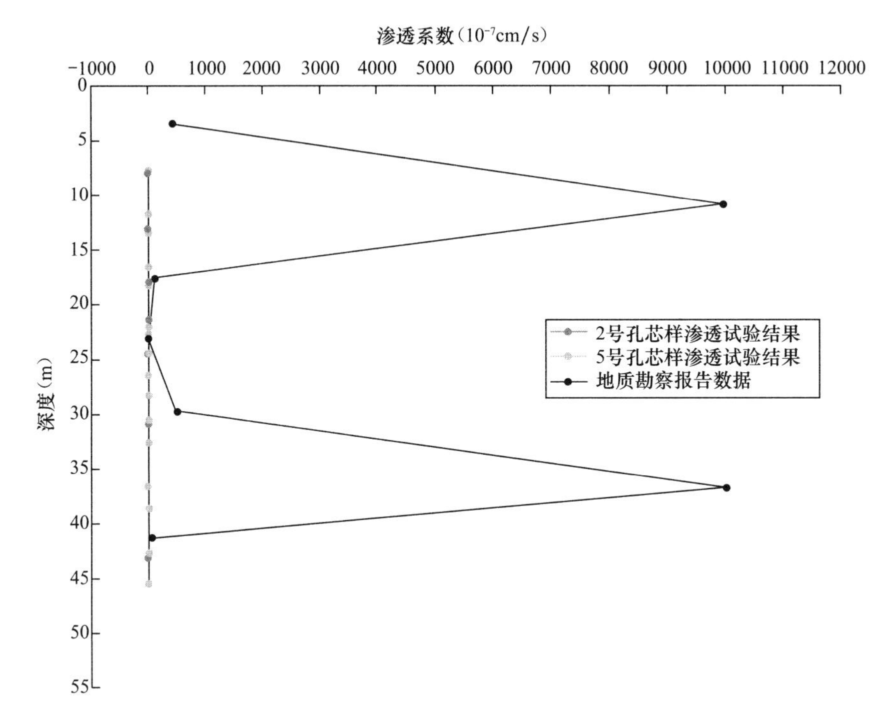

图 4-44　原状土与水泥土渗透系数随深度变化曲线

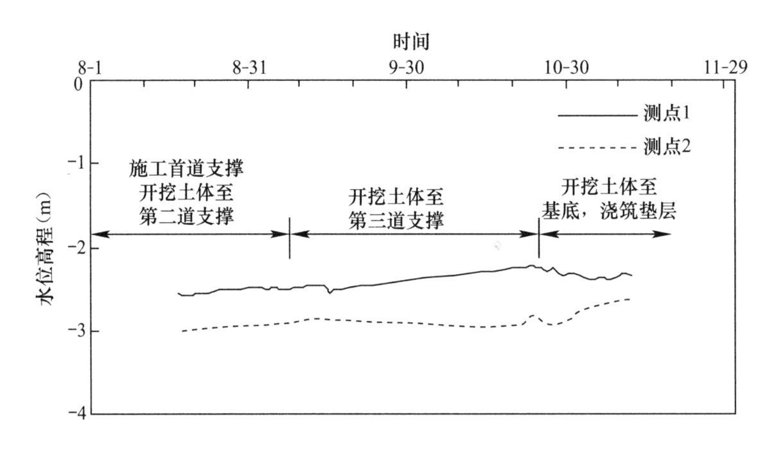

图 4-45　坑外承压水水位变化曲线

4. 南昌、淮安、苏州地区水泥土搅拌墙强度与抗渗性能分析

上文对南昌、淮安、苏州地区已成功实施的典型基坑工程对水泥土搅拌墙进行了强度和抗渗性能检测。南昌、淮安、苏州地区基坑项目中等厚度水泥土墙体深度范围内浅层的填土和黏性土层均较薄，基底开挖面上下均分布有厚度约 10～21m、含水量丰富、渗透性高的砂土或粉土层；南昌绿地中心工程中水泥土墙体进入饱和单轴抗压强度 8.8MPa 的中风化砂砾岩层。

在类似基坑开挖范围上下均存在深厚粉土、砂土层的土层条件下，试验结果显示对于不同深度的搅拌墙体完整性和均一性均较好，各土层中所取出的芯样强度普遍大于 1.0MPa，如表 4-28 所示，各芯样表观无明显差异，表明水泥土搅拌墙技术在类似地层中具有较好的适用性，成墙质量均匀可靠。

水泥土搅拌墙钻孔取芯芯样单轴抗压强度一览表　　表4-28

序号	工程名称	强度平均值（MPa）	标准差	变异系数	备注
1	南昌绿地中央广场	1.28	0.04	0.03	共4孔，63件试样
2	淮安雨润中央新天地	1.07	0.06	0.06	共6孔，147件试样
3	苏州财富广场	1.23	0.45	0.37	共2孔，45件试样

水泥土搅拌墙渗透系数较原状土层尤其是粉土、砂土层显著降低，整个墙身范围中的水泥土渗透系数无明显差异，达到 10^{-7}cm/s 量级，抗渗性能提高显著。基坑工程实施表明，对于类似南昌、淮安地区等基坑开挖面上下均存在厚度较大的、含水量丰富、渗透性高的砂土或粉土层、卵砾层，甚至于隔水帷幕需进入饱和单轴抗压强度达到8.8MPa的中风化砂砾岩层的地质条件，等厚度水泥土搅拌墙技术均具有较好的适用性。项目实施过程中，围护结构侧壁干燥，无渗漏水现象，坑外潜水和承压水水位保持稳定，水泥土搅拌墙质量可靠，抗渗性能好。

上文结合等厚度水泥土搅拌墙技术在上海、天津、武汉、南京、南昌等多个地区工程中的实践，对该技术的成墙质量从强度、抗渗性能和实施效果角度进行了系统的阐述，水泥土搅拌墙应用项目涵盖多种复杂的地质和水文条件，包括：上海典型的“上软下硬”地层条件；基底以下存在深厚承压含水层、卵砾石层或强度最高达9.5MPa的软岩地层条件；基底上下均存在深厚渗透性强的粉土、粉砂层地层条件等。水泥土墙体深度范围在26.6～61m之间，普遍均大于40m，应用形式包括超深隔水帷幕、型钢水泥土搅拌墙和地下连续墙槽壁地基加固。总体而言，等厚度水泥土搅拌墙技术对于软黏土、密实砂层、卵砾石和软岩等地层均具有较好的适用性，该技术通过插入地基的链锯型刀具对成层地基土全深度整体回转切割喷浆搅拌并横向推进构筑成的等厚度连续水泥土墙体质量可靠，完整性和均一性好，各深度墙体28天无侧限抗压强度均达到1～3MPa；墙体渗透系数较原状土层尤其是粉土和砂土显著降低，达到 10^{-6}～10^{-8}cm/s 量级，抗渗性能提高显著；基坑降水期间水泥土墙体平整干燥，墙体外侧地下水位稳定，有效保护了周边环境的安全，是一项值得推广应用的新技术。

第5章　工程应用实例

TRD工法等厚度水泥土搅拌墙技术已在上海、武汉、天津、南京、杭州、南昌、郑州、苏州等十余个地区逾五十项工程中成功应用，墙体最大实施深度达到65m，其以较低的成本解决了沿江沿海地区深大地下空间开发深层承压含水层的隔断问题以及超深水泥土搅拌体在复杂地层（穿过密实砂层、卵砾石层、嵌入软岩地层等）中的施工难题，有效地避免了深大地下空间开发过程中大面积抽降承压水对周边建筑、地铁隧道、地铁车站、市政管线等建（构）筑物的影响，取得良好的社会经济效益。该技术在地下空间开发中的应用主要包括三大类型，一是作为超深隔水帷幕，如上海国际金融中心工程，采用53m深等厚度水泥土搅拌墙作为悬挂隔水帷幕，减小了基坑大面积抽降承压水对周边环境的影响；二是内插型钢可作为挡土隔水复合围护结构，如江西南昌绿地中央广场工程，采用水泥土搅拌墙内插型钢作为复合围护结构，实施效果显著，并显著降低了工程造价；三是作为地下连续墙槽壁地基加固，如上海海伦路地块综合开发项目，采用等厚度水泥土搅拌墙作为槽壁地基加固，有效减小了地下连续墙成槽施工对邻近的地铁车站的影响。实践表明，等厚度水泥土搅拌墙技术对于软黏土、深厚密实砂土、卵砾石、软岩等复杂地层具有很好的适用性，如在武汉长江航运中心大厦工程中水泥土墙体嵌入饱和单轴抗压强度为9.5MPa的中风化岩层，在江苏南京河西生态公园工程中墙体穿过40m厚密实砂层，等厚度水泥土搅拌墙技术在国内各个地区的成功应用为该技术的推广奠定了基础。

本章遴选了具有代表性的上海国际金融中心、上海白玉兰广场、南京河西生态公园、天津中钢响螺湾工程、上海奉贤中小企业总部大厦、南昌绿地中央广场六个项目，详细介绍了等厚度水泥土搅拌墙技术在国内的研发实践和应用效果。这六个项目涵盖了深厚黏土、深厚密实砂土、卵砾石、软岩等多种复杂地层条件以及不同的环境条件，如上海国际金融中心工程为典型的“上软下硬”地层，浅层为软黏土，深层为深厚赋含承压水的密实的砂土；南京河西生态公园工程场地分布有厚度逾40m、标贯击数超过40击的深厚密实砂层；南昌绿地中央广场工程开挖深度范围内分布有厚度较大、水量丰富、渗透性强的砂土和卵砾石及单轴抗压强度8.8MPa的软岩；上海白玉兰广场工程紧邻地铁区间隧道和地铁车站；天津中钢响螺湾工程邻近多条道路和市政管线。针对这六个项目，下文首先概要介绍了项目概况、基坑支护设计方案，而后着重阐述了等厚度水泥土搅拌墙的设计、试成墙试验和实施效果，可为类似工程提供参考。

5.1　上海国际金融中心工程

5.1.1　工程概况

上海国际金融中心项目位于上海市浦东新区竹园商贸地块，主体结构由3幢独立无裙房超高层建筑组成，包括高度为 220m 的上交所塔楼、高度为 200m 的中金所塔楼以及高度为 163m 的中结算塔楼。3 幢塔楼在高度 40～60m 由连廊连接成整体。建筑效果图见图 5-1。本工程总占地面积 55287m²，整体设置 5 层地下室。

图 5-1　上海国际金融中心效果图

本工程基坑面积约为 48860m²，周长约为 950m。基坑开挖深度 26.60～28.16m，不同区域基坑开挖深度详见表 5-1。

本工程用地范围处于竹林路（规划中）以东，张家滨河以北，杨高南路以西，北与竹园商贸区 2-16 地块紧邻。项目东侧邻近杨高南路下立交以及杨高南路下方的市政管线，北侧邻近杨高南路雨水泵房，是本工程基坑实施过程中需重点保护的对象，基地环境总平面图如图 5-2 所示。

基坑各分区开挖深度　　表 5-1

区域	底板面相对标高	底板厚度（mm）	基底相对标高	挖深（m）
纯地下室普遍区域	−26.250	1500	−27.950	26.60
纯地下室设备落深区域	−27.810	1500	−29.510	28.16
上交所、中金所区域	−26.250	3000	−29.450	28.10
中结算和连廊电梯井区域	−26.250	2500	−28.950	27.60

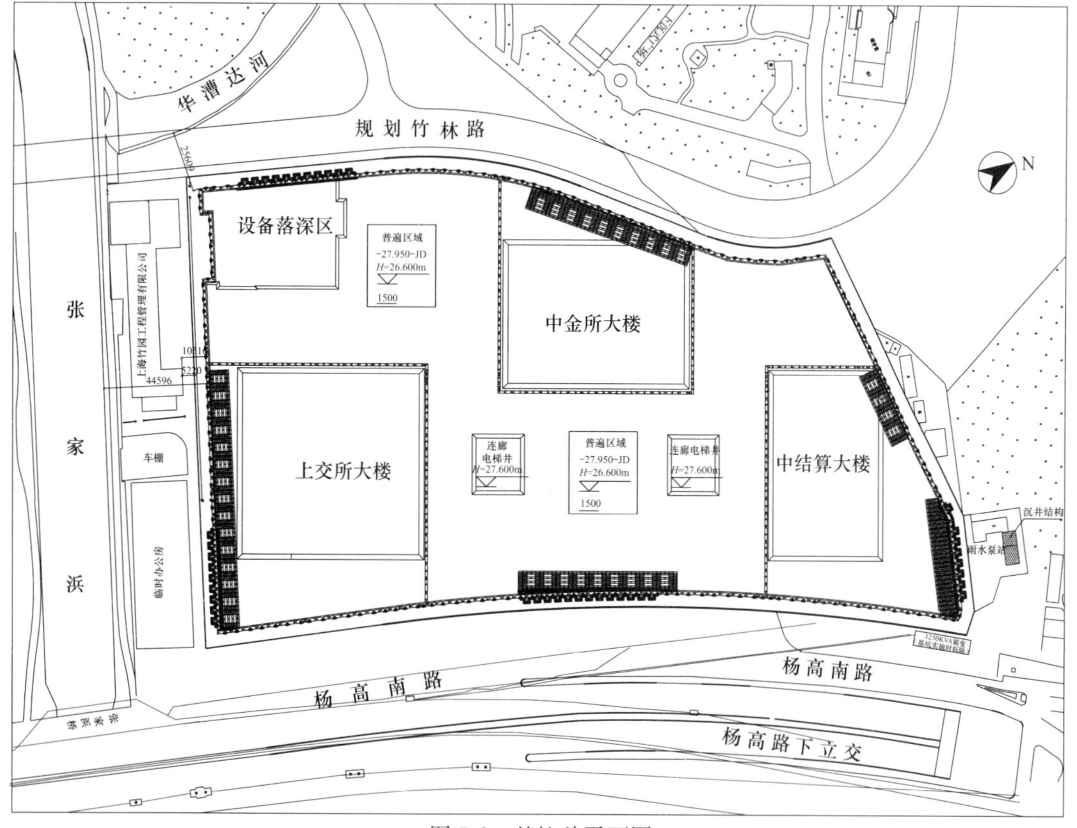

图 5-2　基坑总平面图

本工程建筑场地地表以下 135.3m 深度范围内地基土属第四纪滨海—河口相、浅海相、沼泽相及河口—湖泽相沉积物，主要由黏性土、粉性土及砂土组成，具有成层分布的特点。基坑浅层分布有较厚的③淤泥质粉质黏土和④淤泥质黏土，该两层土属高压缩性、高含水量、流变的软土，物理力学性质相对较差；基坑深层为层厚较大、物理力学性质较好的砂层；深层分布有⑦和⑨承压含水层，两承压含水层相互连通，实测承压水头埋深约 7.5m，含水量丰富且渗透系数较大，水文地质条件复杂。各层土的物理力学指标如表 5-2 所示，典型地层剖面图如图 5-3 所示。

土层主要物理力学指标　　表 5-2

土层	γ (kN/m³)	c (kPa)	φ (°)	w (%)	k_v (cm/s)	p_s (MPa)	N
①填土	—	—	—		—	—	—
②粉质黏土	18.4	16	15.5	31.9	3.5×10^{-6}	0.75	—
③淤泥质粉质黏土	17.4	5	14.0	41.2	2.0×10^{-5}	0.53	—
③$_{夹}$粘质粉土	18.4	10	22.5	31.7	9.0×10^{-5}	1.39	6.1
④淤泥质黏土	16.7	13	9.5	49.2	1.0×10^{-5}	0.58	—
⑤粉质黏土	17.8	15	11.5	36.3	2.0×10^{-5}	1.01	—
⑥粉质黏土	19.4	44	14	24.8	9.0×10^{-6}	2.33	—
⑦$_{1-1}$黏质粉土夹粉质黏土	18.9	9	20.5	27.9	3.0×10^{-4}	3.84	20
⑦$_{1-2}$砂质粉土	18.5	4	28	30.9	7.0×10^{-4}	9.76	30.1
⑦$_2$ 粉砂	18.8	—	—	27.3	2.0×10^{-3}	22.05	>50
⑨$_1$ 粉砂	19.1	—	—	24.8	2.0×10^{-3}	23.65	>50

注：γ—天然重度，c—黏聚力，φ—内摩擦角，w—天然含水率，k_v—渗透系数，p_s—静力触探比贯入阻力，N—标准贯入击数。

5.1.2 基坑支护设计概况

本工程基坑总体采用“分区顺逆结合”的方案，在中结算、中金所及中结算塔楼外侧设置临时隔断，纯地下室区域采用逆作法施工，塔楼区域采用顺作法施工。先整体顺逆同步实施至 B1 板，随后塔楼先顺作，纯地下室后逆作。在施工流程上，完成主体工程桩、基坑围护体及一柱一桩的施工之后，整体顺作，在纯地下室区域浇筑形成地下室顶板和地下一层结构，塔楼区形成第一、二道钢筋混凝土支撑；其后塔楼区域继续往下顺作开挖，期间纯地下室区域土方保持不动，待塔楼区域施工完成地下一层结构后，方进行纯地下室区域的土方开挖及地下结构的逆作施工。在纯地下室往下逆作施工期间，塔楼区域可进行地上结构的施工。图 5-4 为基坑支护结构剖面图，首层逆作结构及顺作区域支撑平面布置如图 5-4 所示。

1. 周边“两墙合一”地下连续墙设计

本工程普遍区域开挖深度达到 26.60m，根据地质条件、开挖深度以及上海地区基坑变形控制要求，通过计算分析，并结合上海地区类似规模深基坑工程的设计实践经验，周边采用厚度 1200mm 的地下连续墙作为围护结构。地下连续墙的插入深度由基坑围护体的各项稳定性计算要求确定，其中基坑抗隆起是关键控制指标，通过计算并参考类似规模的相关工程成功案例，根据受力和稳定性控制要求，地下连续墙需插入基底以下 19.5m。

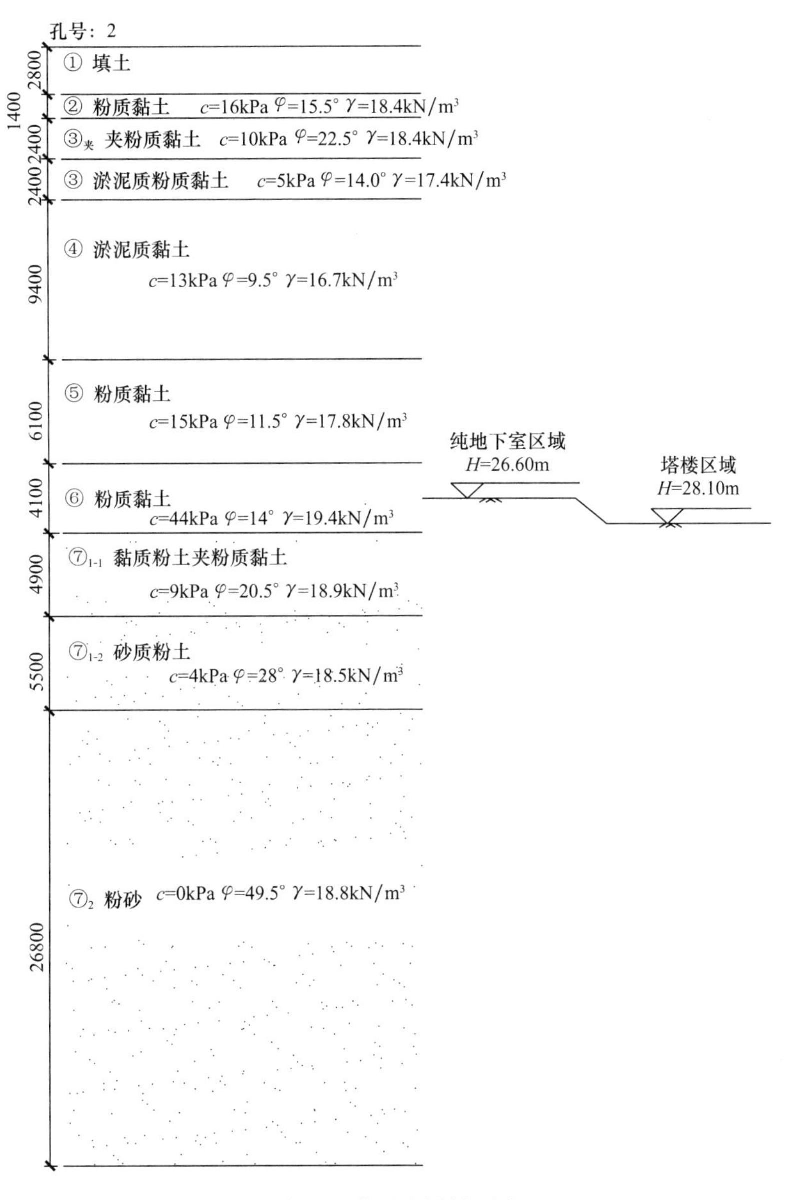

图 5-3　典型地层剖面图

2. 塔楼顺作区内部临时隔断地下连续墙设计

在施工流程上，待基坑整体逆作至地下一层后进行塔楼区域的顺作施工，因此塔楼周边临时隔断地下连续墙顶标高落低至地下一层结构底，相当于整个顺作区域的开挖深度降至 17.95m，同时临时隔断地下连续墙位于场地内部，变形控制要求相对较低，而且塔楼顺作区外侧的纯地下室逆作区也可进行降水卸荷，因此通过分析计算，确定临时隔断地下连续墙厚度取 1000mm，地下连续墙插入基底以下 17m。

3. 塔楼顺作区域内支撑设计

塔楼顺作区域坑内设置五道钢筋混凝土支撑。上交所塔楼和中金所塔楼采用圆环支撑系统，中结算塔楼采用对撑角撑体系。塔楼支撑布置如图 5-6 所示。

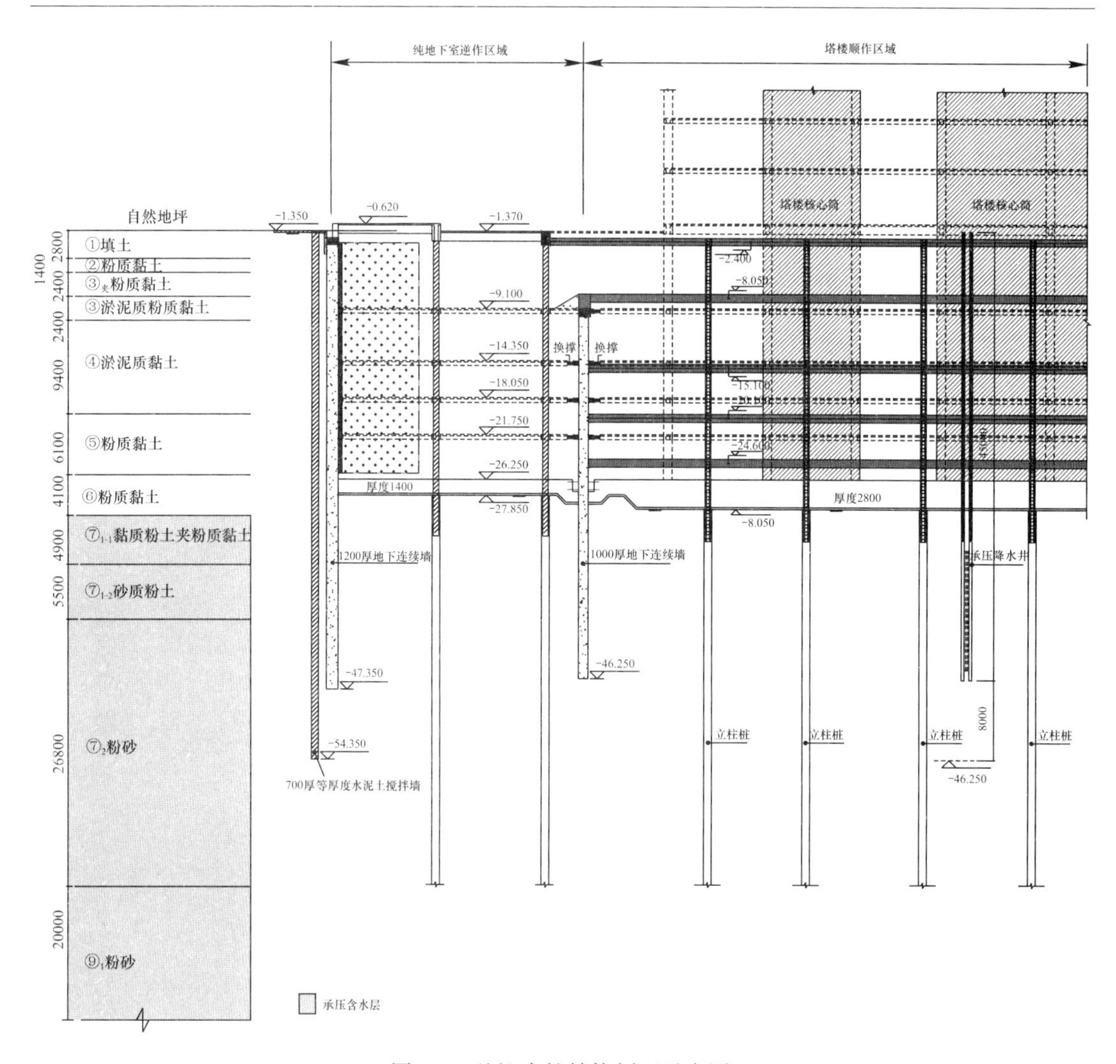

图 5-4　基坑支护结构剖面示意图

4. 纯地下室逆作区结构梁板替代水平支撑设计

纯地下室逆作区域以结构梁板作为基坑开挖阶段的水平支撑，其支撑刚度大，对水平变形的控制极为有效，对周边环境保护非常有利，同时也避免了临时支撑拆除过程中围护墙的二次受力和二次变形对环境造成的进一步影响。利用首层结构梁板作为施工机械的挖土平台及车辆运作通道，有效解决了基地周边施工场地狭小问题。各层结构梁板均匀预留较大的出土口，对逆作施工阶段的出土提供便利，有利于加快施工进度节约工期。

5.1.3　等厚度水泥土搅拌墙设计

本工程场地承压水的水头高度 7.45m，基坑开挖深度 26.6m，开挖面接近承压含水层，承压水降深达 23m。根据群井抽水试验得到的水文地质参数计算，深度不小于 45m 的降水井方可满足基坑的开挖需求。由于本工程场地深部第⑦层、第⑨层中的承压水连通，若完全隔断则墙体深度超过了现有设备的施工能力，因此考虑采用悬挂帷幕的方案。根据类似工程经验基坑外围悬挂隔水帷幕底部埋深不小于 53m，可控制抽降承压水对周边

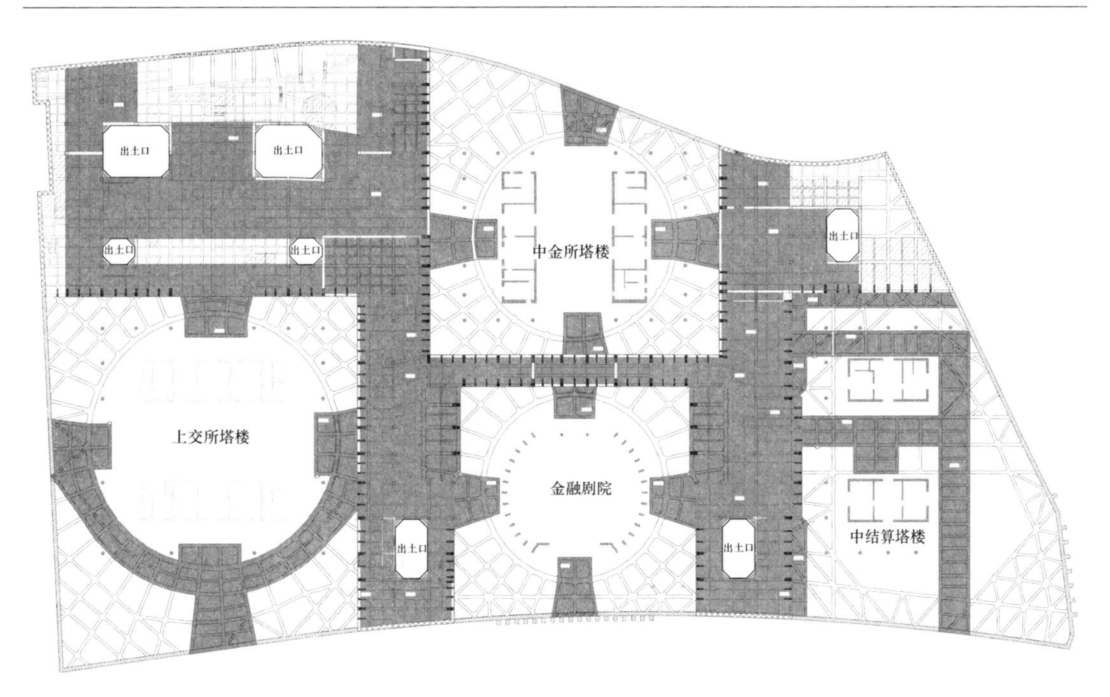

图 5-5 首层逆作结构及顺作区域支撑平面布置图

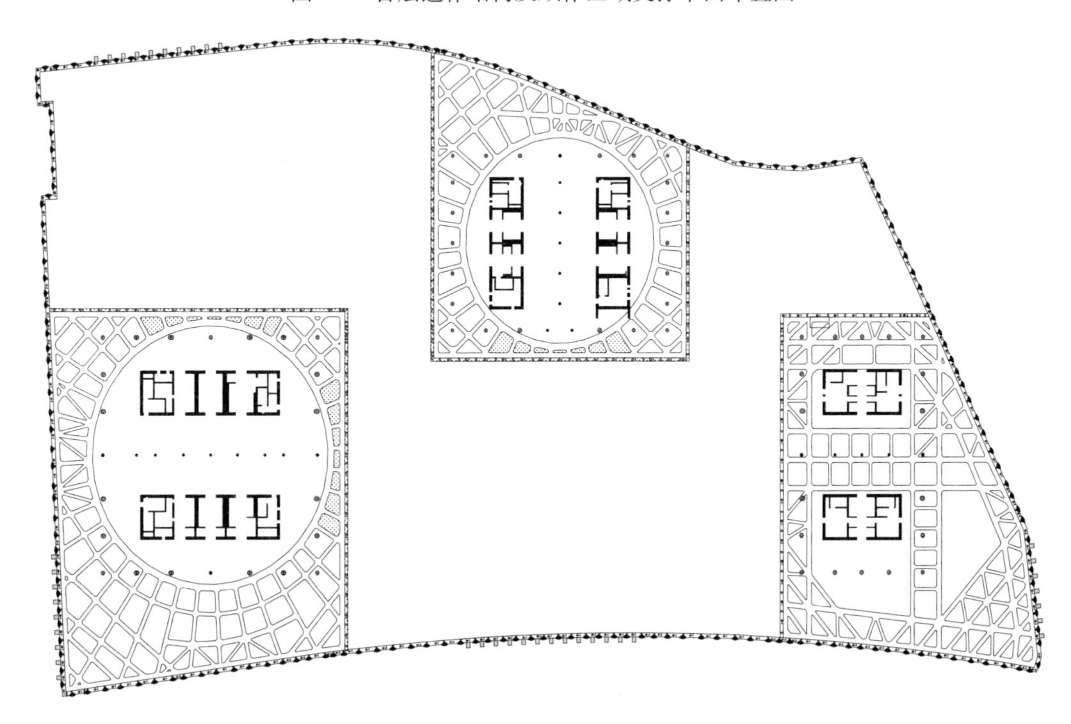

图 5-6 塔楼支撑体平面图

环境的影响。本工程围护体采用“两墙合一”地下连续墙，悬挂隔水帷幕可采用超深地下连续墙和水泥土搅拌墙两种方案。根据经济性对比分析，采用短地下连续墙结合超深水泥土搅拌墙作为隔水帷幕比全部采用超深地下连续墙作为围护结构大大节省工程造价，因此本工程采用超深水泥土搅拌墙作为悬挂隔水帷幕。等厚度水泥土搅拌墙与降水井剖面关系如图 5-7 所示，平面布置如图 5-8 所示。

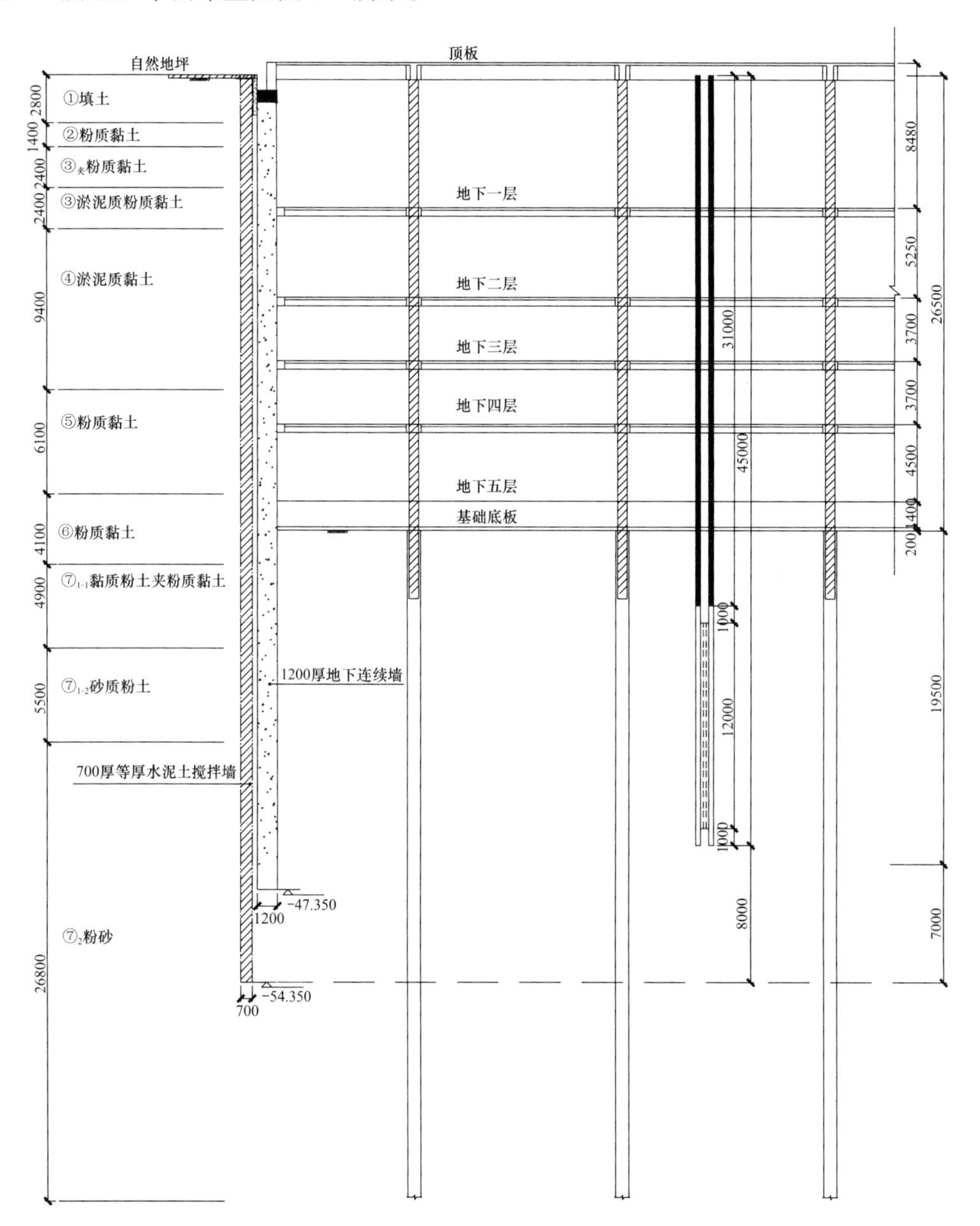

图 5-7　等厚度水泥土搅拌墙与降水井关系剖面示意图

等厚度水泥土搅拌墙厚度为 700mm，成墙深度不小于 53m，墙底进入第⑦$_2$ 粉砂层不小于 14.6m。墙体水泥掺量不小于 25%。水泥土搅拌墙的墙体垂直度偏差不大于 1/250，墙位偏差不大于＋20mm～－50mm（向坑内偏差为正），墙深偏差不得大于 50mm，成墙厚度不得小于设计墙厚，偏差控制在 0～－20mm（控制切割箱刀头尺寸偏差）。水泥土搅拌墙 28d 浆液试块无侧限抗压强度标准值不小于 1.0MPa，28d 钻孔取芯无侧限抗压强度标准值不小于 0.8MPa，墙体渗透系数不大于 10^{-6} cm/s 量级。水泥土搅拌墙采用三工序成墙施工工艺（即先行挖掘、回撤挖掘、成墙搅拌），对地层先行挖掘松动后，再行喷浆搅拌固化成墙。

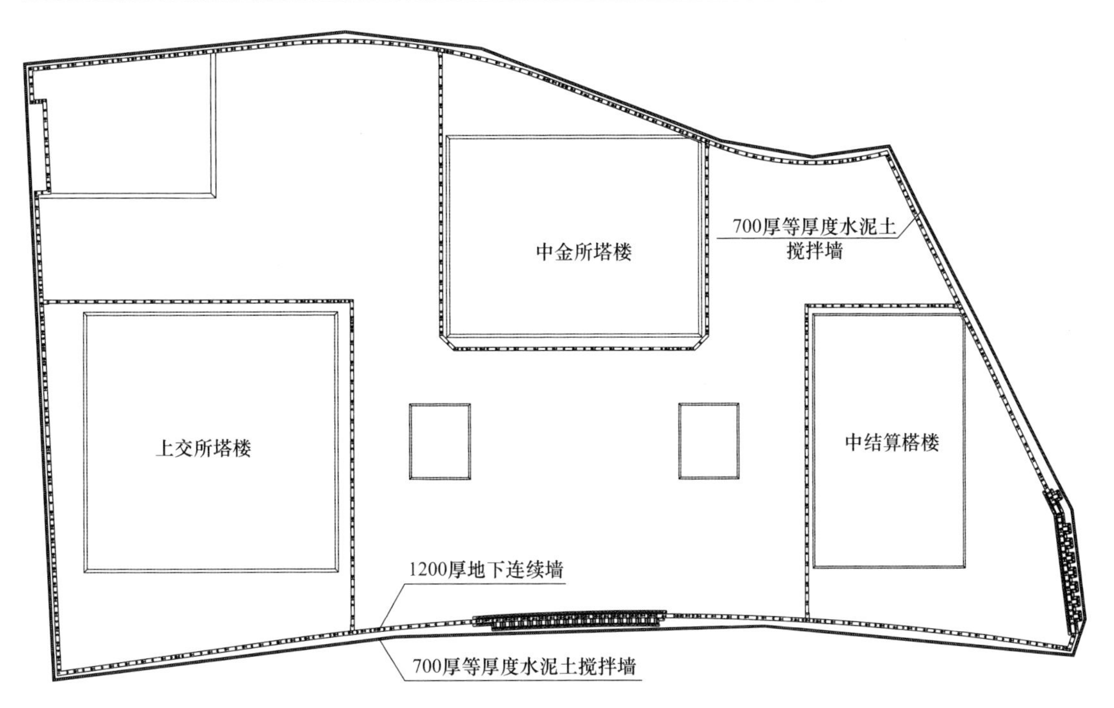

图 5-8　地下连续墙及等厚度水泥土搅拌墙平面布置

5.1.4　试成墙试验

1. 试验概况

虽然等厚度水泥土搅拌墙设备的施工能力可满足本工程墙体深度要求，但在本工程实施之前，上海地区采用 TRD 工法在标贯击数大于 50 的第⑦$_2$ 粉砂层中施工深度达 53m 水泥土搅拌墙尚无先例可循，因此通过成墙试验验证施工设备在该地层条件下的施工能力。同时通过成墙试验确定如下施工参数：搅拌墙的施工工序；切割挖掘推进速度、回撤挖掘推进速度、喷浆成墙推进速度；搅拌墙挖掘液膨润土掺量、水灰比、流动度；固化液水泥掺量、水灰比、流动度；施工过程切割箱垂直度、成墙垂直度等，以指导后续等厚度水泥土搅拌墙的正式施工。

水泥土搅拌墙试验段长度为 8m，厚度 700mm，如图 5-9 所示，试成墙深度不小于 56m，墙底进入第⑦$_2$ 粉砂层。水泥土搅拌墙采用三工序成墙施工工艺（即先行挖掘、回撤挖掘、成墙搅拌）。挖掘液采用钠基膨润土拌制，每立方米土体掺入约 100kg 的膨润土。先行挖掘挖掘液水灰比为 10～20，挖掘液混合泥浆流动度宜 200～240mm。固化液采

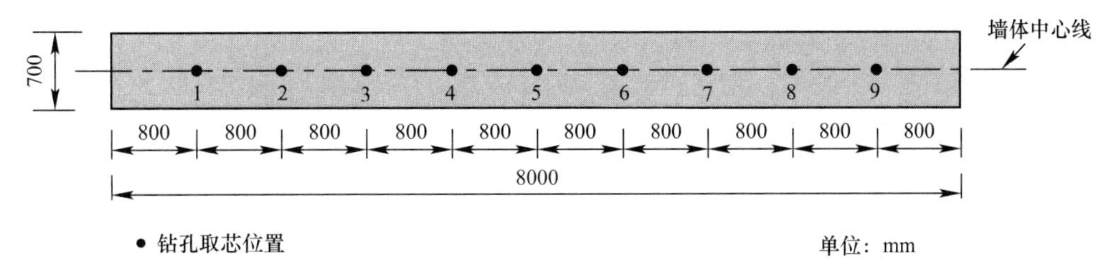

图 5-9　试验段尺寸及取芯平面位置

用 P.O 42.5 级普通硅酸盐水泥，掺量 25%，水灰比 1.36～1.5。水泥土搅拌墙试成墙完成后进行浆液试块强度试验、芯样强度试验以及渗透性检测。水泥土搅拌墙试成墙过程中，在试验段中部垂直于墙体布设地表沉降监测点、深层水平位移监测点和深层土体分层沉降监测点，对成墙施工过程的环境影响进行跟踪监测，测点布置可参见 3.4.1 节。

2. 水泥土搅拌墙施工参数

水泥土搅拌墙成墙试验要求深度 56m，实际施工深度达 56.73m，进入标贯大于 50 击的第$⑦_2$ 粉砂层约 15.33m。切割箱打入至设计深度后，在切割箱体内安装测斜仪，实时监控切割箱面内与面外的偏差情况，墙体垂直度偏差控制在 1/250 以内。墙体施工工效统计见表 5-3，等厚度水泥土搅拌墙总体施工工效可达 6～7m/d，在工期安排上同时需要考虑切割箱打入和拔出所占用的时间。

水泥土搅拌墙施工工效　　表 5-3

序号	工序名称		实际工效
1	切割箱自行打入挖掘工序		箱体连接：64.4min/节
			箱体钻进：43.9min/节
2	水泥土搅拌墙建造工序	先行挖掘	150～180min/m
		回撤挖掘	15～20min/m
		成墙搅拌	30～35min/m
3	切割箱拔出分解工序		12 节箱体平均分 4 次起拔，75min/组，约 4 小时完成

3. 墙体强度

水泥土搅拌墙施工过程中，在长度方向取 2 个位置的浆液制作试块，取样点低于有效墙顶下 2m。浆液试块进行 28 天标准养护后进行无侧限抗压强度试验，28 天的浆液试块平均强度为 1.03～1.40MPa。水泥土搅拌墙成墙完成养护 28 天后进行了钻孔取芯，并对芯样进行了无侧限抗压强度试验。图 5-10 是现场取芯的芯样照片，从取芯的芯样照片上看，钻孔取芯芯样自上而下均较为完整，芯样连续性好，破碎较小，芯样呈水泥土颜色，并且自上而下颜色较为均匀。总体而言，钻孔取芯芯样率均较高，完整性较好，水泥土搅拌墙均匀性较好。表 5-4 为现场钻孔取芯芯样砂层中抗压强度，深部砂层中的强度为 0.84～1.38MPa。

芯样抗压强度汇总表　　表 5-4

土层	芯样强度平均值（MPa）
$⑦_{1\text{-}1}$黏质粉土夹粉质黏土	0.84
$⑦_{1\text{-}2}$砂质粉土	1.38
$⑦_2$ 粉砂	1.00

4. 墙体抗渗性能

在钻孔取芯的芯样中选取有代表性的芯样进行室内渗透性试验，并进行原位钻孔渗透性试验。室内渗透性试验采用变水头渗透仪进行测定，原位渗透性试验采用注水试验测定。表 5-5 为室内渗透性试验和原位渗透试验的成果，由渗透试验结果可知，淤泥质土和黏性土层中土层的渗透系数由 10^{-5} cm/s 减小至 10^{-6} cm/s，深部砂土层（$⑦_2$ 层粉砂层）

图5-10 现场钻孔取芯芯样照片

的渗透系数由 10^{-3}cm/s 减小至 10^{-7}cm/s。整个墙身范围中的水泥土搅拌墙渗透系数无明显差异，普遍均处于同一数量级，也反映了各土层中水泥土墙体搅拌均匀，抗渗性好。

试验墙体室内及原位渗透系数结果 表5-5

土层	原状土层渗透系数 k(cm/s)	水泥土搅拌墙渗透系数 k(cm/s)	
		室内渗透试验	原位渗透试验
①	—	4.79×10^{-7}	—
②	3.5×10^{-6}	1.30×10^{-6}	—
③夹	9.0×10^{-5}	1.37×10^{-6}	—
③	2.0×10^{-5}	2.40×10^{-6}	—
④	1.0×10^{-5}	4.75×10^{-7}	4.13×10^{-6}
⑤	2.0×10^{-5}	4.57×10^{-7}	4.28×10^{-6}
⑥	9.0×10^{-6}	7.79×10^{-7}	—
⑦1-1	3.0×10^{-4}	3.73×10^{-7}	—
⑦1-2	7.0×10^{-4}	2.12×10^{-7}	—
⑦2	2.0×10^{-3}	4.83×10^{-7}	—

5. 水泥土搅拌墙施工对周边环境影响

等厚度水泥土搅拌墙试成墙过程中，对地表沉降、深层土体水平位移进行了监测，具体监测成果可参见3.4.1节。监测表明，墙体实施过程中邻近地表产生沉降，邻近土体产生朝向成槽方向的侧向变形，地表沉降和土体侧向变形量均较小，最大变形约10mm左右；成墙对周边土体的影响范围主要集中在距墙体约10m内；随距墙体距离的增大，成墙影响逐渐减小；墙体养护阶段，地表沉降略有增加，最大增量约4mm。

5.1.5 实施效果

1. 水泥土搅拌墙施工

根据水泥土搅拌墙试成墙试验结果，采用以下施工参数进行正式墙体施工：挖掘液采用钠基膨润土拌制，每立方米被搅土体掺入约 100kg 的膨润土；固化液采用 P. O 42.5 级普通硅酸盐水泥，掺量 25%，水灰比为 1.36～1.50；先行挖掘挖掘液水灰比为 10～20，挖掘液混合泥浆流动度为 200～240mm。水泥土搅拌墙成墙采用三工序成墙施工工艺，施工工效约 7～8 延米/天，土置换率为 138%。

图 5-11 水泥土搅拌墙施工实景

2. 水泥土搅拌墙强度和抗渗性能检测

等厚度水泥土搅拌墙施工完成后通过钻孔取芯对墙体的强度和抗渗性能进行了检测，具体检测成果可参见 4.2 节。根据芯样抗压强度检测结果，各土层经整体切削喷浆搅拌形成的墙体强度较一致，基本大于 0.8MPa。由渗透试验结果，水泥土搅拌墙体渗透系数较原状土层有明显降低，均达到或小于 10^{-6}cm/s 数量级，对于浅层黏土层，水泥土渗透系数由原状土层的 10^{-5}cm/s 降低至 10^{-6}cm/s；对于深层的砂土层，水泥土渗透系数由原状土层的 10^{-3}～10^{-4}cm/s 降低至 10^{-6}～10^{-7}cm/s，普遍降低两个数量级。各土层尤其是粉土和粉砂层中水泥土搅拌墙抗渗性能提高显著。整个墙身范围中的水泥土搅拌墙渗透系数无明显差异，普遍均处于同一数量级，也反映了各土层中水泥土墙体搅拌均匀，抗渗性好。

3. 施工工况

本工程基坑采用了分区顺逆结合的实施方案，施工工况复杂，总共分了 16 步进行基坑开挖，具体施工工况如表 5-6 所示，从开挖至地下室底板全部形成历时约 2 年。图 5-12～图 5-14为基坑施工实景。

基坑实施工况　　表 5-6

工况	施工内容	完成时间
Stage1	整体开挖第一层土，并形成 B0 板和第一道支撑	2014. 4. 30
Stage2	整体开挖第二层土，并形成 B1 板和第一道支撑	2014. 7. 12
Stage3	塔楼区开挖第三层土，并形成第三道支撑	2014. 8. 17
Stage4	塔楼区开挖第四层土，并形成第四道支撑	2014. 9. 15
Stage5	塔楼区开挖第五层土，并形成第五道支撑	2014. 10. 24
Stage6	塔楼区第六层土开挖	2014. 11. 17
Stage7	塔楼区施工大底板	2015. 1. 22
Stage8	塔楼区拆除第五道支撑、施工 B4 板	2015. 3. 12
Stage9	塔楼区拆除第四道支撑、施工 B3 板	2015. 5. 1
Stage10	塔楼区拆除第三道支撑、施工 B2 板	2015. 5. 31
Stage11	塔楼区施工 B1 板	2015. 6. 21
Stage12	塔楼区拆除第二道支撑及第一道支撑、施工 B0 板	2015. 10. 9
Stage13	地下室开挖第三层土并施工逆作 B2 板	2015. 9. 15

续表

工况	施工内容	完成时间
Stage14	地下室开挖第四层土并施工逆作B3板	2015.10.30
Stage15	地下室开挖第五层土并施工逆作B4板	2016.1.6
Stage16	地下室开挖第六层土并施工逆作区大底板	2016.5.15

图5-12 首层土方开挖及首层结构楼板施工

图5-13 塔楼顺作区开挖施工

图5-14 基坑开挖全景

4. 水泥土搅拌墙隔水效果

本项目开挖面积和深度大，需长时间抽降深层承压水，为了实时监控基坑本身的状态和对周边环境的影响，本工程对基坑内外的深层承压水和周边邻近建筑物实施了全面监测，以指导基坑工程的顺利实施。部分深层承压水和建筑物测点如图5-15所示。

（1）坑外承压水水位

图5-16～图5-19为上交所、中金所、中结算以及纯地下室逆作区域坑内外承压水水位变化曲线。

塔楼顺作开挖阶段，从开挖第三层土方开始，逐步开始抽降承压水，坑外的承压水水位亦相应有所降低，最大降深在开挖到基础底板的时候，坑内水位降深约25m，坑外水位最大降深约10m，悬挂帷幕对坑内外承压水水位的阻隔达到2.5∶1，与上海地区采用地下连续墙作为悬挂帷幕的工程基本一致。在顺作区的施工过程中，逆作区域的承压水水位也有一定的变化，降深约为5.5m。

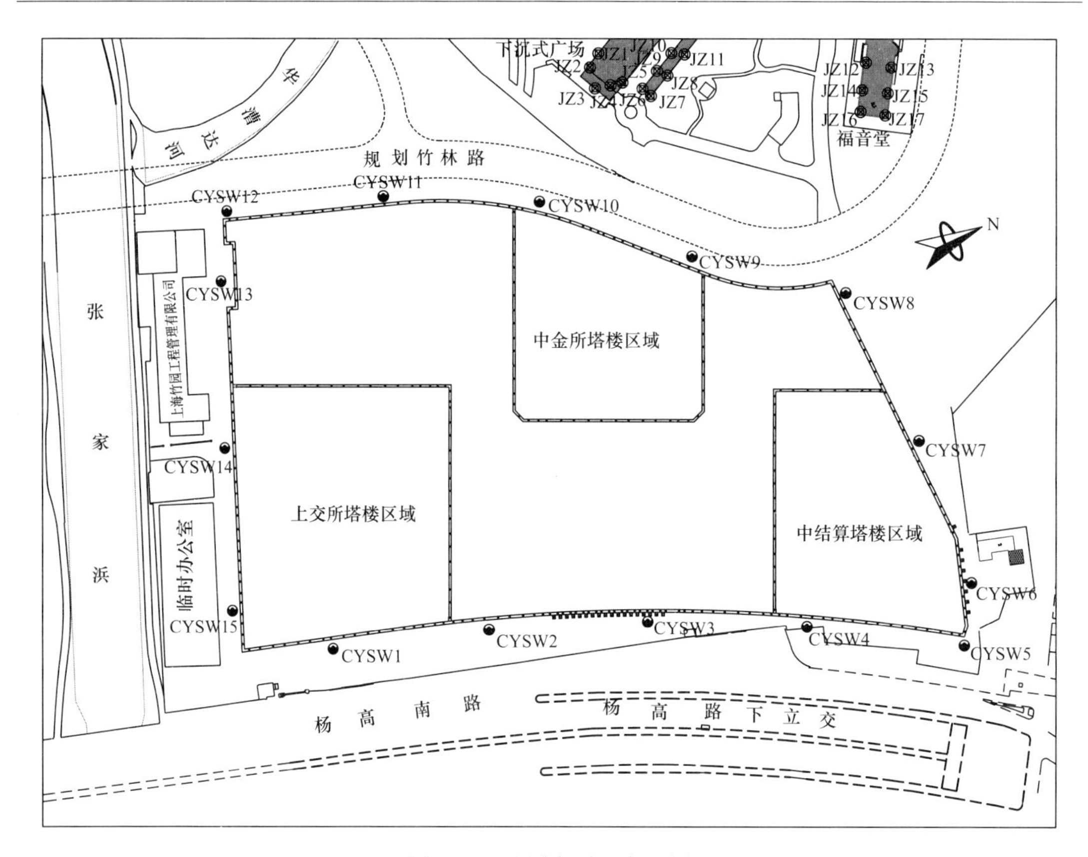

图 5-15　监测点平面布置图

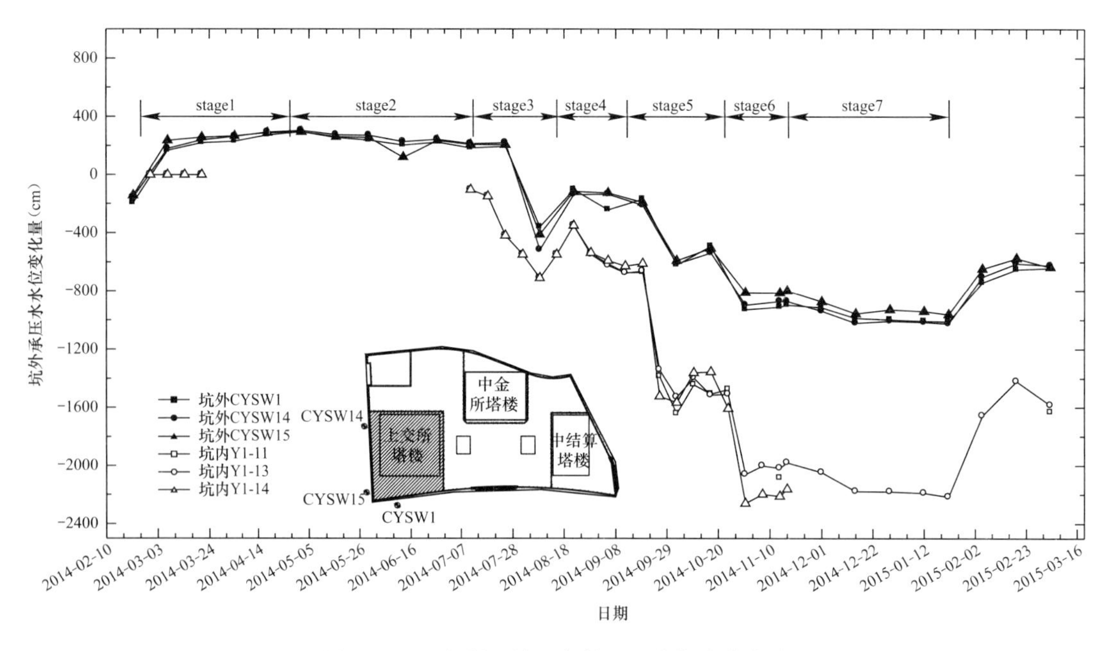

图 5-16　上交所区域坑内外承压水位变化曲线

在纯地下室逆作施工阶段，由于塔楼顺作开挖阶段降水的影响，在开挖大底板之前由于坑内降深相对较小，坑外的水位变化较小，甚至有所上升的趋势，但在开挖至大底板

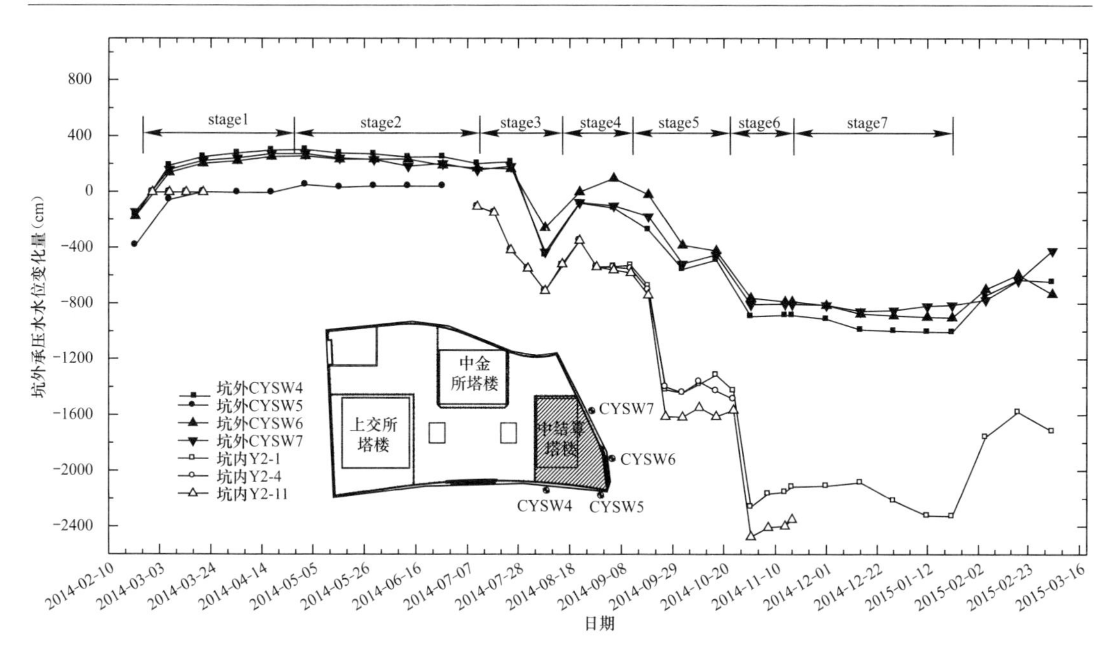

图 5-17　中结算区域坑内外承压水位变化曲线

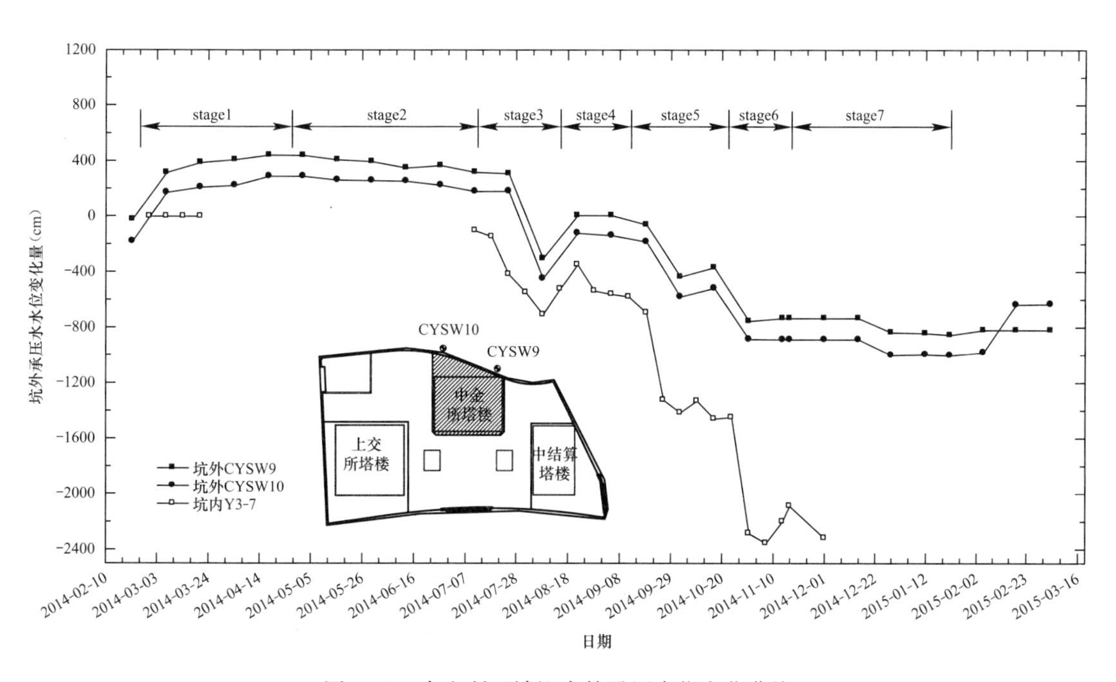

图 5-18　中金所区域坑内外承压水位变化曲线

后，坑内降深要求比较大，坑外水位亦有较大幅度的下降，此时坑内外的水位降深比亦约为 2.5∶1。

基坑开挖过程中坑外各个监测点的水位变化基本同步，变化规律基本一致，也说明基坑周边的等厚度水泥土搅拌墙的施工质量可靠，未出现由于等厚度水泥土搅拌墙存在缺陷而发生渗漏的情况。

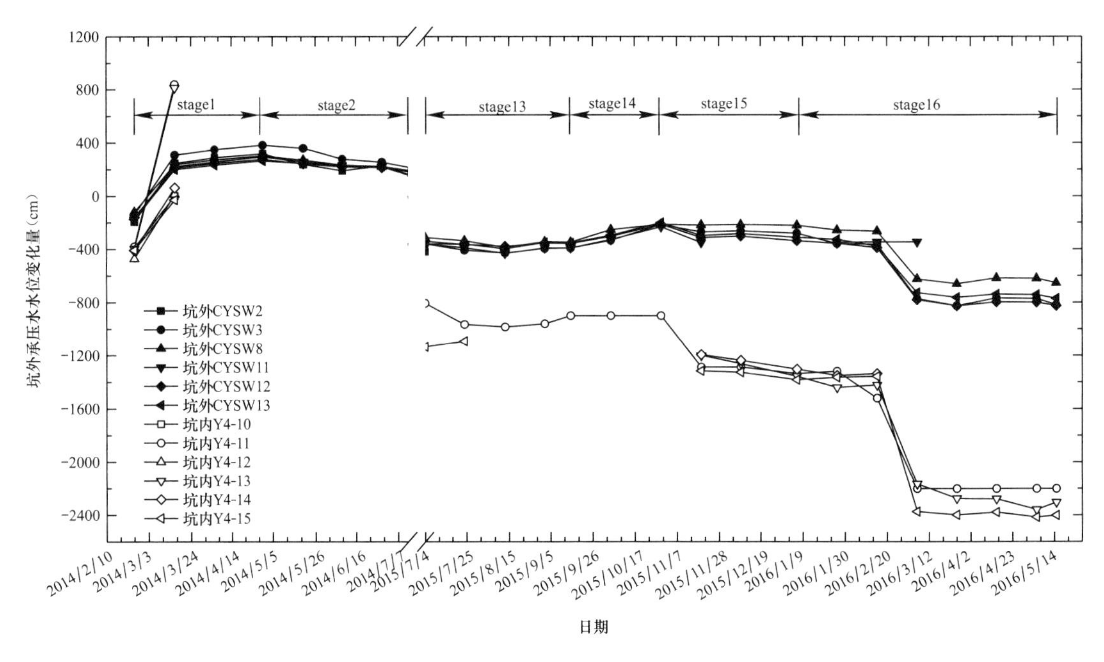

图 5-19　纯地下室逆作区域坑内外承压水位变化曲线

(2) 周边建筑物沉降

在基坑实施过程中，对周边承压水降水影响范围内的下沉式广场和福音堂进行了沉降监测。图 5-20、图 5-21 为周边建筑物沉降曲线。基坑实施的各个阶段，两栋建筑物均有沉降和抬升，与基坑降水的工况没有必然的联系，说明基坑承压水降水对建筑物的影响较小，水泥土搅拌墙起到较好的隔水效果。

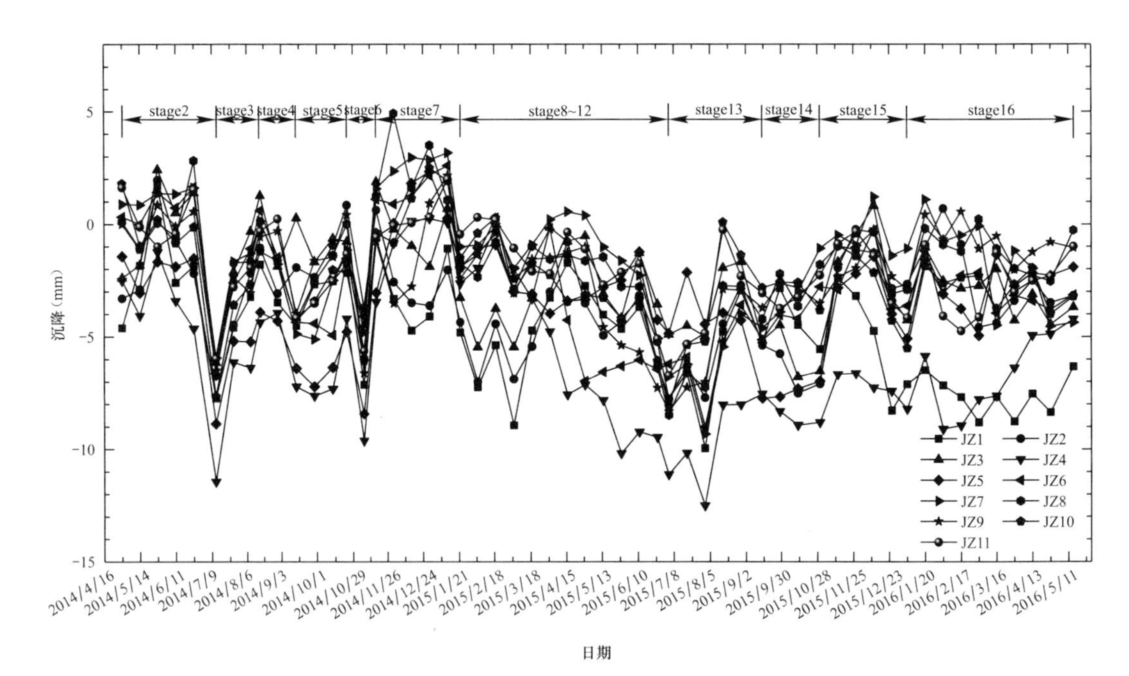

图 5-20　下沉式广场沉降曲线

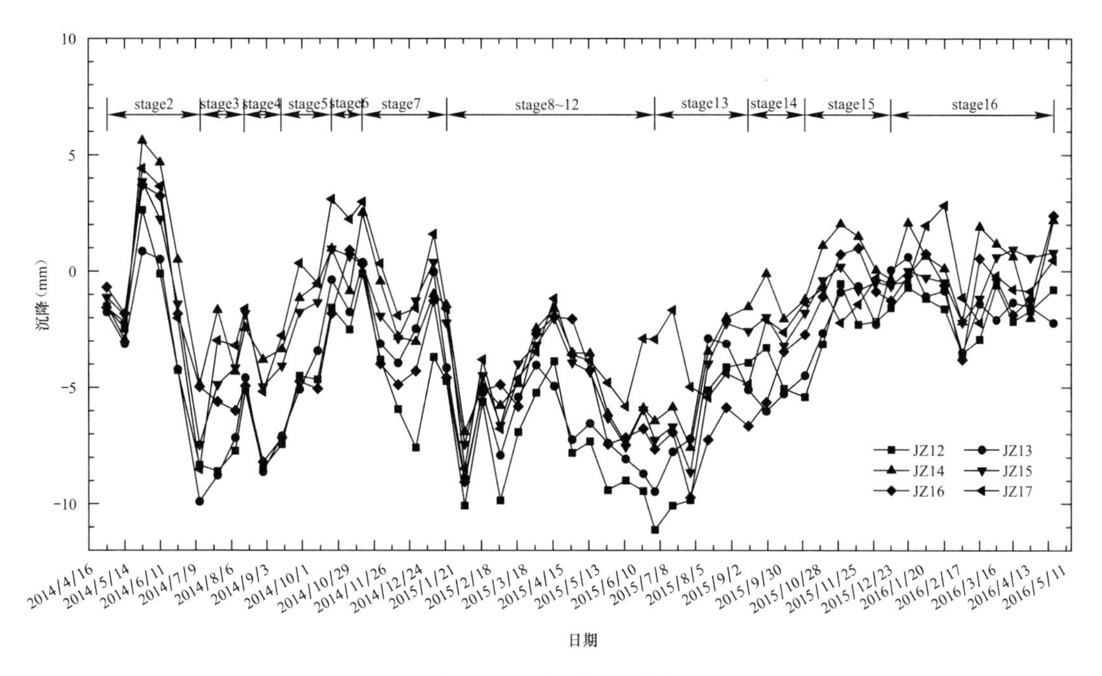

图 5-21　福音堂沉降曲线

5.2　上海白玉兰广场工程

5.2.1　工程概况

上海白玉兰广场工程位于虹口区东大名路、旅顺路、东长治路交界，上部结构由 2 幢超高层主楼（1 幢 320m 高的办公塔楼和 1 幢高层酒店）和 4～5 层裙房组成，整体设置 4 层地下室。基础形式均采用桩筏基础。本项目总面积约 42393m^2，周边延长米约 865m，分为多个区域实施，如图 5-22 所示，各区域基坑挖深如表 5-7 所示。

本工程地处闹市区，场地西侧、南侧距离道路及众多市政管线、住宅，北侧紧邻已建地铁车站，东侧邻近已建地下变电站及电缆管沟，周边保护要求较高，基坑周边环境总平面如图 5-22 所示。场地北侧为同步建设的地铁 12 号线车站及其西端头井，地铁车站全长接近 300m，盾构隧道与本工程地下室外墙最小净距约为 1.5m。地铁车站为地下二层结构，底板埋深约 14m，采用桩筏基础，南侧与本工程地下室外墙共墙，在车站施工阶段利用本基坑地下连续墙作为围护结构，如图 5-23 所示。场地东侧邻近已建 220kV 地下变电站及其附属建筑、新建路越江隧道，地下变电站本体结构采用桩筏基础，地下 2～3 层，距离本工程基坑约 23.15m，其附属电缆管沟埋深约 4m，距离本基坑约 16m，如图 5-24 所示。基坑北侧的地铁车站、东侧的地下变电站和周边市政管线是本工程的重点保护对象。

基坑各分区开挖信息表　　表 5-7

开挖区域		底板厚度（m）	开挖深度（m）
白玉兰广场	办公楼塔楼区域（A 区）	4.3	24.3
	酒店塔楼一区域（B 区西侧）	3.0	23.0

续表

开挖区域		底板厚度（m）	开挖深度（m）
白玉兰广场	酒店塔楼二区域（B区东侧）	2.0	22.0
	裙楼区域（C1～C2区、D1～D3区）	1.0	21.0
	东北侧设备房（E区）	1.0	9.3

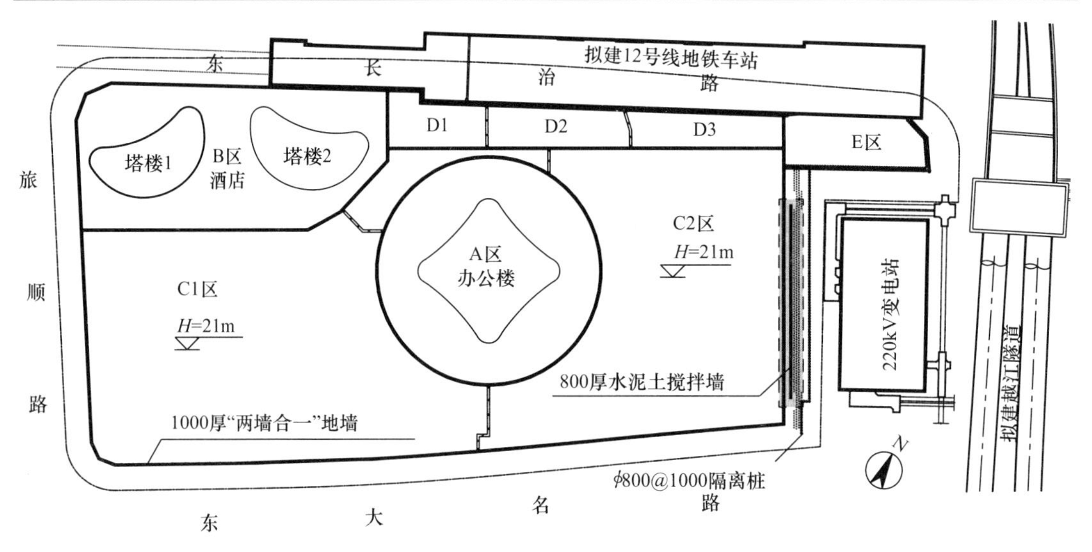

图 5-22　基坑总平面图

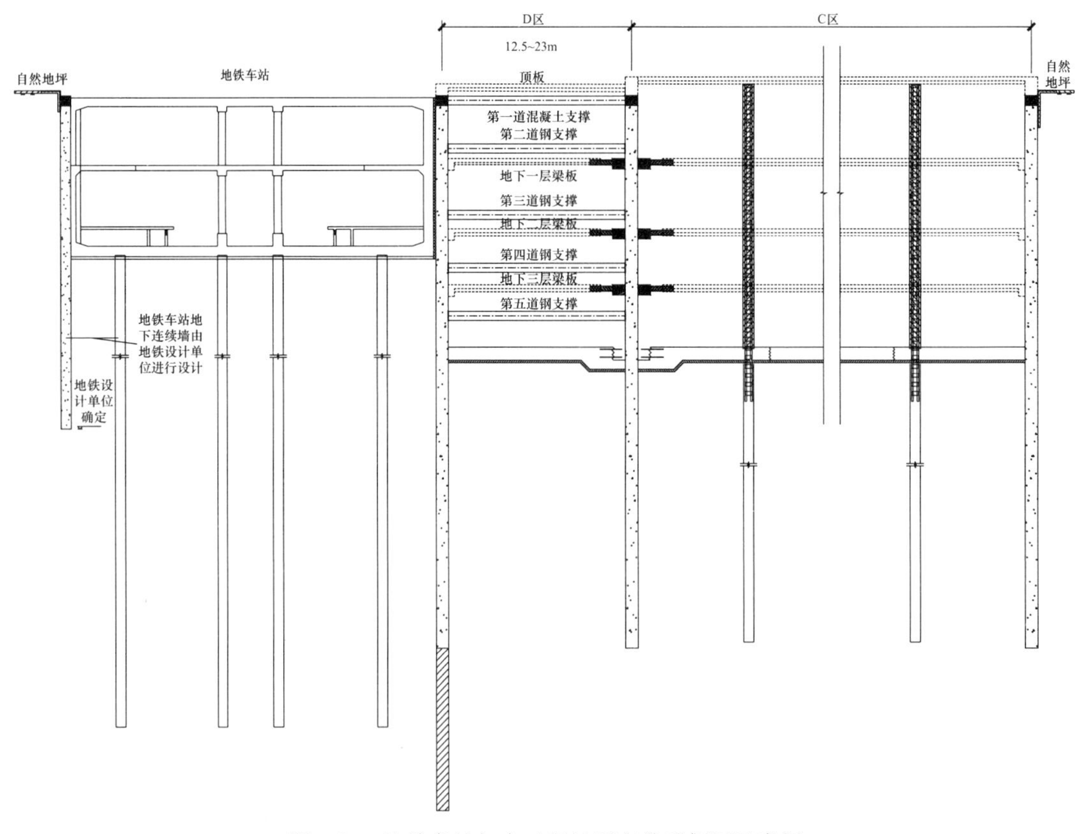

图 5-23　地铁车站与本工程地下室关系剖面示意图

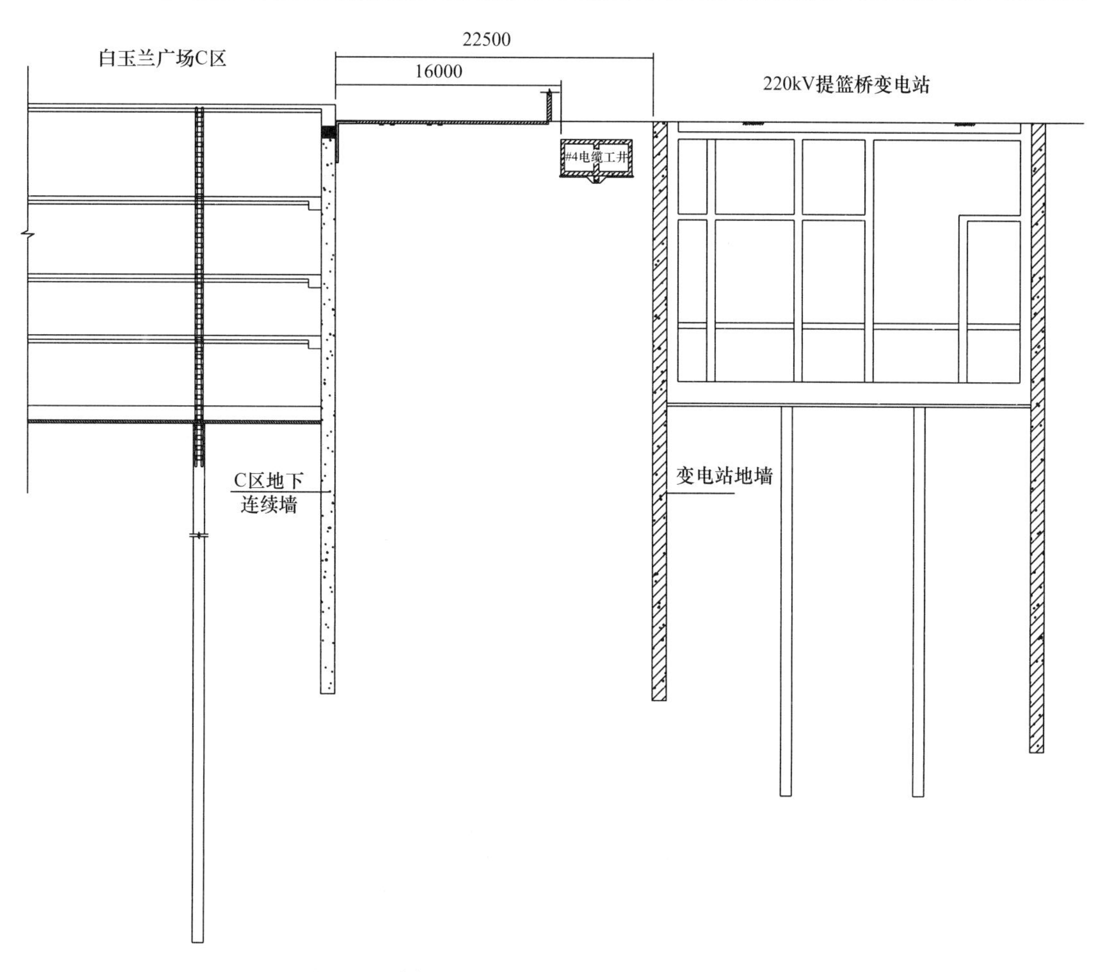

图 5-24 东侧地下变电站与本工程基坑剖面示意图

本工程场地位于虹口区北外滩区域，属滨海平原地貌类型，地势起伏平缓。从上而下依次为：①$_1$ 杂填土、②灰黄色黏土、③灰色淤泥质粉质黏土、④灰色淤泥质黏土、⑤$_1$ 粉质黏土、⑤$_2$ 粉砂夹粉质黏土、⑤$_{3\text{-}1}$ 粉质黏土、⑤$_{3\text{-}2}$ 黏质粉土夹粉质黏土、⑦灰色粉砂、⑧$_1$ 灰色粉质黏土、⑧$_2$ 层灰色粉质黏土、粉砂互层。表层约 1.5～2.0m 深度范围内为杂填土，土质不均匀。拟建场地北部近东长治路一侧和场地中部位置局部有暗浜分布，浜填土呈灰—灰黑色，层底埋深一般在 2.5～3.2m 左右，成分以黏性土为主，夹有机质及其他杂物，土质松散。土层主要物理力学指标见表 5-8，典型土层剖面如图 5-25 所示。

土层主要物理力学指标 **表 5-8**

土层	重度（kN/m^3）	φ（°）	c（kPa）	渗透系数 K（cm/s）
①杂填土	18.0	22.0	0	
②黏土	18.2	13.5	19.0	3.0×10^{-6}
③淤泥质粉质黏土	17.5	16.5	11.0	3.0×10^{-5}
④淤泥质黏土	16.7	9.5	12.0	8.0×10^{-5}
⑤$_1$ 粉质黏土	18.0	16.0	12.0	1.0×10^{-5}
⑤$_2$ 粉砂夹粉质黏土	18.4	25.0	4.0	1.0×10^{-4}
⑤$_{3\text{-}1}$ 粉质黏土	18.2	18.5	15.0	1.0×10^{-5}

续表

土层	重度（kN/m³）	φ（°）	c（kPa）	渗透系数 K（cm/s）
⑤$_{3\text{-}2}$黏质粉土夹粉质黏土	18.2	22.0	10.0	4.0×10^{-5}
⑤$_4$ 粉质黏土	19.6	17.5	32.0	5.0×10^{-6}
⑦粉砂	19.5	5.0	32.0	2.0×10^{-4}
⑧$_1$ 粉质黏土	17.9	16.0	20.0	2.0×10^{-5}

场地浅部地下水属潜水类型，受大气降水及地表径流补给，水位埋深 0.50～1.50m。基底以下分布有⑤$_2$ 层、⑤$_{3\text{-}2}$层微承压水和⑦层承压水，均对本基坑工程施工有影响。⑤$_2$ 层埋深约 22m，⑤$_{3\text{-}2}$层埋深约 28m，与⑤$_2$ 层局部连通，最大层厚接近 30m，主要分布于基坑中部以东区域，水头埋深约 4.1～7.7m；第⑦层埋深约 44m，与⑤$_{3\text{-}2}$ 层局部连通，主要分布于基坑中部以西区域。承压含水层透水性强，水量较丰富，当开挖至基底时，产生承压水突涌现象，需采取相应的承压水处理措施。

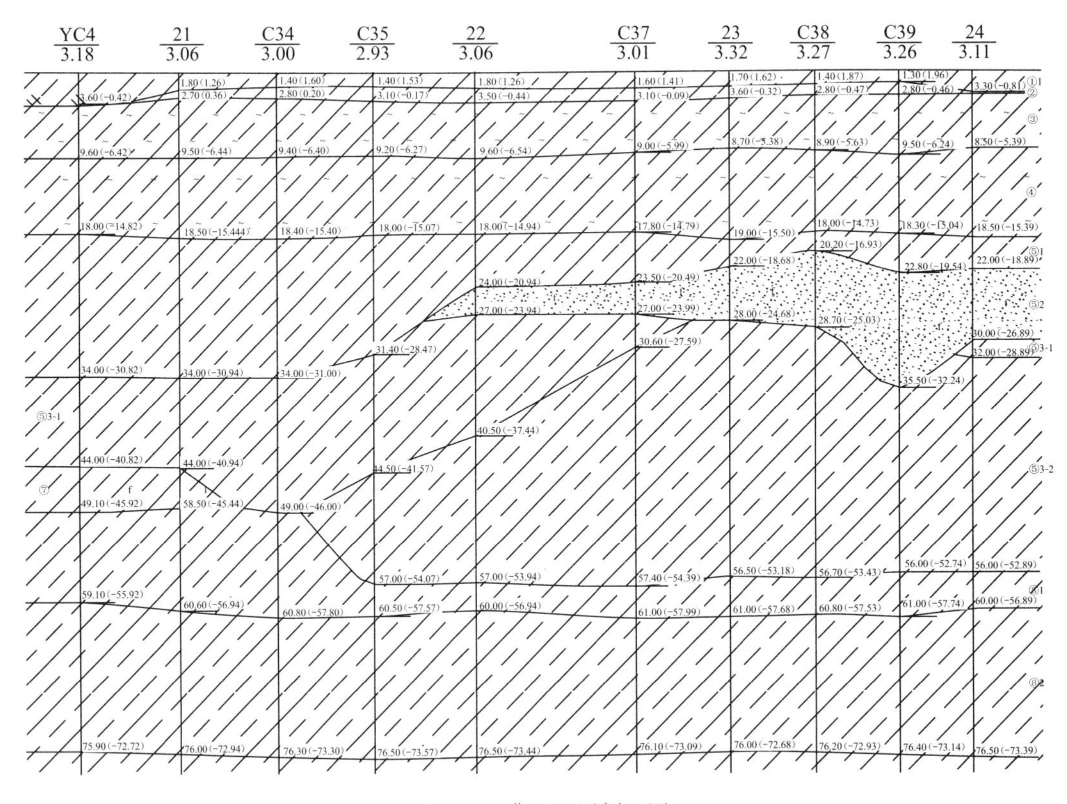

图 5-25　典型土层剖面图

5.2.2 基坑支护设计概况

本工程周边环境条件复杂，保护要求高，且与地铁车站同步施工，为减小基坑施工对地铁和变电站的影响，将本项目基坑和地铁车站基坑划分为 A 区、B 区、C1 区、C2 区、D1 区、D2 区、D3 区、E 区和 M1 区、M2 区共十个区域分别实施。采用“分区顺逆结合”的总体设计方案。周边采用“两墙合一”地下连续墙作为围护结构，分区隔墙采用临时地下连续墙，顺作区域坑内设置五道水平混凝土支撑系统，逆作区域采用四层地下室结构梁板代替水平支撑。基坑分区平面如图 5-26 所示。

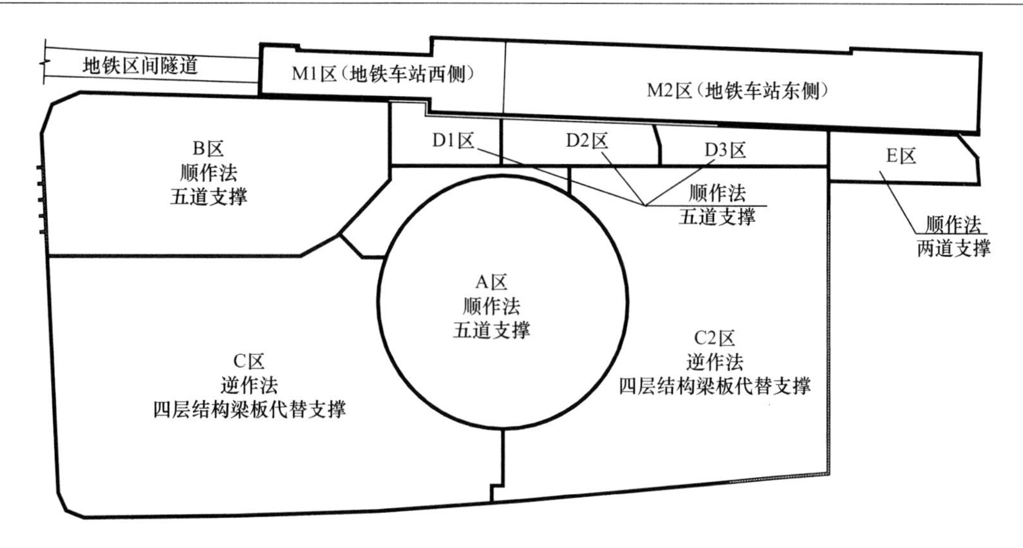

图 5-26 基坑分区平面示意图

各分区施工先后顺序为：M1 区→A 区、B 区、M2 区→D1 区、D3 区、C1 区→D2 区、C2 区→E 区。紧邻本工程酒店区域的地铁车站西侧结构和西端头井（M1 区）最先施工。在办公楼和酒店塔楼区域周边分别设置支护体系形成 A 区和 B 区，待 M1 区地下结构完成后开挖酒店区域基坑（B 区）及办公楼区域基坑（A 区）。M1 区西侧地铁隧道盾构在 B 区基础底板完成后进行。车站东侧区域（M2 区）待 M1 区施工完成后再开挖。为了减少裙楼区域基坑开挖对地铁车站的影响，将裙楼北部紧邻地铁车站一侧区域设置为后施工的隔离区，分为三个小分区分别实施（D1、D2、D3 区）。本工程裙楼区域面积较大，分为两个分区实施（C1、C2 区），在 A、B 区塔楼向上施工阶段采用逆作法实施。东北侧设备房开挖深度较浅，在 D 区施工完毕后单独围护开挖实施（E 区），而后实施 C2 区。逆作阶段首层结构平面布置如图 5-27 所示，顺作、逆作区域围护结构剖面分别如图 5-28、图 5-29 所示。

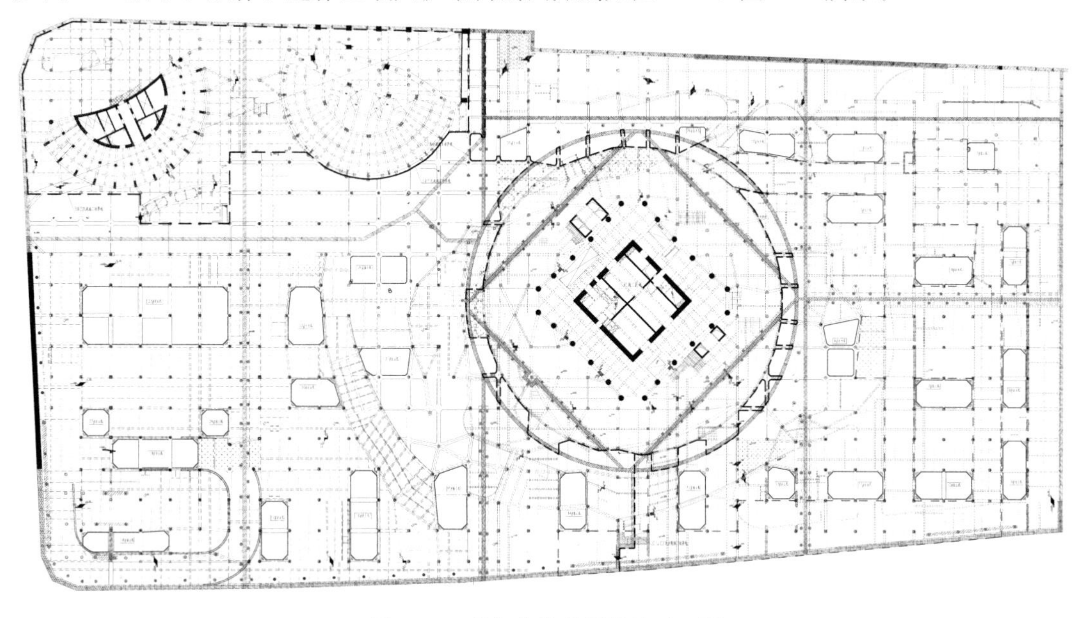

图 5-27 逆作阶段首层结构平面图

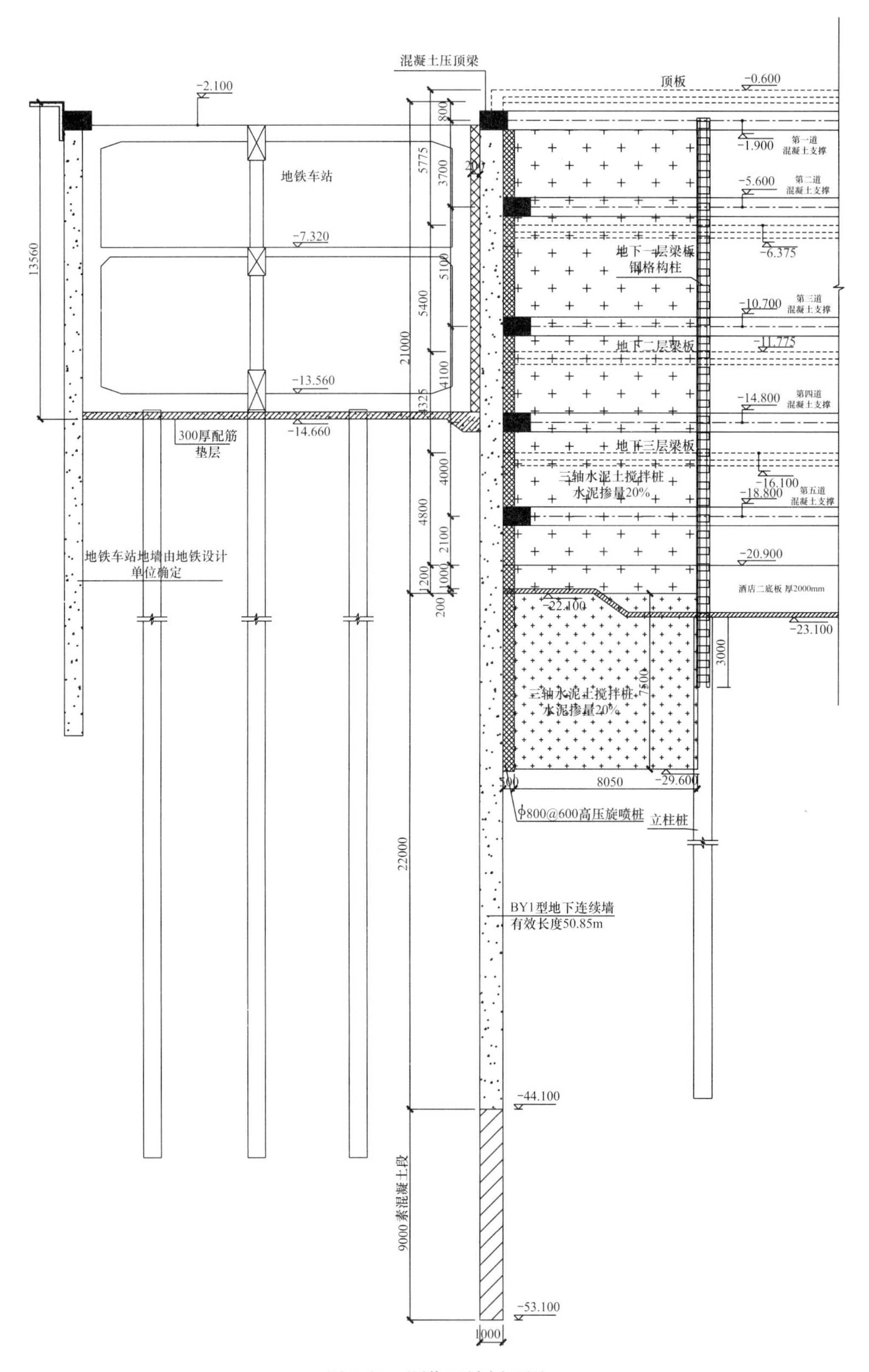

图 5-28　顺作区域剖面图

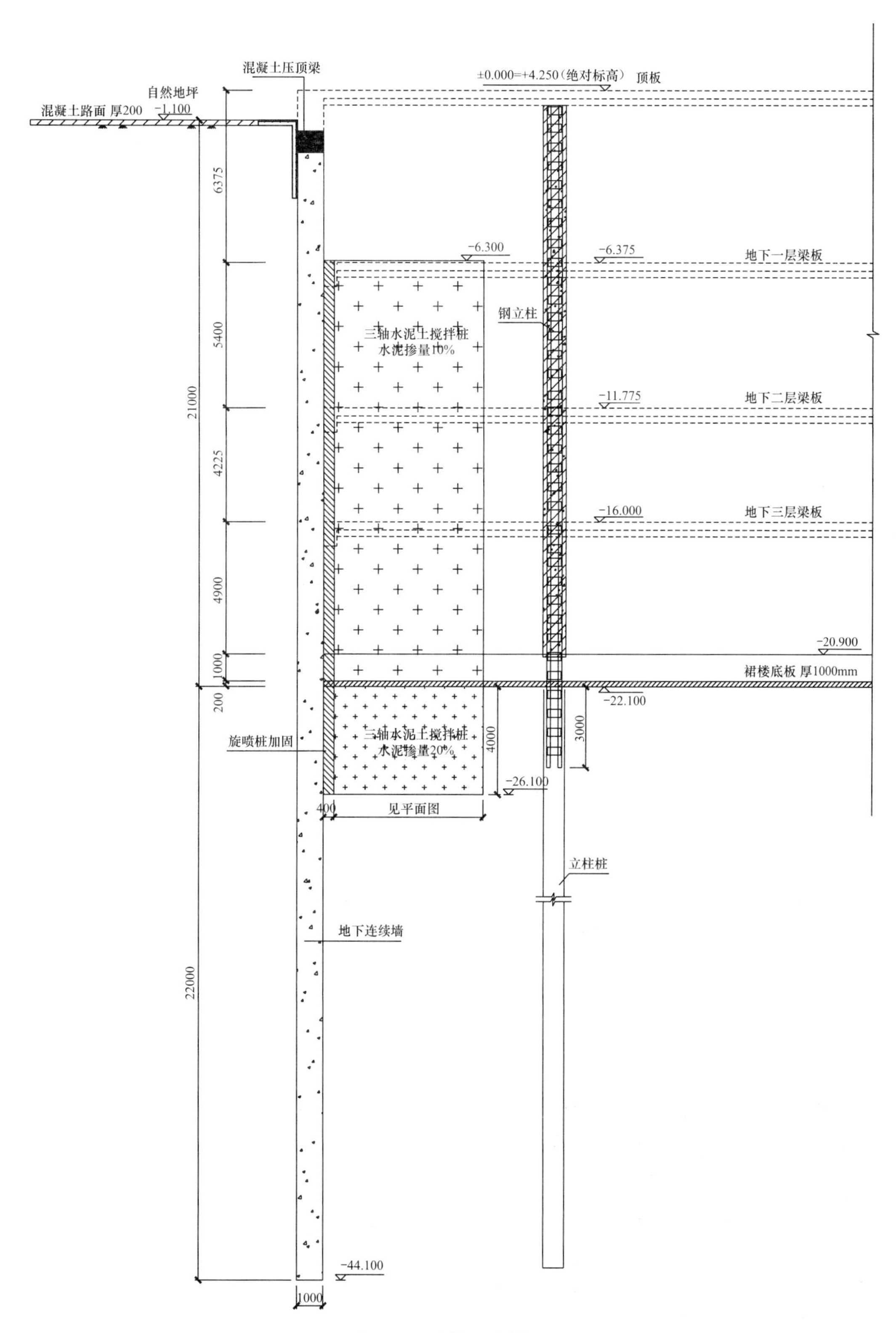

图 5-29 逆作区域剖面图

5.2.3 等厚度水泥土搅拌墙设计

本工程为控制抽降承压水对邻近地铁车站和变电站的影响，需设置隔水帷幕隔断东侧⑤$_2$粉砂层、⑤$_{3-2}$层粉土层承压水。由于⑤$_{3-2}$层埋深接近58m，从经济性、施工难度对比决定采用在地下连续墙外侧设置等厚水泥土搅拌墙作为隔水帷幕隔断承压水。等厚水泥土搅拌墙厚度为800mm，深度不小于60m，底部进入⑧$_1$粉质黏土层不小于2m，采用P.O42.5级普通硅酸盐水泥，水泥掺量不小于25%，水灰比1.5。等厚度水泥土搅拌墙采用三工序成墙施工工艺（即先行挖掘、回撤挖掘、成墙搅拌），对地层先行挖掘松动后，再进行喷浆搅拌固化成墙。基坑东侧围护结构剖面如图5-30所示。

5.2.4 试成墙试验

本工程等厚度水泥土搅拌墙深度达61m，为验证TRD工法设备在现场地层条件下超大深度墙体施工能力以及搅拌墙的施工参数和施工工序、成墙质量，开展了原位试成墙试验，以指导后期水泥土搅拌墙施工。水泥土搅拌墙采用三工序成墙工艺（即先行挖掘、回撤挖掘、成墙搅拌）。根据原位试成墙后续墙体施工采用表5-9所示参数。

5.2.5 实施效果

本工程水泥土墙体施工深度达61m，场地浅层为上海地区典型的填土和软土地层，水泥土搅拌墙施工时设置了钢筋混凝土导墙，如图5-31所示，采用钢筋混凝土路面及导墙有效地扩散了设备荷载，确保了切割箱平面及垂直度。结合试成墙试验，正式施工阶段，挖掘液膨润土掺入量为100kg/m^3，挖掘液混合泥浆流动度为200～240；固化液水泥掺入量为25%，水灰比始终控制在1.2～1.5之间。水泥土搅拌墙施工工效为7～9m/d。

等厚度水泥土搅拌墙施工完成后通过钻孔取芯对墙体的强度和抗渗性能进行了检测，具体检测成果可参见4.2节。墙体取芯芯样自上而下均较为完整，芯样连续性好，破碎较小，呈半硬塑状态，芯样呈深灰色，并且自上而下颜色较为均匀。成层地基土经整体切削喷浆搅拌形成的墙体取芯芯样强度自上而下较为均匀，芯样的强度平均值0.99～1.17MPa。

基坑开挖阶段从坑内开挖暴露面观察，地墙内侧壁干燥，槽段接缝处基本无渗漏水现象，现场施工实景照片如图5-32所示。

本工程施工过程中对基坑内外承压水头进行监测。图5-33为基坑开挖降水过程中坑外承压水水位变化情况，图中纵坐标为坑外水位绝对标高，横坐标为施工日期。承压水初始水头埋深约5m，基坑开挖至基底时，坑内承压水水头降深最大约16m。坑外承压水水位在基坑降水过程中变化很小，最大变化范围在1.5m之内，属于水位的季节性变化。工程实施效果表明水泥土搅拌墙隔水帷幕起到了显著的隔水效果，最大限度地减小了大范围承压水降水对邻近地铁车站和变电站的影响。

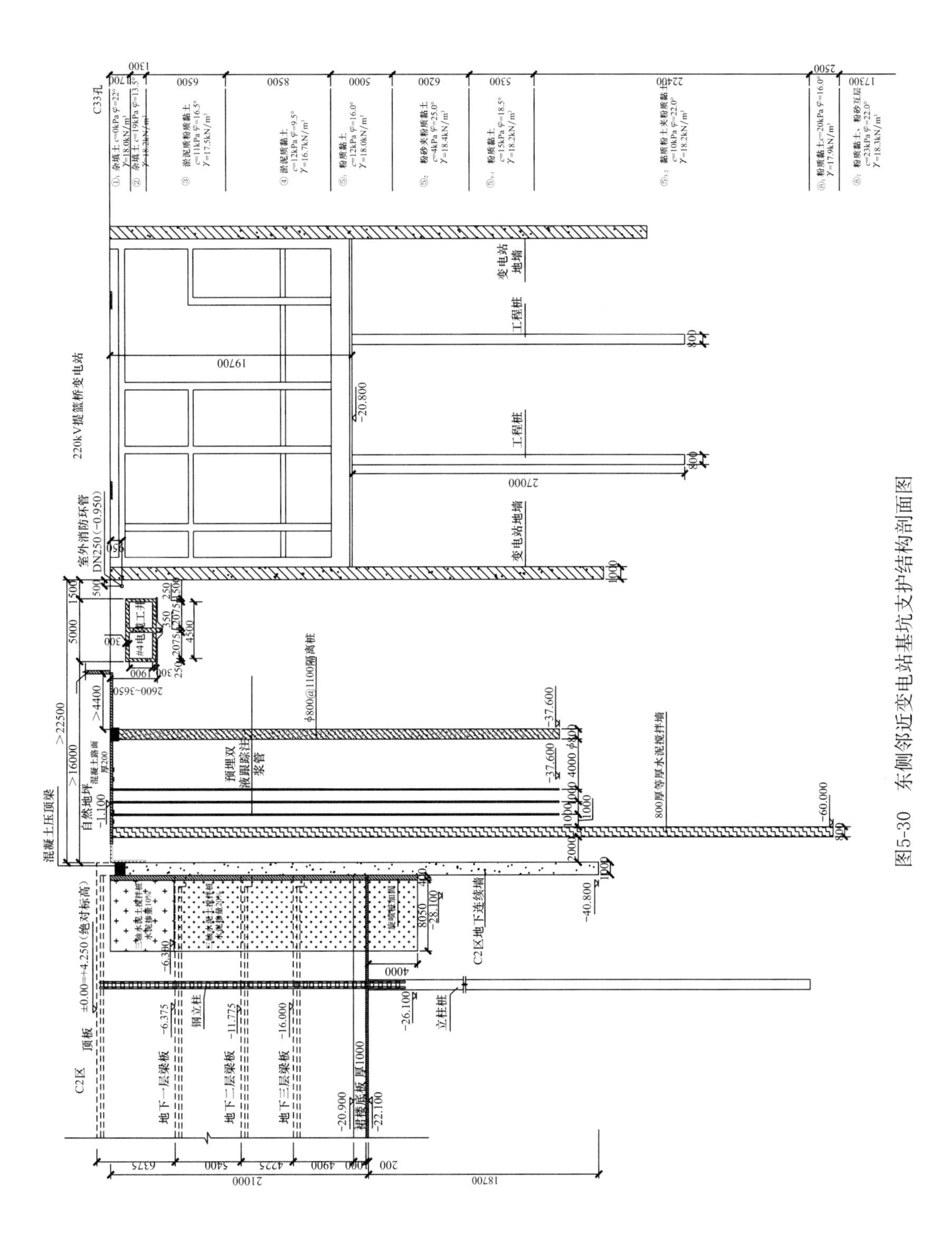

图5-30　东侧邻近变电站基坑支护结构剖面图

水泥土搅拌墙施工参数 表 5-9

序号		参数
1	挖掘液膨润土	100kg/m³
	固化液	P.O 42.5 级普通硅酸盐水泥，水泥掺量取 25%，水灰比 1.5
2	切割箱体（13 节）	1 节 4.2m 被动轮+11 节 4.88m 切割箱+1 节 3.66m 切割箱（总长 61.54m）
3	先行挖掘工效	0.61m/h
4	回撤挖掘工效	2.65m/h
5	切割箱偏差（垂直度）	<240mm（<1/250）

(a)

(b)

图 5-31 上海白玉兰广场项目中超深水泥土搅拌墙施工设置的导墙实景

(a)

(b)

图 5-32 基坑施工实景

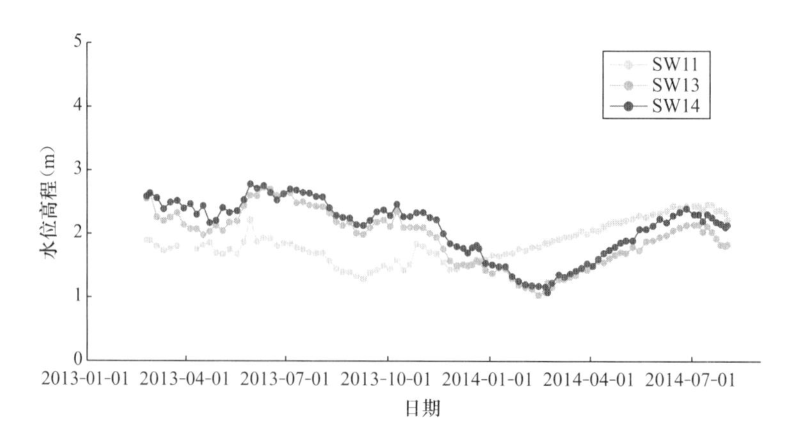

图 5-33 基坑降水期间坑外承压水水位变化曲线

5.3　江苏南京河西生态公园工程

5.3.1　工程概况

南京生态公园项目位于南京河西地区南部低碳生态核心示范区内，是2014年南京市青奥会配套工程。本工程为全埋式地下结构，建筑面积56000m²。建成后地面将作为公园使用，如图5-34所示。本工程主体结构为框架结构，采用桩筏基础。基坑总面积约28300m²，基坑总延长838m，地下两层区域挖深约10.25m，下沉式广场区域挖深约6.9m，如图5-35所示。

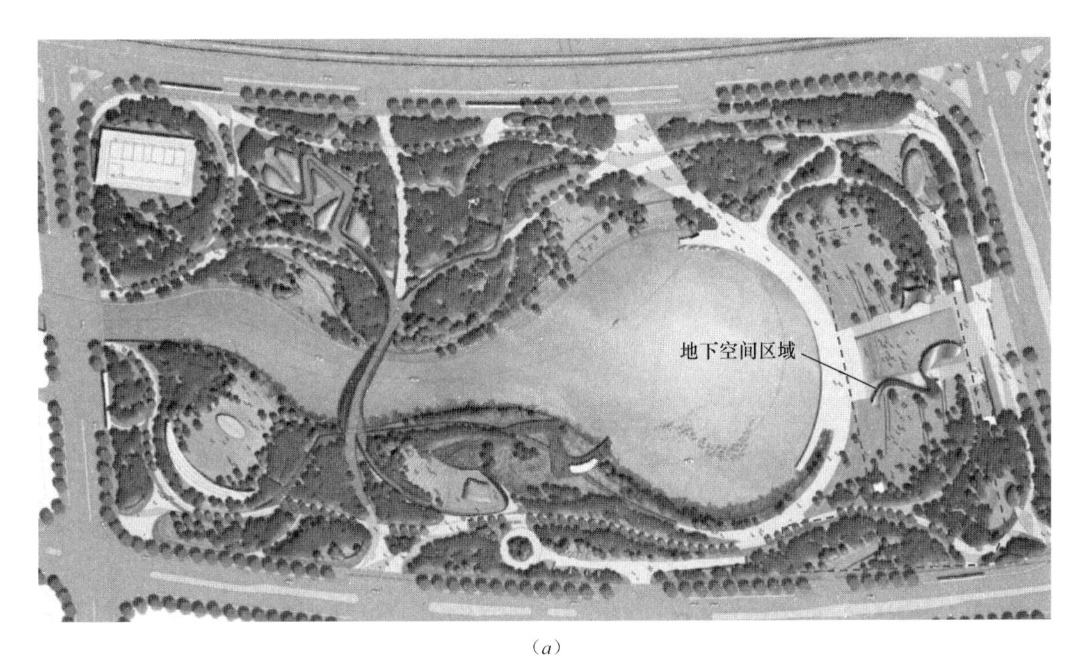

(a)

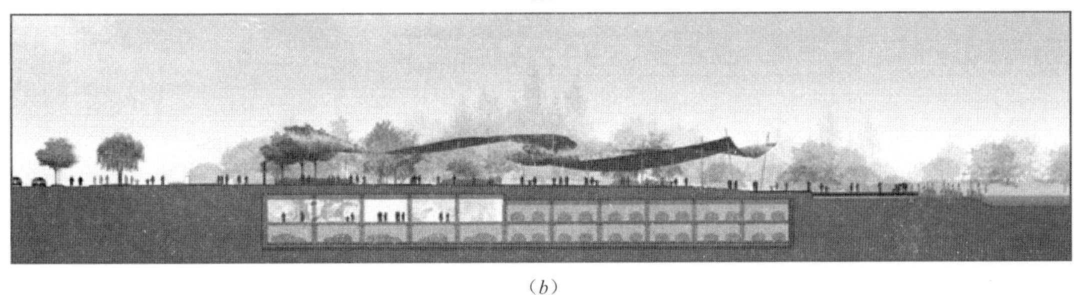

(b)

图5-34　南京河西生态公园效果图

(a) 平面图；(b) 地下空间剖面图

本工程周边环境如图5-35所示。基坑北侧为江东南路，江东南路下有宁和城际轨道交通一期（地铁12号线）黄河路站，黄河路站设备房距离地下二层区域基坑约43.2m，距离下沉式广场基坑约 6.6m，北侧除了有地铁车站外，尚有地铁隧道，距离地下二层区域约 74.2m，距离汽车坡通道约 7.7m。基坑南侧和东侧为市政道路，市政道路下方埋设有多条市政管线，基坑西侧为空地。

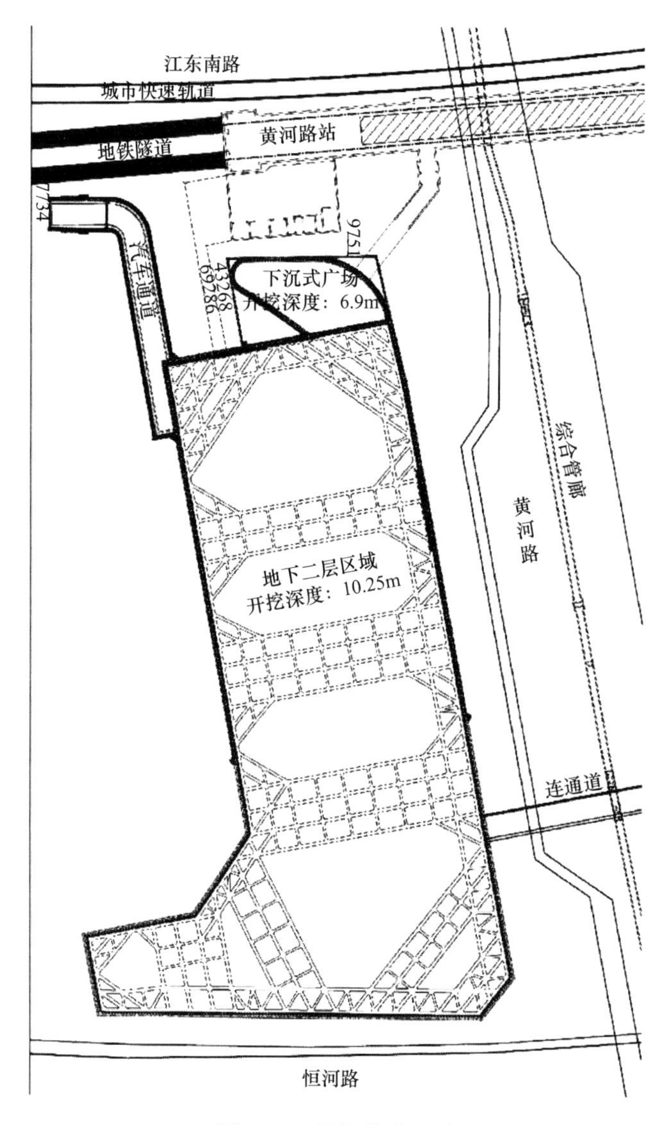

图 5-35　基坑总平面图

本工程场地在钻探深度范围内自上而下可分为 5 层，分别为①$_1$ 杂填土、①$_2$ 素填土、②$_1$ 粉质黏土、②$_2$ 淤泥质粉质黏土、③$_1$ 粉砂、③$_2$ 粉砂、③$_3$ 粉细砂、④卵石土、⑤$_1$ 强风化泥岩、⑤$_2$ 中风化泥岩，如图 5-36 所示。其中中部粉砂、粉细砂厚度达 40m，标贯约为 10～50 击；第④层卵砾石呈亚圆形，直径一般在 1～10cm 不等，个别大于 15cm，卵石分布不均匀，含量一般大于 50%，中粗砂充填，层厚 3.80～9.90m；⑤$_1$ 强风化泥岩呈原岩风化呈土状，手掰易碎，层状泥质结构，取芯率较低；⑤$_2$ 中风化泥岩亦成层状泥质结构，敲击易碎、遇水易软化，取芯率一般大于 80%，天然单轴抗压强度 1.24MPa，属极软岩，岩体基本质量等级为Ⅴ级。土层物理力学性质指标详见表 5-10。

场地地下水主要为孔隙潜水和承压水。潜水赋存于①层填土及下覆②$_2$ 层淤泥质粉质黏土中，稳定水位在地下 1.1～4.4m 之间。下部③$_1$ 层粉砂及以下的砂层和卵石土层为弱承压含水层，各土层富水性较好，含水性质相通，水力联系紧密。水头埋深为 5.10～6.25m。该项目场地临近长江，地下水位受长江水位影响明显。

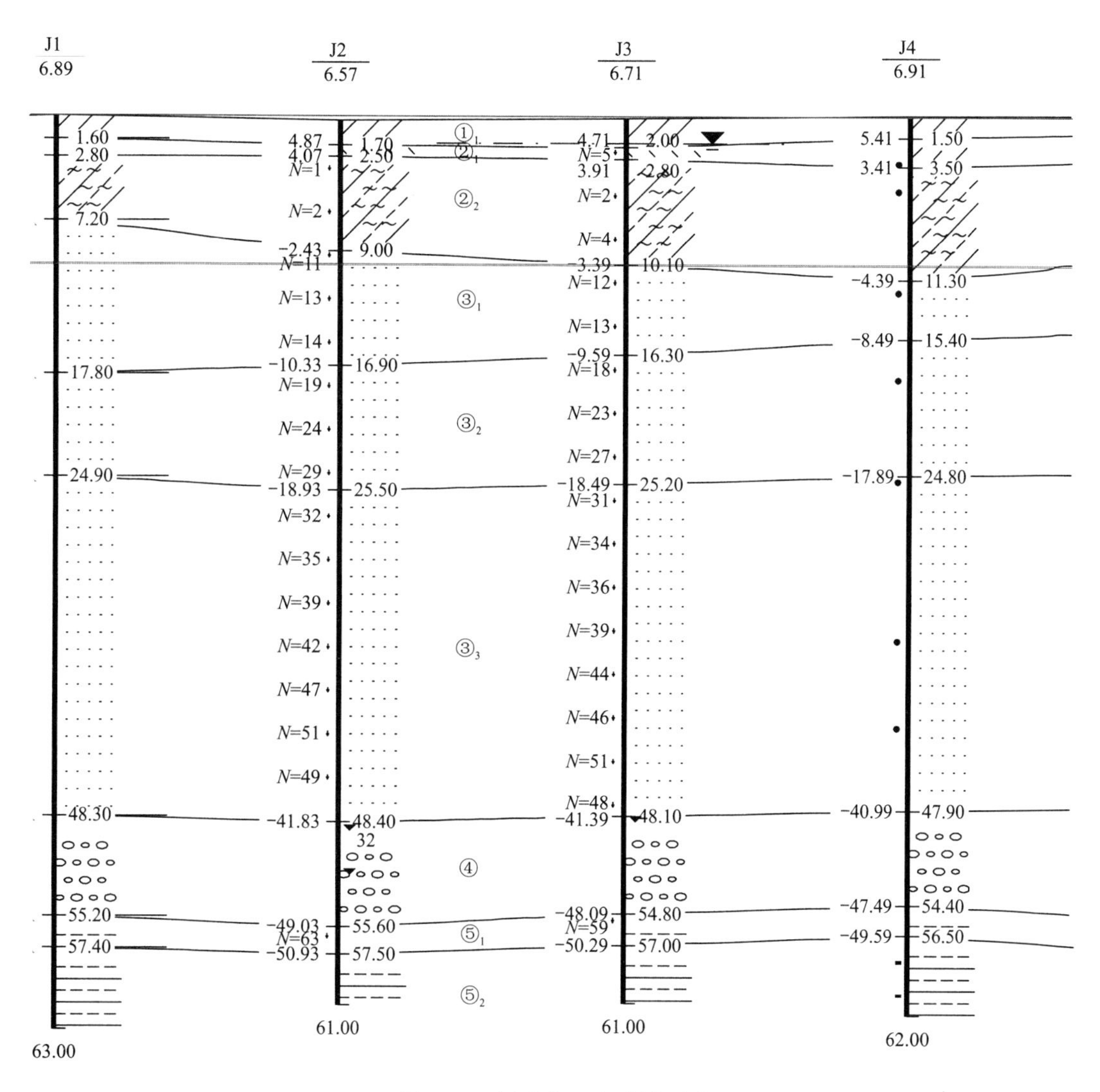

图 5-36　场地典型地质剖面图

土层主要物理力学指标　　表 5-10

土层	地名称	重度	固结快剪		渗透系数（cm/s）		渗透性
		γ(kN/m^3)	c(kPa)	φ(°)	k_V	k_H	
①$_1$	杂填土	(18)	(10)	(15)	1×10^{-4}	1×10^{-4}	弱透水
①$_2$	素填土	(18)	(10)	(15)	1×10^{-5}	1×10^{-5}	微透水

续表

土层	地名称	重度	固结快剪		渗透系数（cm/s）		渗透性
		γ(kN/m³)	c(kPa)	φ(°)	k_V	k_H	
②1	粉质黏土	18.1	12	16.7	4×10^{-7}	4.82×10^{-7}	不透水
②2	淤泥质粉质黏土	17.5	9	14.8	1.06×10^{-6}	1.62×10^{-6}	微—不透水
③1	粉砂	18.4	3	23.2	1.4×10^{-3}	1.85×10^{-3}	中等透水
③2	粉砂	18.9	2	32.3	2.51×10^{-3}	3.25×10^{-3}	中等透水
③3	粉细砂	18.9	2	31.0	4.17×10^{-3}	9.85×10^{-3}	中等透水
④	卵石土	(20.0)	(2)	(40)	1×10^{-2}	1×10^{-2}	强透水
⑤1	强风化泥岩	(20.0)	(20)	(36)			

注：括号内数据为当地经验数值。

5.3.2 基坑支护设计概况

本工程总体采用整坑顺作的实施方案，采用“桩墙合一”钻孔灌注桩结合外侧隔水帷幕作为围护体。基坑北半部分邻近地铁车站及区间隧道，设置落底式水泥土搅拌墙隔水帷幕，以控制抽降承压水对地铁车站及隧道的影响；南半部分环境保护要求较低，设置悬挂三轴水泥土搅拌桩隔水帷幕。基坑竖向均设置一道临时混凝土支撑，支撑体系布置采用对撑角撑体系。基坑支护结构典型剖面图见图 5-37。

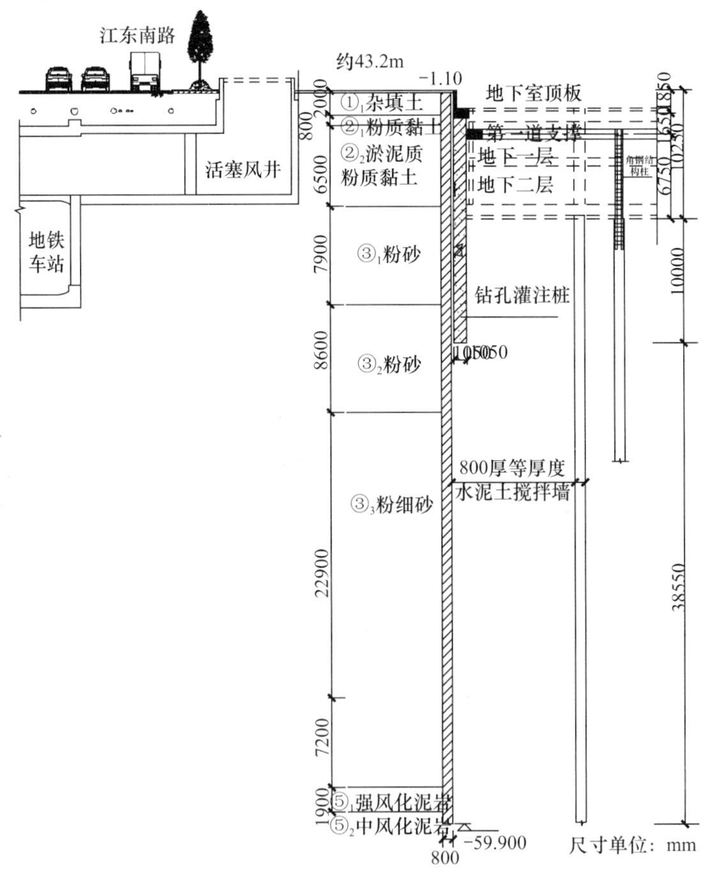

图 5-37　基坑支护结构典型剖面图

本工程围护体采用钻孔灌注桩排桩结合隔水帷幕，普遍区域挖深约 10.25m，采用 ϕ1050@1250 灌注桩，排桩有效长度为 18.1m，插入基底以下 10.0m。围护结构采用水平向与竖向双向结合的“桩墙合一”技术，即围护桩同时作为正常使用阶段地下室侧壁挡土结构的一部分，亦作为地下室结构边跨竖向抗拔结构的一部分，如图 5-38 所示，采用“桩墙合一”技术将常规废弃的临时围护桩作为永久地下室侧壁的一部分，减少地下室外墙的厚度（从 700～800mm 减薄为 350mm），节约工程造价，减少钢筋混凝土材料浪费。同时本工程为全埋式地下结构，地下室抗浮要求较高，利用钻孔灌注桩分担地下室边跨的水浮力，可以减少边跨抗拔桩的数量，进一步节约投资。

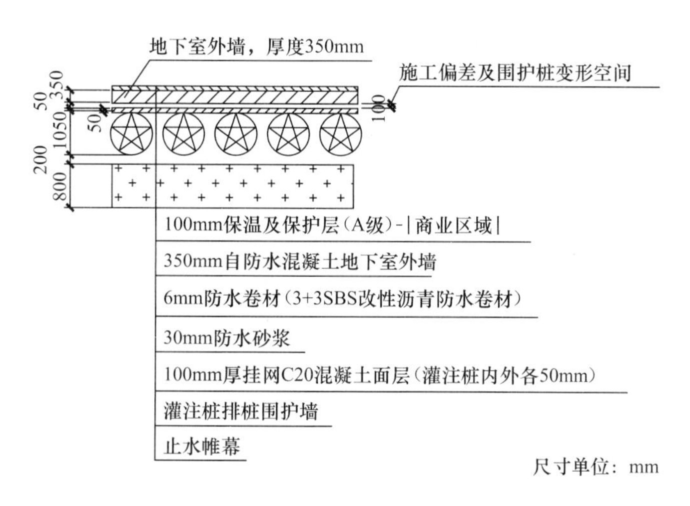

图 5-38 “桩墙合一”围护节点详图

本工程地下二层区域呈“L”形，采用对撑角撑桁架支撑体系；同时考虑到本工程工期较为紧张，为加快施工工期，通过加大围护排桩的桩径提高围护体刚度，在满足变形要求的前提下，实现了仅设置一道钢筋混凝土支撑，支撑平面布置如图 5-39 所示。

5.3.3 等厚度水泥土搅拌墙设计

本工程水文地质条件复杂，承压含水层厚达 40m，开挖面位于承压含水层顶面，基坑面临着严峻的承压水控制问题。基坑北侧邻近地铁车站及区间隧道，若大面积开敞抽降承压水势必会对邻近地铁车站和区间隧道产生影响。为控制抽降承压水对周边环境的影响，同时考虑施工可行性，北侧采用水泥土搅拌墙作为超深隔水帷幕，减小坑内外水力联系。考虑到本项目基坑面积大，南侧的环境保护要求相对较低，从经济性角度，南侧采用施工深度较小的三轴水泥土搅拌桩形成悬挂帷幕，减小基坑降水对周边环境的影响。围护体平面布置如图 5-40 所示。

等厚度水泥土搅拌墙深度 50m，厚度 800mm，剖面示意见图 5-41。采用三工序成墙工艺（即先行挖掘、回撤挖掘、成墙搅拌），对紧密砂层先行挖掘松动后，再行固化成墙搅拌。挖掘液采用钠基膨润土拌制，每立方米被搅土体掺入约 100kg 的膨润土。固化液采用 P. O 42.5 级普通硅酸盐水泥，水泥掺量不小于 25%，水灰比 1.5。水泥土墙体 28d 无侧限抗压强度标准值要求不小于 0.8MPa，渗透系数不大于 10^{-6}cm/s。水泥土搅拌墙垂直度偏差不大于 1/250，墙位偏差不大于 50mm，墙深偏差不得大于 50mm，成墙厚度偏差不得大于 20mm。

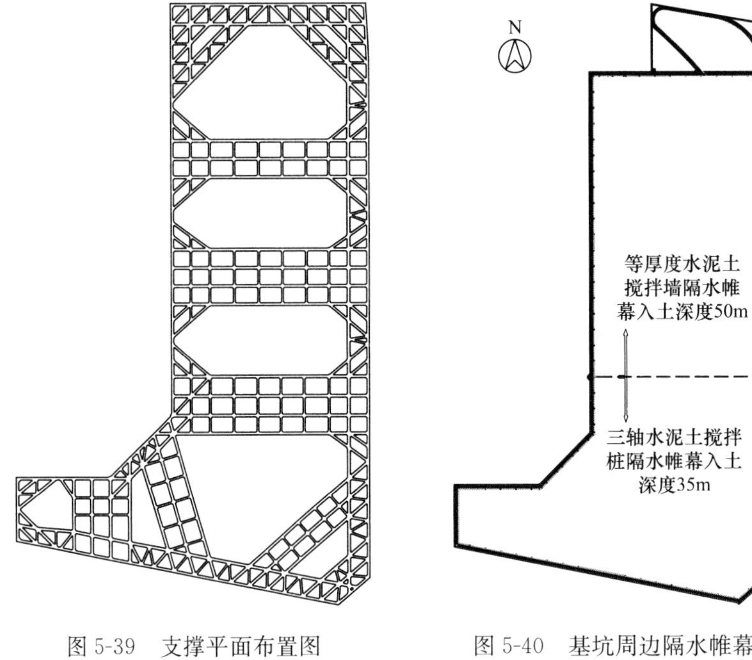

图 5-39　支撑平面布置图

图 5-40　基坑周边隔水帷幕平面布置示意图

5.3.4　实施效果

1. 实施概况

本工程水泥土搅拌墙需穿过约 40m 深厚密实粉砂层，施工难度大，采用三工序成墙工艺，每天施工工效约 4～6 延米/天。值得一提的是，本项目由于灌注桩先行施工，后续施工等厚度水泥土搅拌墙时碰到灌注桩扩孔导致切割箱被卡住的情形，影响了施工工效，因此对类似工程，应先施工等厚度水泥土搅拌墙，待水泥土搅拌墙达到一定强度后再施工灌注桩排桩。

2. 实施效果

等厚度水泥土搅拌墙施工完成后通过钻孔取芯对墙体的强度和抗渗性能进行了检测，具体检测成果可参见 4.3 节。根据取芯芯样，钻孔取芯芯样自上而下均较为完整，连续性好，破碎较小，芯样呈水泥土颜色，并且自上而下颜色较为均匀。成层地基土经整体切削喷浆搅拌形成的墙体取芯芯样强度自上而下较为均匀，各土层中芯样平均强度达到 3MPa，如图 5-42 所示。

基坑开挖阶段，围护体侧壁干燥，无渗漏水现象，也反映了等厚度水泥土搅拌墙隔水效果良好，如图 5-43、图 5-44 所示。基坑实施过程中对坑内外地下水水位进行了监测，图 5-45 为坑内外承压水观测曲线图。基坑北半区域采用等厚度水泥土搅拌墙作为超深隔水帷幕，在基坑降水过程中，坑外承压水的水位基本不变；南半区域环境保护要求较低，采用深度较浅的三轴水泥土搅拌桩悬挂帷幕，坑内外水位变化幅度比例最大约 3：1，也说明水泥土搅拌墙起到了很好的隔水效果。

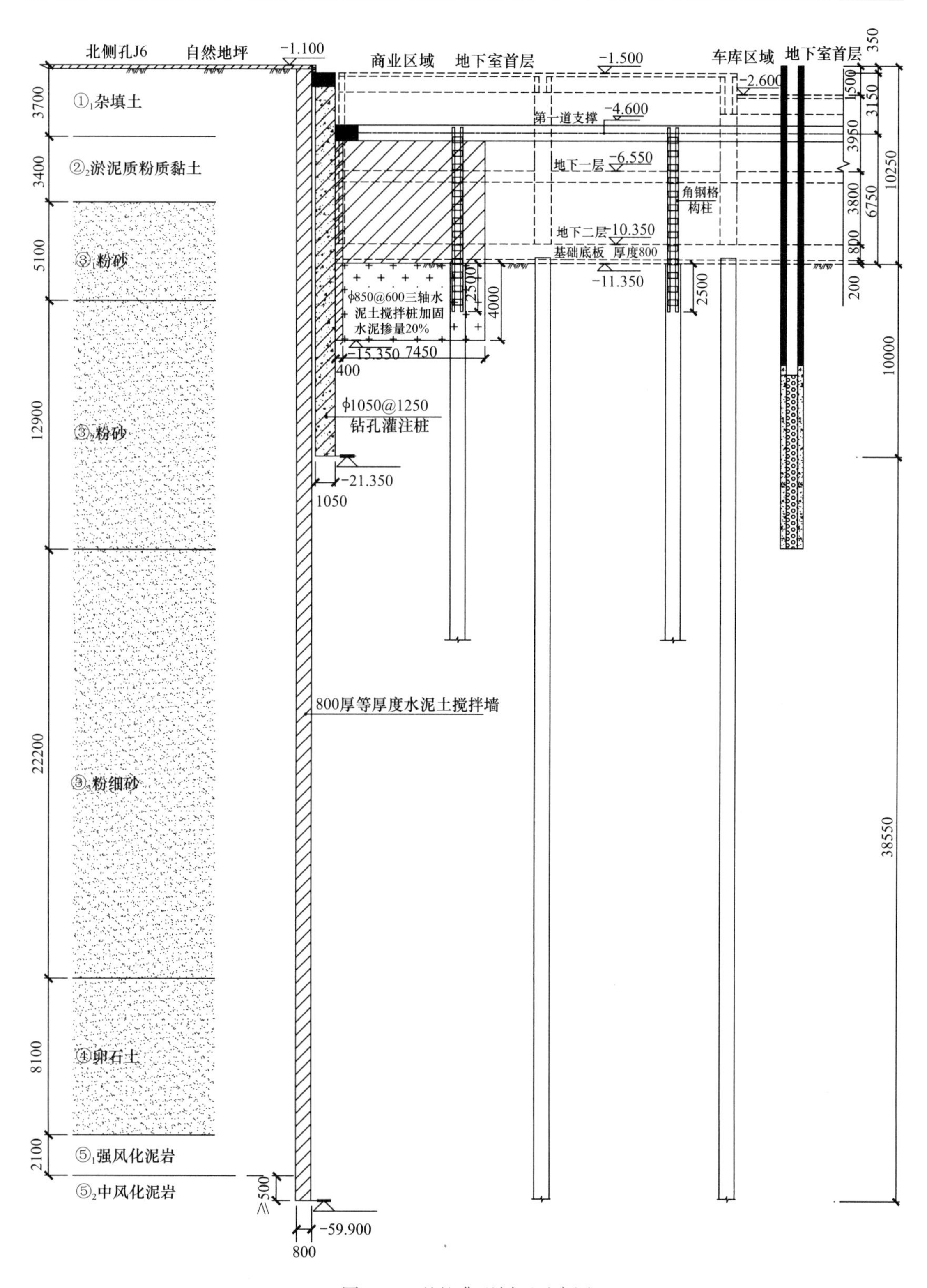

图 5-41　基坑典型剖面示意图

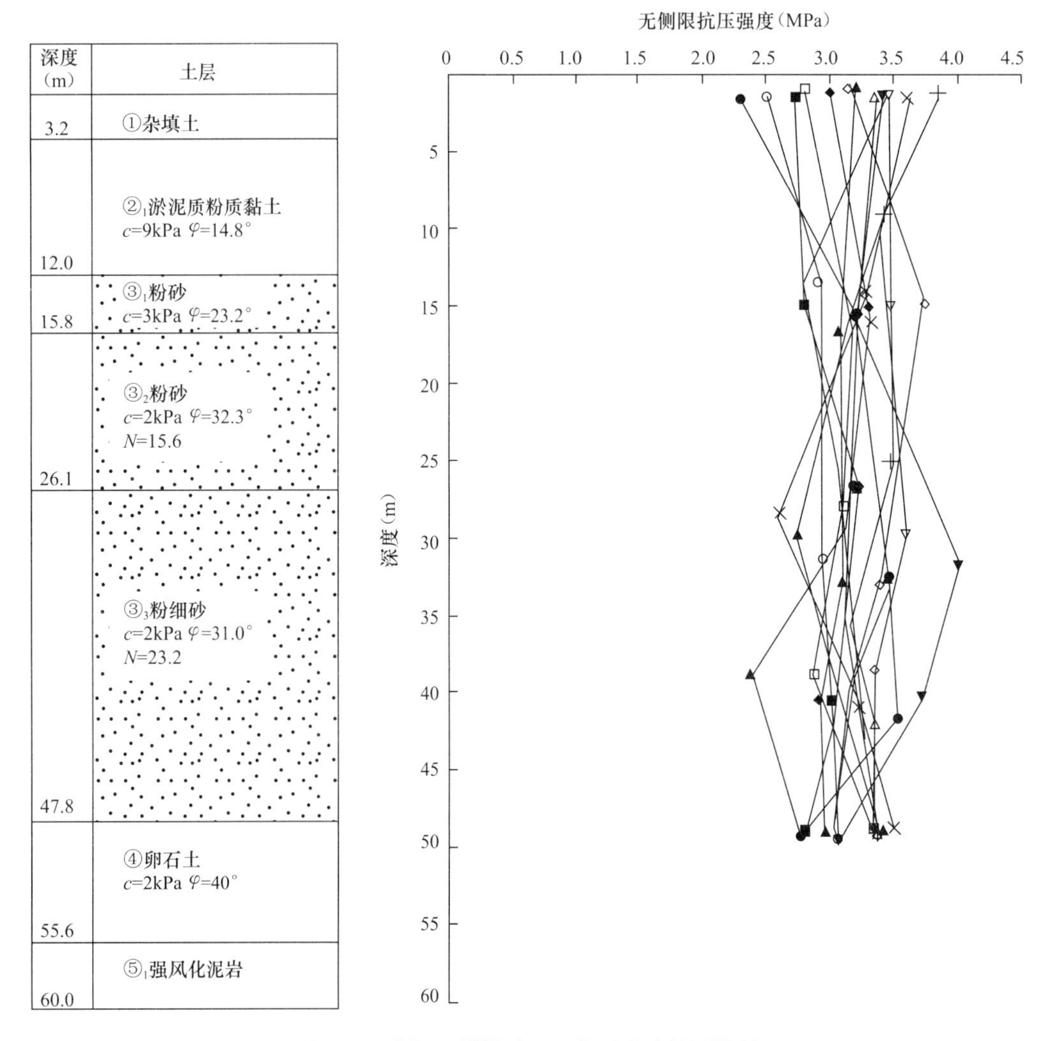

图 5-42　水泥土搅拌墙 28d 抗压强度检测结果

图 5-43　围护体侧壁实景

(a)

(b)

图 5-44 基坑开挖实景

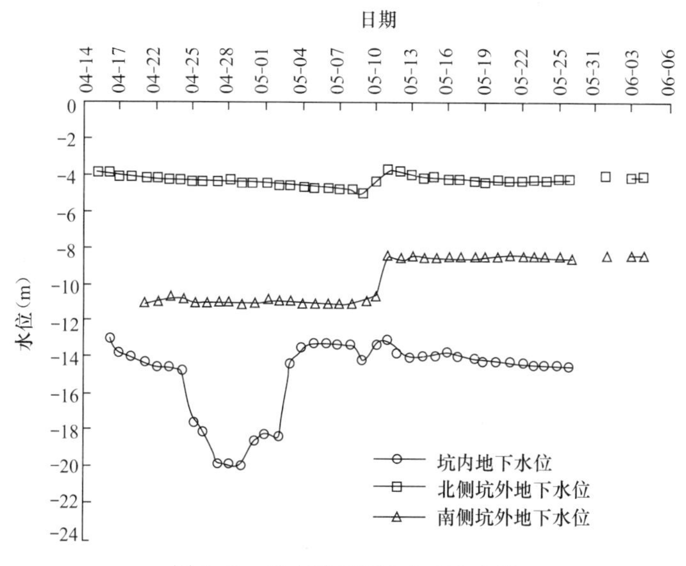

图 5-45 坑内外承压水位变化曲线

5.4 天津中钢响螺湾工程

5.4.1 工程概况

天津中钢响螺湾项目位于天津滨海新区海河南岸，地处滨河南路、滨河西路、坨场北道、滨河路合围地块内，本项目包含两幢高层建筑：一号塔楼 24 层，高 102.9m；二号塔楼 82 层，高 358m。整体设置四层地下室，基坑面积约 22900m^2，周长 585m，裙楼区挖深为 20.6m，塔楼区挖深为 24.1m，塔楼区电梯井深坑挖深达 27m。

基坑周边道路下市政管线密布，大量市政管线分布在一倍开挖深度范围内，主要有燃气、给水、电力、通信等管线，与本工程基坑最近市政管线与围护结构净距仅有 2m。场地北侧和南侧道路对面分别为在建的碧桂园凤凰酒店和金唐大厦，二者基本与本工程同步建设，且均在本工程基坑施工过程中均完成了地上、地下结构。基坑周边环境条件较复杂，环境保护要求较高。环境总平面图见图 5-46。

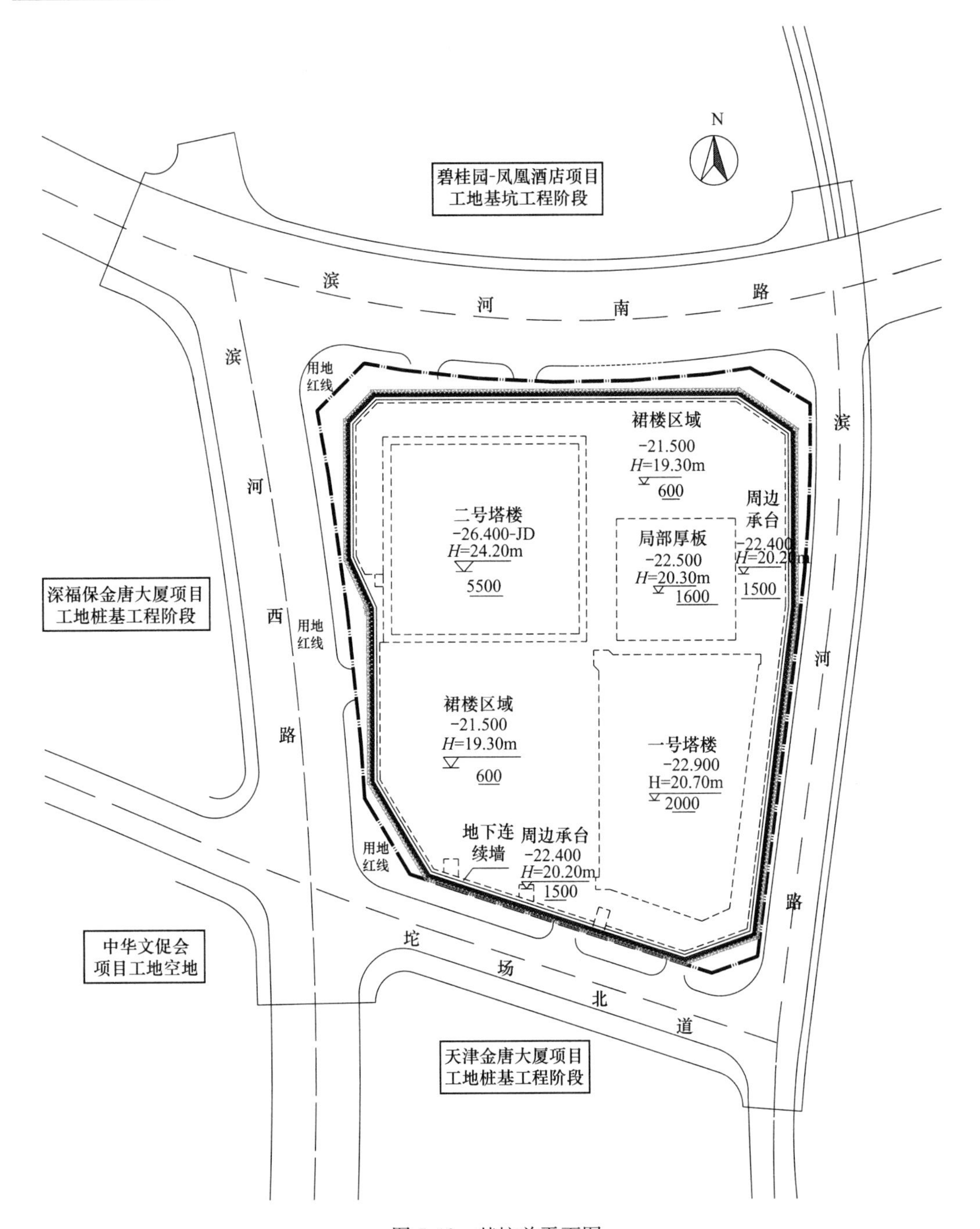

图 5-46　基坑总平面图

项目场地地表以下 24m 深度范围内以粉质黏土层为主；24～58m 深度范围主要为⑤层粉砂和⑥层粉细砂，为微承压含水层，水头埋深约为 8～9m，粉砂层标贯值 40 击，粉细砂层标贯值 75 击（部分区域达 88 击）。该层土厚度大、补给丰富、水量大。由于微承压含水层顶板已基本接近基坑底部，电梯井部位已经揭穿承压含水层，基坑开挖至基底上覆土重不足以抵抗微承压水的水压力，需采取降压措施保证基坑安全。场地典型地质剖面见图 5-47，土体主要物理力学指标见表 5-11。

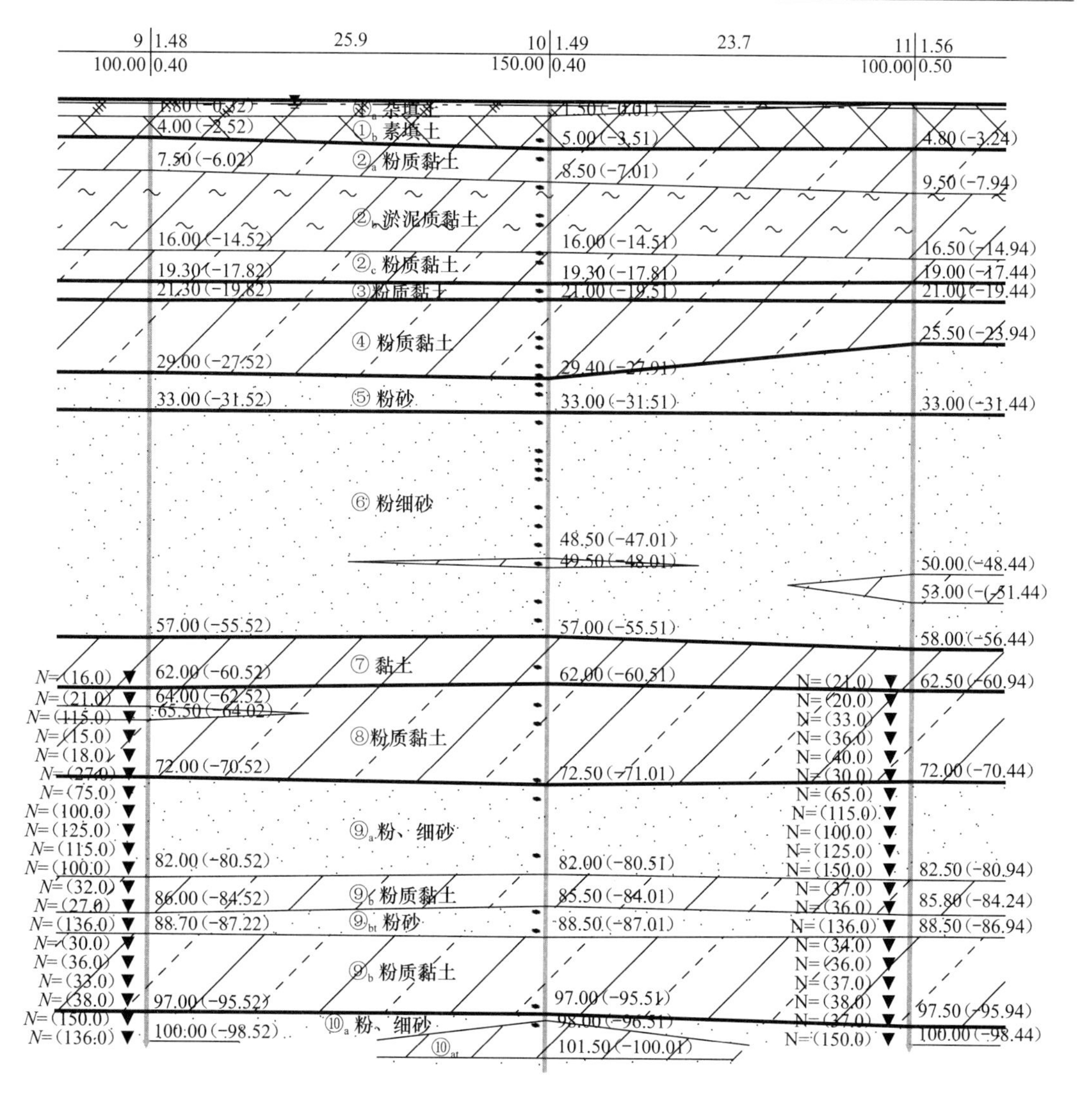

图 5-47　典型地层剖面

土层主要物理力学指标　　**表 5-11**

土层	土层名称	重度	固结快剪		渗透系数（cm/s）		渗透性
		γ（kN/m^3）	c（kPa）	φ（°）	k_V	k_H	
①b	素填土	19.0	7.92	11.65	6.0×10^{-7}	8.90×10^{-6}	微透水
②a	粉质黏土	18.9	12.14	22.53	1.4×10^{-6}	2.90×10^{-5}	弱透水
②b	淤泥质黏土	17.5	10.36	11.10	3.5×10^{-7}	4.20×10^{-7}	不透水
②c	粉质黏土	18.9	12.70	16.63	1.6×10^{-7}	6.40×10^{-6}	微透水
③	粉质黏土	19.7	12.90	20.69	8.4×10^{-6}	3.20×10^{-6}	微透水
④	粉质黏土	19.6	13.85	21.66	1.5×10^{-6}	4.10×10^{-6}	微透水
⑤	粉砂	20.1	6.81	37.63	2.6×10^{-4}	3.60×10^{-4}	弱透水
⑥	粉细砂	19.9	8.28	38.14	3.5×10^{-4}	4.90×10^{-4}	弱透水
⑦	黏土	19.0	30.71	16.07	—	—	—

5.4.2 基坑支护设计概况

本工程为超大面积深基坑工程，基坑支护结构总体采用了板式支护体系结合内支撑的方案，周边围护体采用钻孔灌注排桩，桩径 1250mm，有效桩长约 31m，东侧南半部和南侧排桩外侧均采用 700mm 厚 TRD 等厚度水泥土搅拌墙隔水帷幕，其余区域排桩外侧采用 ϕ850@600 三轴水泥土搅拌桩隔水帷幕，隔水帷幕深度均为 45m。基坑内竖向设置四道钢筋混凝土满堂水平支撑体系，采用圆环支撑结合中部对撑的布置形式。二号塔楼紧邻基坑边区域局部设置第五道型钢支撑。基坑支护体系如图 5-48、图 5-49 所示。

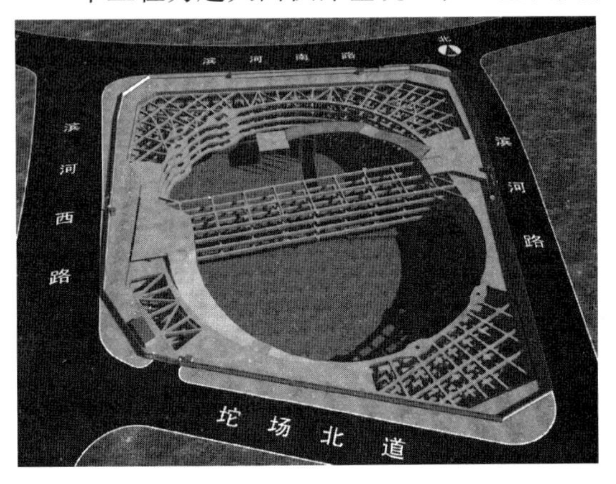

图 5-48 基坑支护结构三维示意图

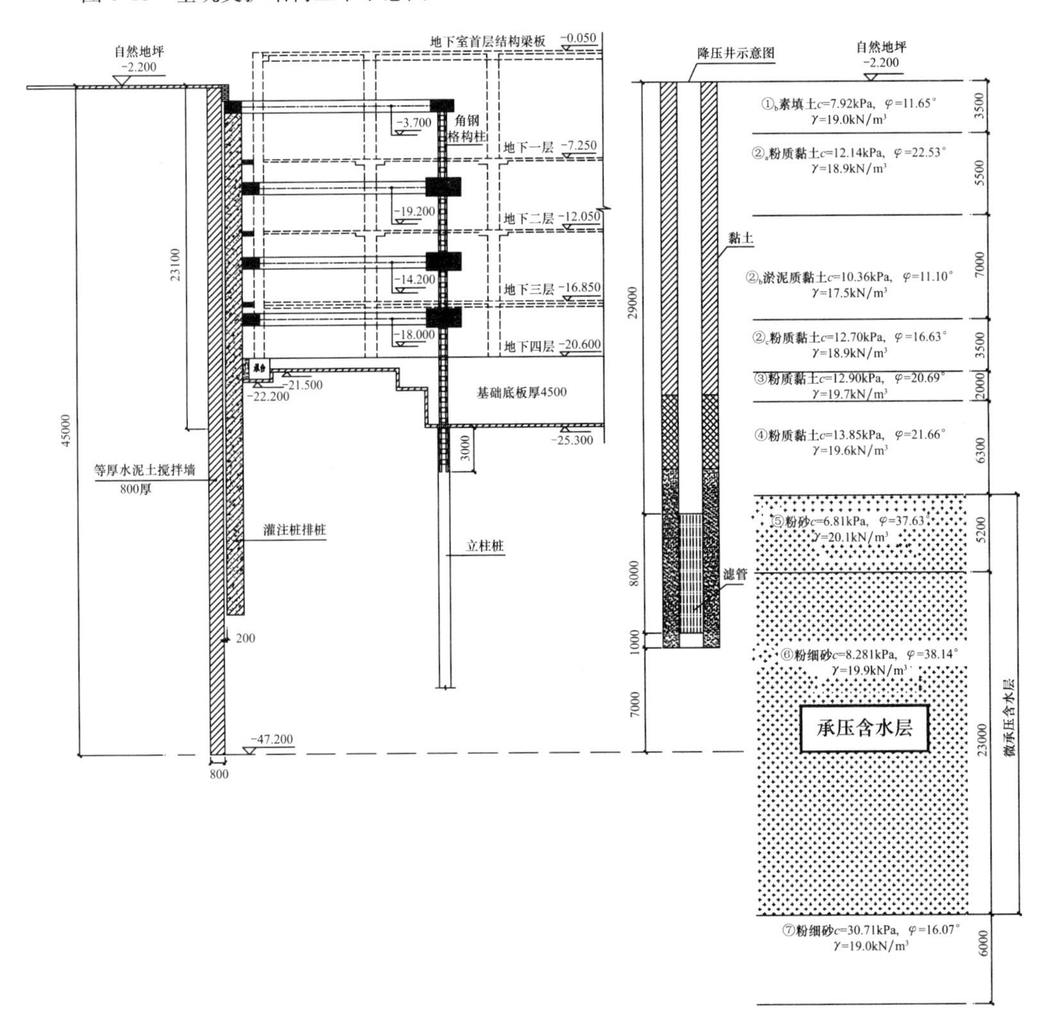

图 5-49 基坑支护结构剖面图

5.4.3　等厚度水泥土搅拌墙设计

本工程微承压含水层（⑤层粉砂、⑥层粉细砂）厚度大，层底埋深约 58m，如完全隔断微承压含水层，隔水帷幕深度将超过 60m，且需穿越标贯值高达 40 击的粉砂和 75 击以上的粉细砂层。综合考虑基地周边环境条件、工程造价和施工可行性，本工程采取悬挂式隔水帷幕结合坑内降压措施。结合开挖工况将坑内微承压水水头降至安全标高，裙楼区域微承压水头降深约为 6m，二号塔楼区域微承压水头降深约为 20m。悬挂式隔水帷幕底部需加深至降压井滤头底部以下一定深度，形成相对的隔水边界，增加微承压水的绕流补给路径，以防止坑内降压井直抽坑外微承压水，提高坑内降压效率、减小对周边环境的影响。本工程采用 45m 深超深悬挂隔水帷幕，由于需进入深厚密实的砂层中成墙，超深隔水帷幕选用了 700mm 厚的等厚度水泥土搅拌墙，水泥掺量为 25%。基坑围护体平面布置如图 5-50 所示。

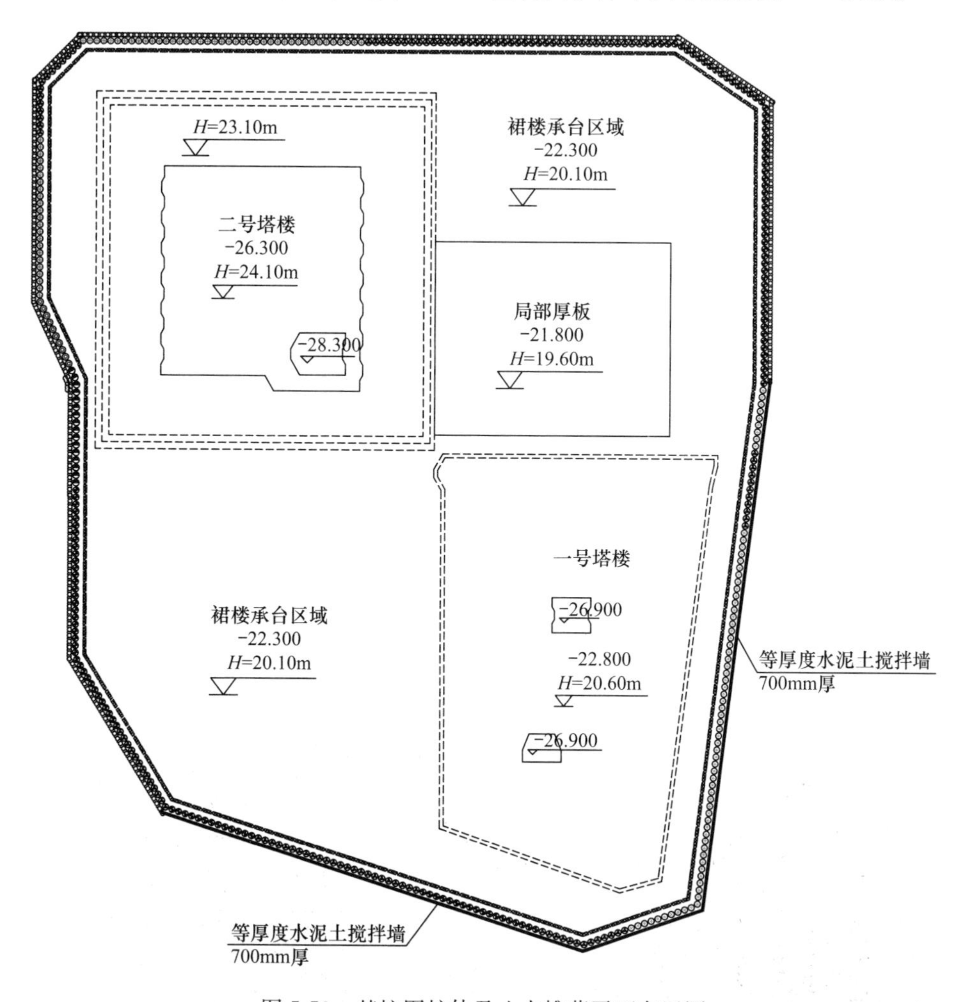

图 5-50　基坑围护体及止水帷幕平面布置图

5.4.4　试成墙试验

本工程隔水帷幕采用等厚度水泥土搅拌墙，深度达 45m。由于水泥土墙体需穿过软黏土进入标贯值达 72 击（部分高达 88 击）的密实粉砂、粉细砂层，为检验施工设备的能力、施工可行性以及成墙质量，确定实际采用的膨润土、水泥掺量，挖掘液、固化液配比，挖掘速度、成桩步骤等施工参数，在等厚度水泥土搅拌墙正式施工前开展了试成墙试验。

试验墙体长度为 5m，深度 45m，墙厚 700mm，如图 5-51 所示。挖掘液拌制采用钠基膨润土，膨润土掺量为 25kg/m³，水灰比 20；固化液拌制采用 P. O 42. 5 级普通硅酸盐水泥，水泥掺量为每立方米土重量的 25%，水灰比 1. 5。采用三工序成墙工艺。

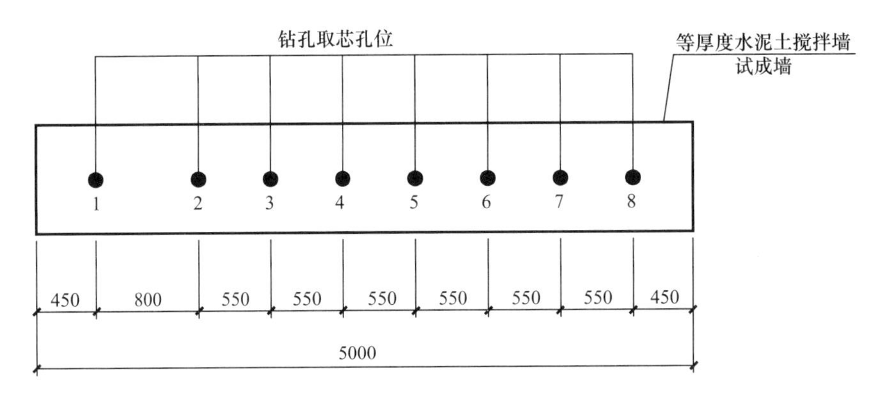

图 5-51　试成墙平面布置及取芯检测孔位布置图

表 5-12 为试成墙实施完成后取芯检测结果，取芯芯样为灰色柱状、较硬、灰量正常，水泥土搅拌均匀，14 天和 28 天无侧抗压强度标准值均满足要求，28 天芯样强度达到 1. 6MPa。

试成墙钻孔取芯试验结果汇总　　　　表 5-12

项目 \ 试验天数	14 天钻孔取芯	28 天钻孔取芯
芯样编号	T2、T4、T6、T8	T1、T3、T5、T7
平均值（MPa）	1. 47～1. 57	1. 64～1. 66
标准差	0. 18～0. 24	0. 19～0. 30
变异系数	0. 15～0. 20	0. 15～0. 23
最小值（MPa）	0. 98（7～8m，淤泥质黏土）	0. 98（7～8m，淤泥质黏土）
最大值（MPa）	2. 28（38～45m，粉砂、粉细砂）	2. 37（38～45m，粉砂、粉细砂）

（a）

（b）

图 5-52　试成墙施工实景

5.4.5　实施效果

等厚度水泥土搅拌墙的施工采用三工序成墙工艺，根据试成墙试验，正式墙体施工挖掘液混合泥浆的流动度控制在160～190mm，固化液混合泥浆的流动度控制在190～230mm。墙体实施先行挖掘效率0.5～1.0m/h，成墙搅拌效率2.0～2.4m/h，成墙工效约7m/d，置换土发生率约70%。等厚度水泥土搅拌墙隔水帷幕养护28天后进行了取芯检测，如图5-53所示，根据芯样强度试验结果，整个深度范围墙体的水泥搅拌均匀，芯样成形良好，不同深度芯样强度平均值介于1.24～1.41MPa，取芯检测结果可参见4.3节。

(a)　(b)　(c)　(d)

图5-53　水泥土搅拌墙28天取芯芯样

基坑开挖阶段，如图5-54所示，围护排桩侧壁干燥，无渗漏水现象，说明等厚度水泥土搅拌墙墙身隔水效果良好。基坑实施过程中对基坑外潜水位及承压水位进行监测。图5-55为基坑实施过程中基坑外潜水位及承压水位的变化情况，图中纵坐标为坑外水位绝

(a)　(b)

图5-54　基坑开挖实景

对标高，横坐标为施工日期。该项目场地承压水初始水头埋深约 13.8m，基坑开挖至基底时，坑内承压水水位降深最大约 14m。基坑降水期间，坑外潜水位基本无变化。由于该项目承压水层埋深大，水泥土搅拌墙未完全隔断承压含水层，坑外承压水位有所下降，最大降深小于 7m；坑内外承压水位降深比约 2：1，超深等厚度水泥土搅拌墙作为悬挂式帷幕隔水效果明显。

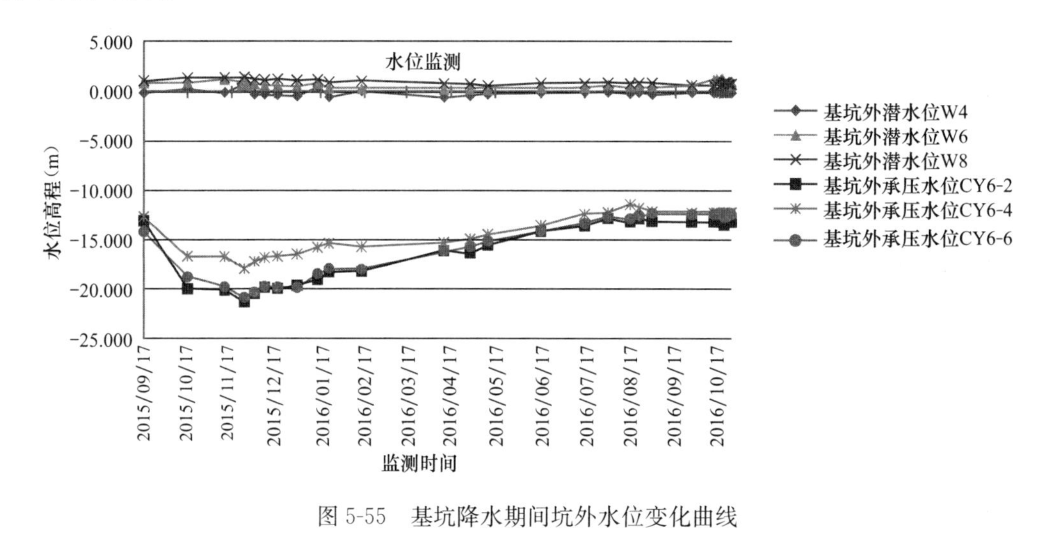

图 5-55　基坑降水期间坑外水位变化曲线

5.5　上海奉贤中小企业总部大厦工程

5.5.1　工程概况

上海奉贤中小企业总部大厦位于上海市奉贤区南桥镇育秀路南侧、望园南路西侧。主体建筑包括一幢 40 层的办公塔楼和 4 层裙楼，办公塔楼位于基地西北角。塔楼区域设置 2 层地下室，裙楼区域设置 1 层地下室。基坑总面积约为 23000m^2，其中地下二层区域基坑面积约为 8000m^2，开挖深度约为 11.85m，地下一层区域基坑面积约 15000m^2，开挖深度约为 5.95m。

本工程东侧为城市交通主干道望园南路，基坑围护结构与道路边线距离约为 13.6m。道路下埋设有光缆、电缆及污水管等市政管线，其中距离最近的管线与基坑净距约为 8.1m。本项目实施期间，场地南侧及西侧为待建空地，环境条件宽松；北侧为在建的道路育秀路，尚未通车，与围护结构最小距离约为 6.4m。总体而言除东侧有一定的保护要求，其余侧环境保护要求一般。基坑环境总平面图如图 5-56 所示。

本工程场地属于滨海平原地貌类型，自地表往下土层依次为：①$_1$ 层素填土、①$_2$ 层浜底淤泥、第②层褐黄—灰黄色粉质黏土、③层灰色淤泥质粉质黏土、③$_t$ 层灰色砂质粉土、④层灰色淤泥质黏土、⑤$_{1-1}$层灰色黏土、⑤$_t$ 层灰色粉砂、⑤$_{1-2}$层灰色粉质黏土、⑥层暗绿—草黄色粉质黏土。地表以下 13m 深度范围内主要为软塑的粉质黏土和流塑淤泥质黏土，13～19m 深度范围为第⑤$_t$ 层粉砂微承压水层，25～28m 深度范围为相对隔水层第⑥层粉质黏土层，场地典型土层分布如图 5-57 所示，各土层的主要物理力学指标如表 5-13 所示。

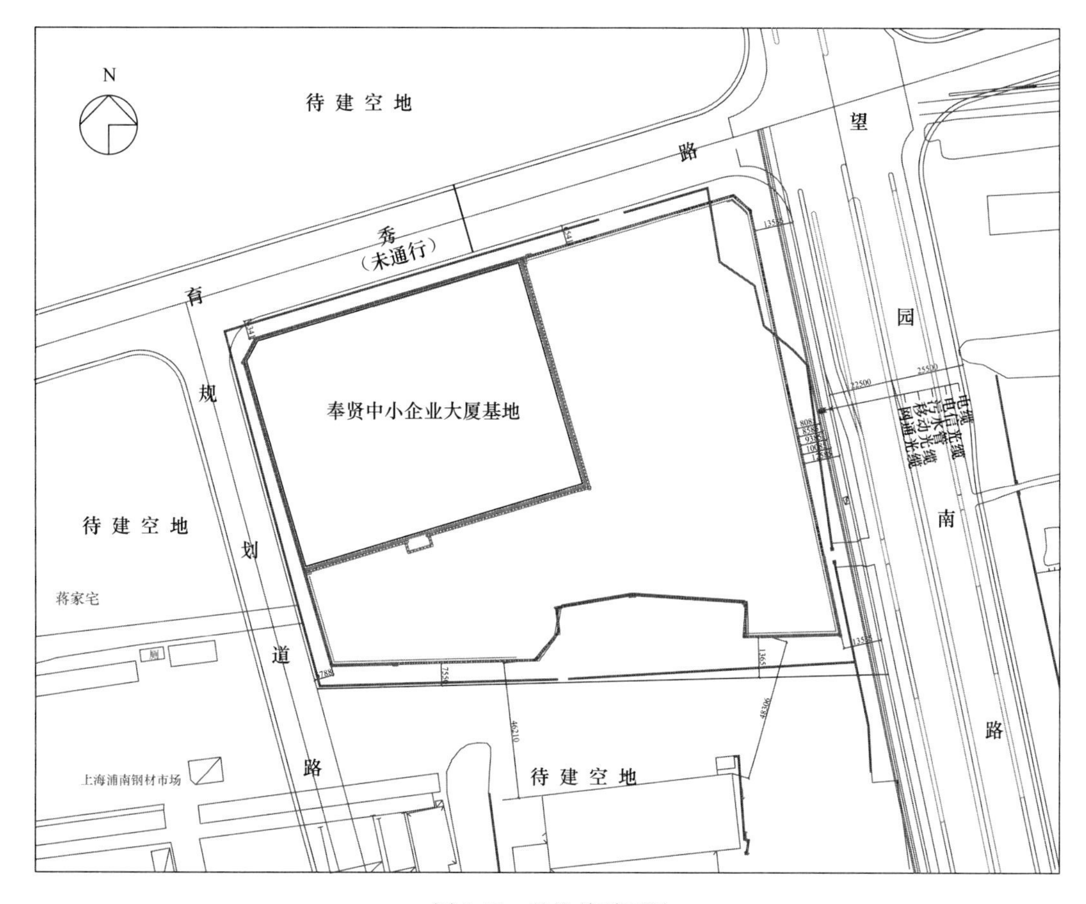

图5-56 基坑总平面图

场地内浅层地下水属潜水，水位埋深0.5～1.60m。基坑影响范围内主要分布有第⑤$_t$层、第⑦层两个承压含水层：第⑤$_t$层为微承压含水层，水头埋深5.6～6.1m；第⑦层为第一承压含水层，水头埋深为3～11m。本项目地下一层区域开挖至普遍基底时，基坑底部土体抗承压水的稳定性验算均满足要求；地下二层区域开挖至普遍基底时，基坑底部土体抗第⑤$_t$层承压水的稳定性安全系数不满足要求，需要对第⑤$_t$层承压水采取降压措施以确保基坑安全。

5.5.2 基坑支护设计概况

本工程基坑总体采用"分区顺作"的实施方案，考虑到基坑开挖深度小于12m，总工期相对较短，采用型钢水泥土搅拌墙作为围护结构，可以满足基坑安全和周边环境保护要求，同时在本项目工期内型钢租赁经济性较好，因此基坑周边采用型钢水泥土搅拌墙作为围护结构。地下二层与地下一层交界区域临时隔断围护结构采用钻孔灌注排桩结合外侧隔水帷幕，以便后期临时隔断凿除及两个区域的地下结构连接。

本项目实施阶段，型钢水泥土搅拌墙成墙工艺主要有SMW工法和TRD工法，TRD工法型钢水泥土搅拌墙技术在上海地区尚未应用。为验证TRD工法型钢水泥土搅拌墙在上海软土地区的适用性，同时考虑地下二层区域面临承压水控制问题，要求围护体具有较好的隔水性能，在地下二层区域北侧及西侧采用由TRD工法构建的等厚度型钢水泥土搅

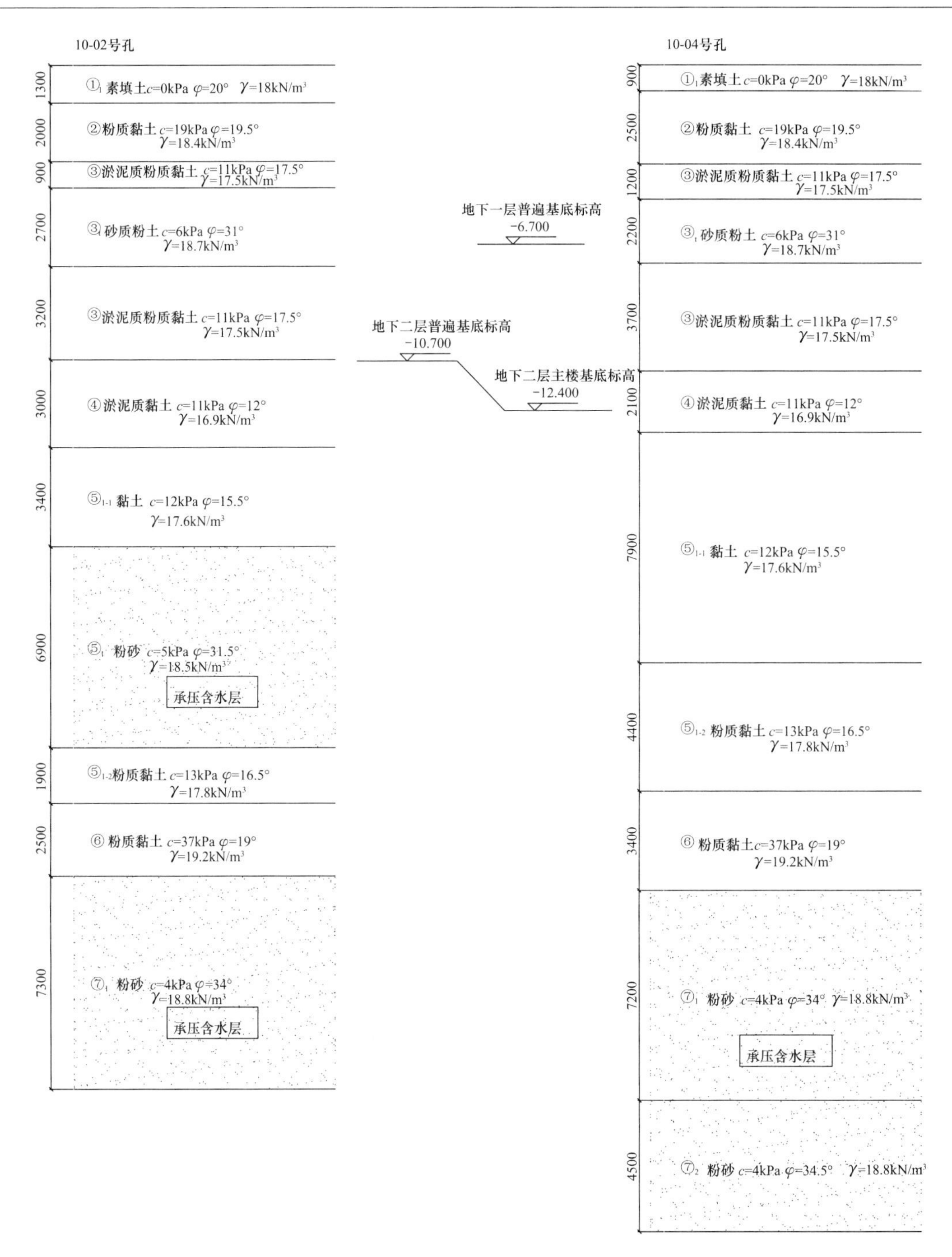

图 5-57　场地典型土层分布

土层主要物理力学指标　　**表 5-13**

土层	重度 γ(kN/m³)	c(kPa)	φ(°)	渗透系数 k(cm/s)
②粉质黏土	18.4	19	19.5	1.3×10^{-6}
③淤泥质粉质黏土	17.5	11	17.5	1.5×10^{-6}

续表

土层	重度 γ(kN/m³)	c(kPa)	φ(°)	渗透系数 k(cm/s)
③$_t$ 砂质粉土	18.7	6	31.0	1.1×10^{-4}
④淤泥质黏土	16.9	11	12.0	1.5×10^{-7}
⑤$_{1\text{-}1}$ 黏土	17.6	12	15.5	1.5×10^{-6}
⑤$_t$ 粉砂	18.5	5	31.5	5.0×10^{-3}
⑤$_{1\text{-}2}$ 粉质黏土	17.8	13	16.5	5.0×10^{-6}
⑥粉质黏土	19.2	37	19.0	3.0×10^{-6}

拌墙，地下一层区域外围围护结构采用常规 SMW 工法三轴搅拌桩型钢水泥土搅拌桩，各区域支护结构平面布置如图 5-58 所示。地下二层区域坑内设置两道钢筋混凝土圆环水平支撑体系（圆环直径 72m）；地下一层区域，坑内设置一道钢管斜撑，如图 5-59 所示。

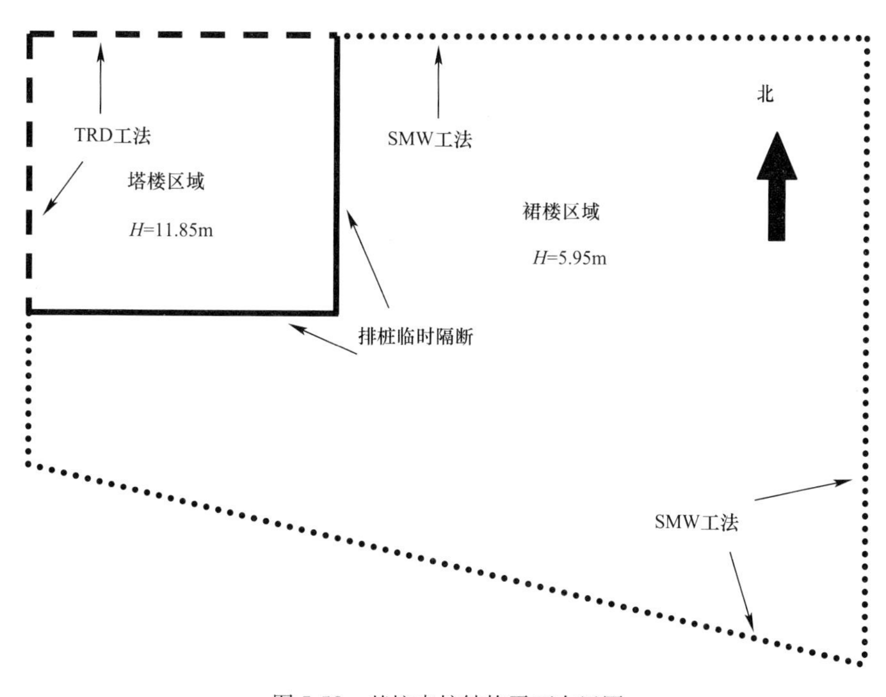

图 5-58 基坑支护结构平面布置图

5.5.3 等厚度水泥土搅拌墙设计

本工程地下二层区域北侧、西侧型钢水泥土搅拌墙采用 850mm 厚的等厚度水泥土搅拌墙，内插 H700×300×13×24@900 型钢，插入深度为 10.5m 可满足基坑稳定性要求，型钢水泥土复合围护结构相关计算和承载力验算可参见 2.5 节。由于⑤$_t$ 层微承压水含水层埋深较浅，水泥土搅拌墙嵌入隔水性较好的⑥层黏土中，墙底埋深 26.5m，完全隔断微承压含水层，地下二层区域开挖过程中对⑤$_t$ 层进行疏干降水，减小抽降承压水对周边环境的影响。因等厚度水泥土搅拌墙采用 P.O 42.5 级普通硅酸盐水泥，水泥掺量为 25%，水灰比为1.5，28天龄期无侧限抗压强度标准值要求不小于0.8MPa。等厚度型钢水泥土搅拌墙节点构造图及剖面图分别如图5-60、图5-61所示。

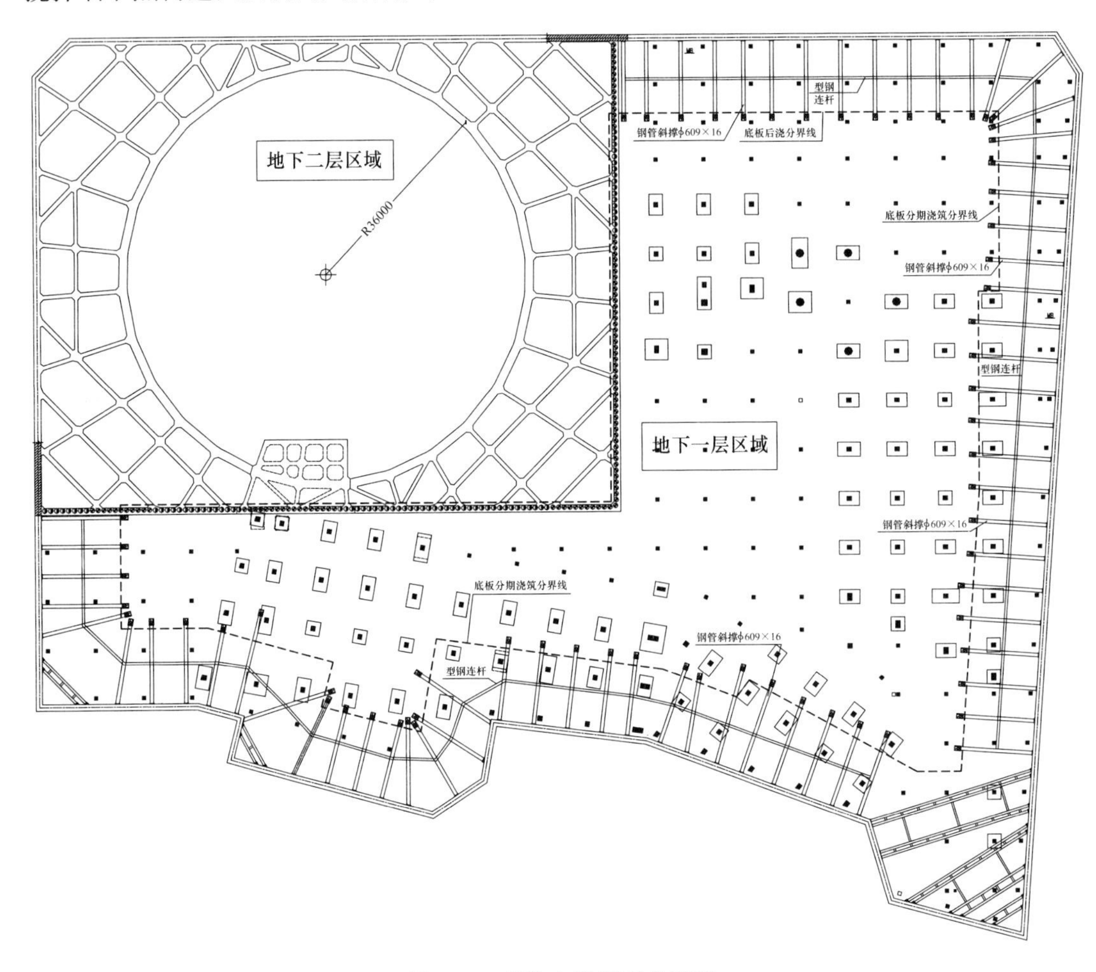

图5-59 基坑支撑平面布置图

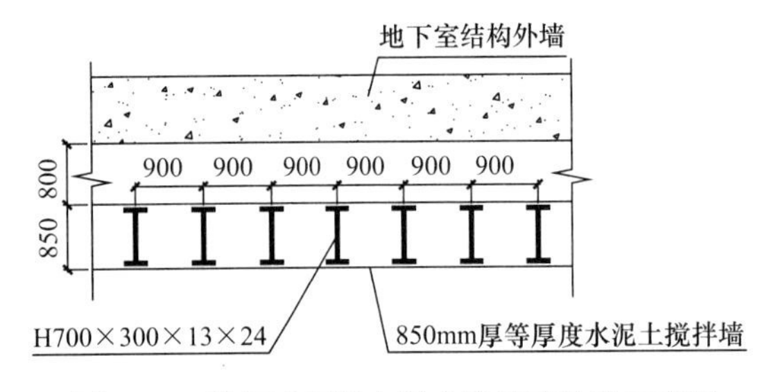

图5-60 等厚度型钢水泥土搅拌墙构造示意图

5.5.4 试成墙试验

1. 试成墙设计

本工程为TRD工法等厚度型钢水泥土搅拌墙在上海地区的首次应用，在正式施工之前进行现场试成墙试验，以确定下述施工参数：搅拌墙的施工工序；切割挖掘推进速度、回撤挖掘推进速度、喷浆成墙推进速度；搅拌墙挖掘液膨润土掺量、水灰比、流动度；固化液水泥掺量、水灰比、流动度；施工过程切割箱垂直度、成墙垂直度；型钢插拔的难易程度、垂直度等。

现场非原位试验试验段墙幅长度为6m，墙厚850mm，墙身有效长度26.5m。在试验墙段施工过程中插入两根试验型钢，检验型钢插拔的可行性。挖掘液拌制采用钠基膨润土，每立方被搅拌土体掺入100kg/m^{3}膨润土，水泥掺量为25%，水灰比为1.5。在试验墙段施工过程中顺利插入了两个试验型钢。养护 28d 后，对试验墙段进行了钻孔取芯检测，并将试验型钢顺利拔出。试验段墙体及钻孔取芯平面布置如图 5-62 所示。

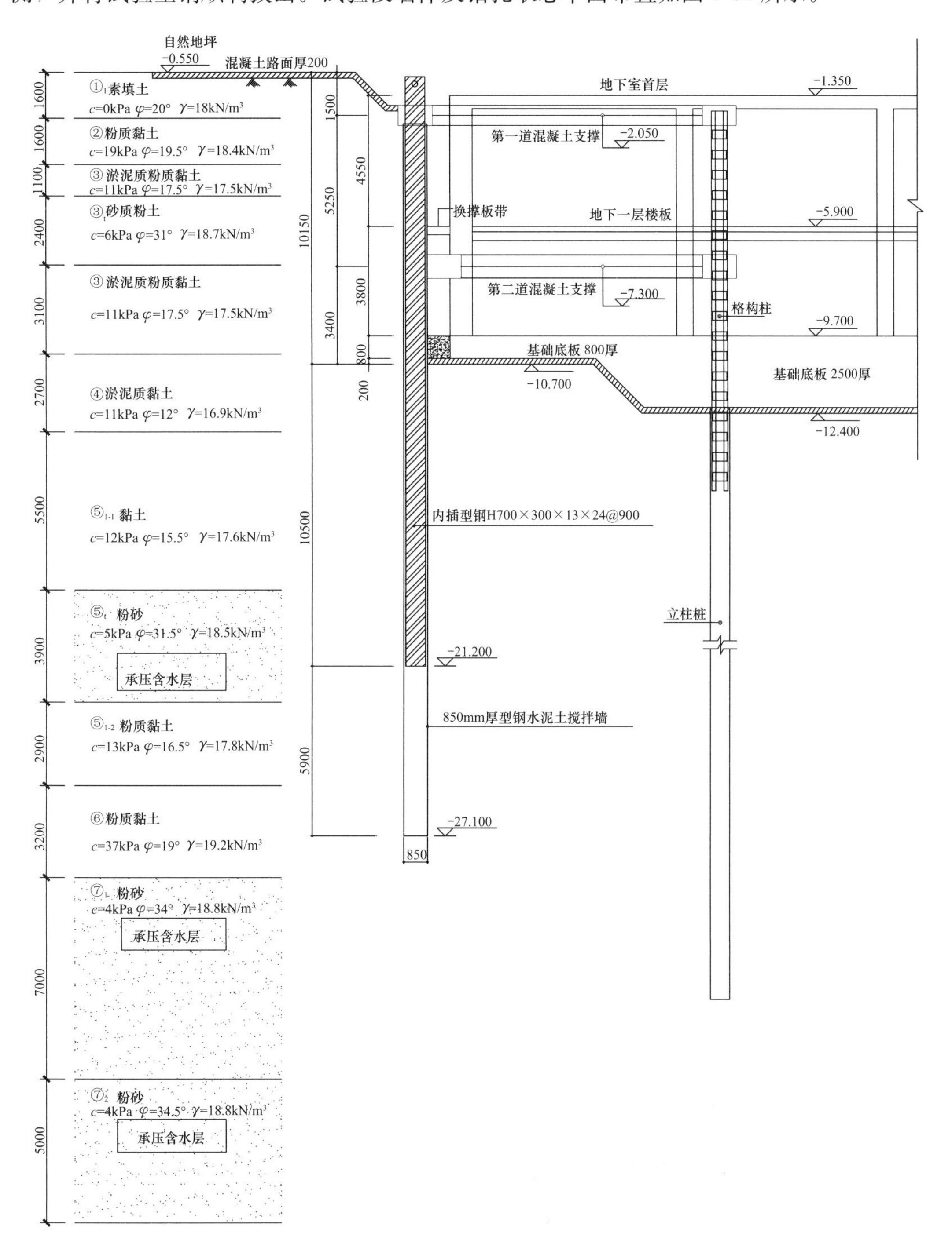

图 5-61　地下二层区域支护结构剖面图

2. 试成墙施工参数

通过试成墙试验确定了如表 5-14 所示施工参数，为正式墙体施工提供了参考。

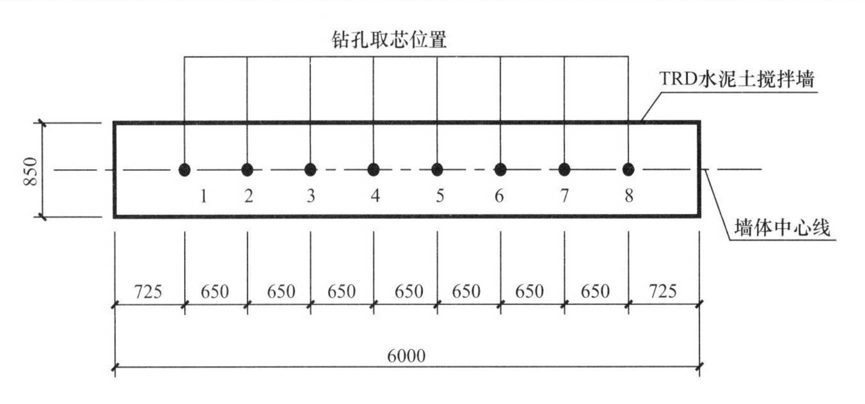

图 5-62　试成墙取芯孔平面布置图

水泥土搅拌墙施工参数表　　**表 5-14**

序号	项目	施工参数
1	挖掘液膨润土	100kg/m³，水灰比 3.3～20（1000kg 水＋50～300kg 膨润土）
	固化液	P.O 42.5 级普通硅酸盐水泥，水泥掺量 25%，水灰比 1.2～1.5
2	切割箱体（8 节）	1 节 3.5m 被动轮＋3 节 3.65m 切割箱＋1 节 2.44m 切割箱＋3 节 3.65m 切割箱（总长 27.84m，余尺 1.24m）
3	挖掘液混合泥浆流动度	160～240mm
4	固化液混合泥浆流动度	150～280mm

3. 试成墙检测

试验墙段芯样照片及取芯强度检测结果分别如图 5-63、图 5-64 所示。取芯检测结果表明，TRD 工法试成墙段墙体在竖直方向上连续，土质均匀性较好，各孔芯样平均无侧限抗压强度基本大于 0.8MPa。试成墙试验结果验证了在本工程地质条件下等厚度水泥土搅拌墙的施工可行性，同时通过试验确定了水泥掺量、水灰比、切割速度、水平向成墙速度等施工参数。

图 5-63　墙体取芯照片

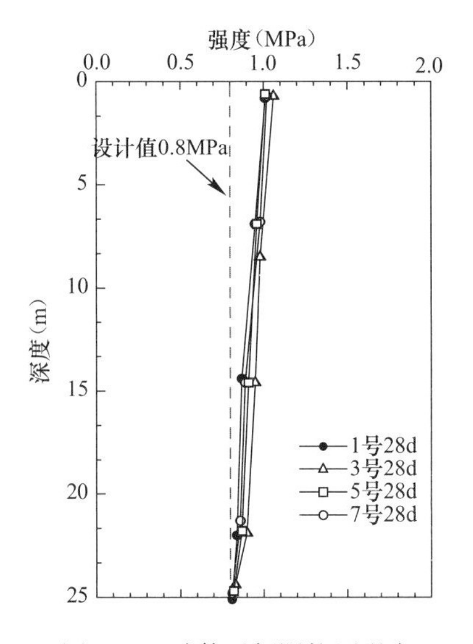

图 5-64　墙体无侧限抗压强度

5.5.5　实施效果

等厚度水泥土搅拌墙采用三工序成墙施工工艺（即先行挖掘、回撤挖掘、搅拌成墙）。等厚度水泥土搅拌墙的垂直度不大于1/200，墙位偏差不大于50mm，墙深偏差不得大于50mm，成墙厚度偏差不得大于20mm。每天可成墙10～12m/d，水平掘进速度为40～50min/m，回撤速度为0.5h/2m，喷浆成墙速度为20～25min/m。在养护28d后对水泥土搅拌墙进行了取芯检测。墙体在竖直方向水泥搅拌均匀，芯样成形良好，胶结度较好，各土层中芯样的强度平均值0.85～1.19MPa，总体较为均匀，墙体取芯检测结果可参见第4章4.2节。

基坑实施阶段从开挖暴露面观察，型钢水泥土搅拌墙墙面平整，侧壁干燥，无渗漏水现象，等厚度型钢水泥土搅拌墙墙体实景照片、基坑开挖全景照片分别如图5-65、图5-66所示。

图5-65　基坑开挖水泥土墙体实景

图5-66　基坑开挖至基底工况全景

基坑实施过程中开展了全过程监测，监测数据表明，基坑开挖及降水期间，坑外水位基本无变化，围护结构和周边环境沉降变形处于可控范围。图5-67为等厚度型钢混凝土搅拌墙

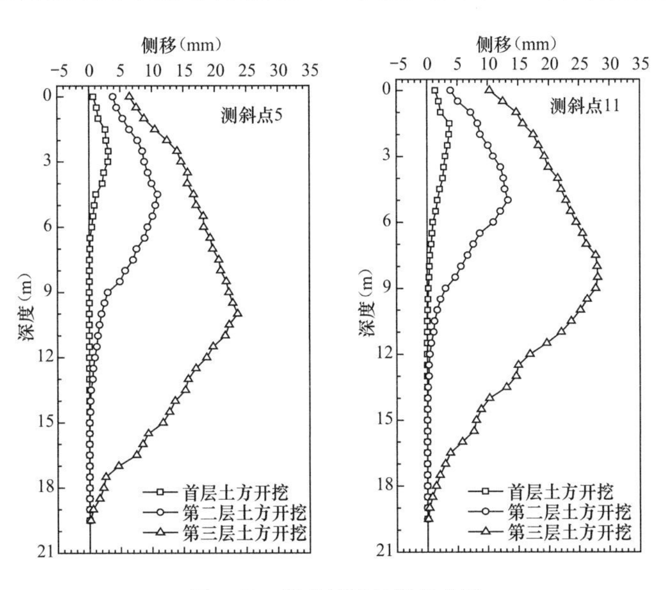

图5-67　围护墙墙身测斜曲线

在基坑开挖过程中的侧向变形曲线，从图中可看出，墙体最大侧向变形不大于30mm，计算最大变形约35mm，实测数据与理论计算结果接近。图5-68为坑外水位随时间变化曲线，可见坑外地下水位在基坑实施过程中变化幅度较小，最大变化值为35mm，说明水泥土搅拌墙隔水帷幕的封闭性好，起到了很好的隔水效果。本工程等厚度型钢水泥土搅拌墙在上海地区基坑工程的成功应用，为该技术在软土地区进一步推广应用提供了参考。

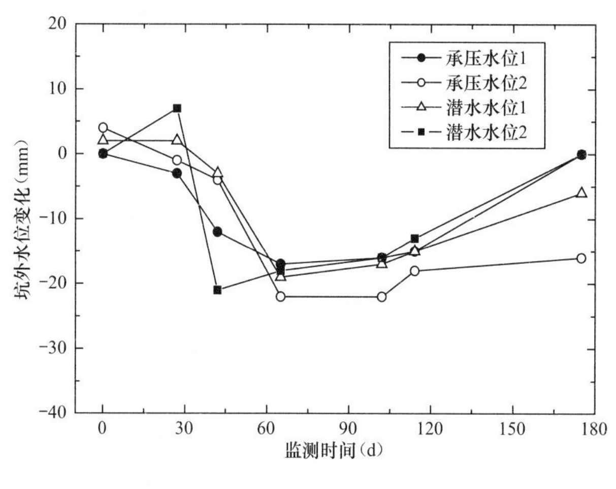

图5-68 坑外水位观测曲线

5.6 江西南昌绿地中央广场工程

5.6.1 工程概况

南昌绿地中央广场项目位于南昌市红谷滩中心区，整个项目主要由A、B、C和D区等四个紧邻地块组合而成，如图5-69所示，图中标注的各区域建设状态为相对进度，目前本项目已实施完成，本节重点阐述A1区和D区的支护方案，其中A1区位于整个项目的西侧中部，D区位于整个项目的东侧。A1区基坑施工前，项目B区、C区已经建设完成。A1区基坑施工完成后进行D区基坑施工，最后进行A2区基坑施工。

A1区地块由两栋超高层塔楼及部分商业裙房组成，塔楼地上60层，裙楼地上4层，整体设置3层地下室，采用桩筏基础。基坑面积约14000m²，周长约440m。裙楼区基坑开挖深度约15.45m，塔楼区域基坑开挖深度约17.45m。D区基坑总面积约37000m²，基坑周长约1000m，东西宽92m，南北长约425m，成南北向狭长形矩形分布。其中，南部地下二层区域基坑面积约28000m²，基坑开挖深度约10～11m，北部地下一层区域基坑面积约9000m²，基坑开挖深度约6m左右。该工程A1区西侧的丰和大道和D区东侧的红谷大道、南侧的世贸路均为城市交通主干道，道路下有大量市政管线，周边环境保护要求较高。

本工程场地地貌类型属赣抚冲积平原，地处赣江Ⅰ级阶地与高漫滩交接地段，场地典型土层剖面如图5-70所示。场地浅层约10m深度范围内主要为填土和黏性土，在10～22m深度范围内分布有深厚的砂层，该层由浅到深依次为松散—稍密的细砂、中密的粗砂、中密的

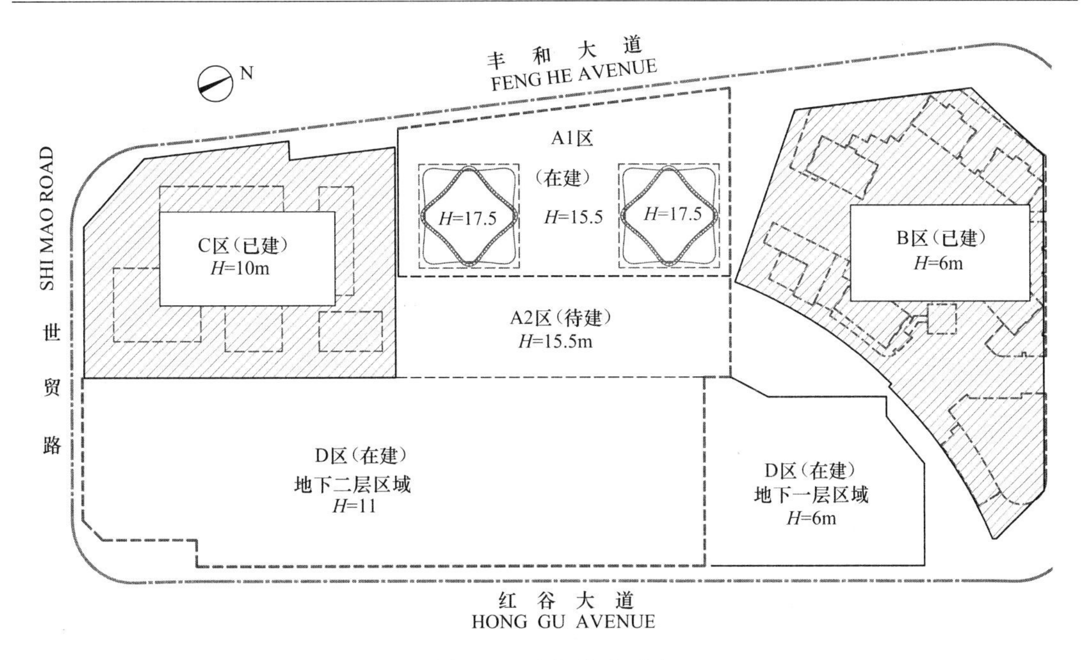

图 5-69　基坑总平面图

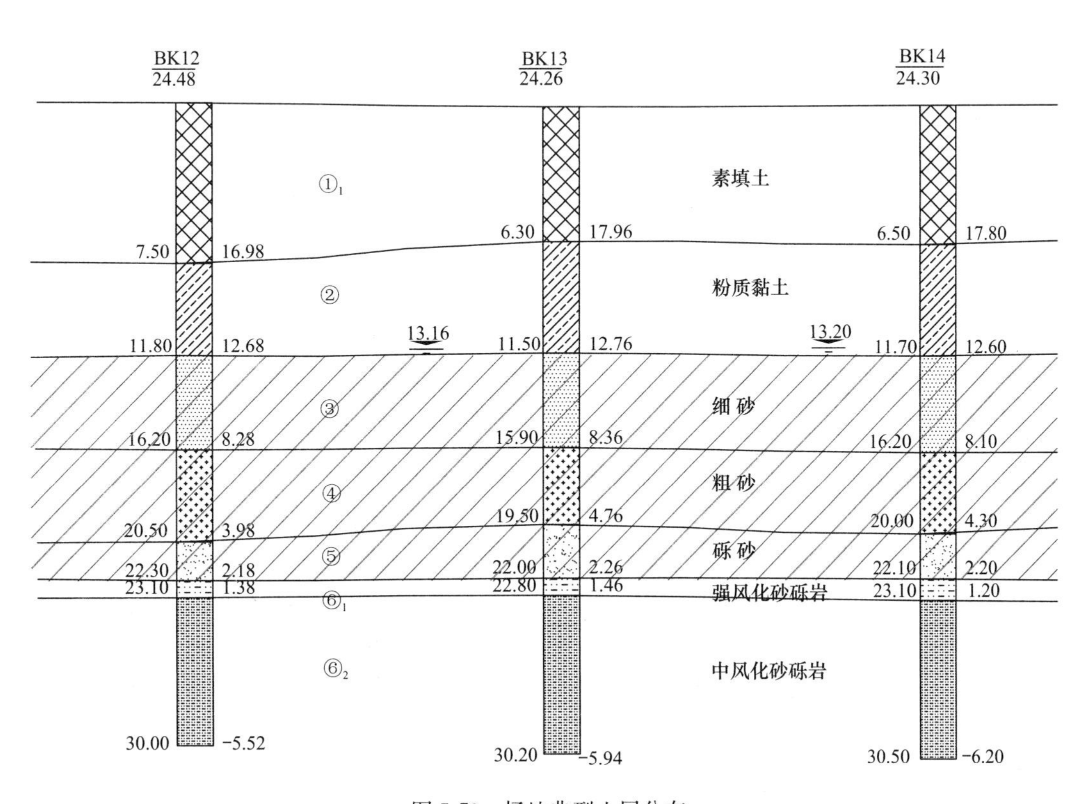

图 5-70　场地典型土层分布

砾砂层，砾砂层下部卵砾石含量相对较高，卵石粒径一般为 2～5cm。砂层以下为强、中、微风化砂砾岩层，强风化岩层岩体较破碎，中、微风化砂砾岩层岩体较完整，中风化岩层饱和单轴抗压强度标准值达到 8.8MPa，强度较高，场地范围内地层具有“上软下硬”的特点。

场地内的层③细砂、④粗砂、⑤砾砂层为承压含水层，与赣江连通，水量丰富，渗透性强，渗透系数约为 80m/d，水头埋深 8.60～11.40m。砂层下覆中风化砂砾岩层为相对隔水层。由于基坑开挖面已经进入承压含水层，不能满足承压水突涌稳定性要求，需采取隔水措施，以确保基坑工程安全。土层的主要物理力学指标如表 5-15 所示。

土层主要物理力学指标 **表 5-15**

土层	厚度（m）	黏聚力 c(kPa)	内摩擦角 φ(°)	标贯击数（击）
①$_1$ 填土	2.40～10.30	12	10	—
①$_2$ 杂填土		8	15	—
②粉质黏土	0.60～9.80	27	15	10
③细砂	0.70～6.30	0	30	10
④粗砂	0.90～7.00	0	32	17
⑤砾砂	1.30～10.80	0	35	21
⑥$_1$ 强风化砂砾岩	0.40～5.90	f_{rk}=1.2MPa		
⑥$_2$ 中风化砂砾岩	3.60～19.50	f_{rk}=8.8MPa		
⑥$_3$ 弱风化砂砾岩	未揭穿	f_{rk}=11.2MPa		

5.6.2 基坑支护设计概况

本工程 A1 区基坑周边围护体采用等厚度型钢水泥土搅拌墙，如图 5-71 所示，墙体厚度为 850mm，有效长度约 22m，水泥土搅拌墙内插 H700×300×13×24 型钢，型钢中心距 600mm，型钢与水泥土搅拌墙同深，皆嵌入到⑥$_2$ 层中风化砂砾岩，如图 5-72 所示。基坑竖向设置两道钢筋混凝土水平支撑体系，采用对撑、角撑结合边桁架的布置形式，如图 5-73 所示。

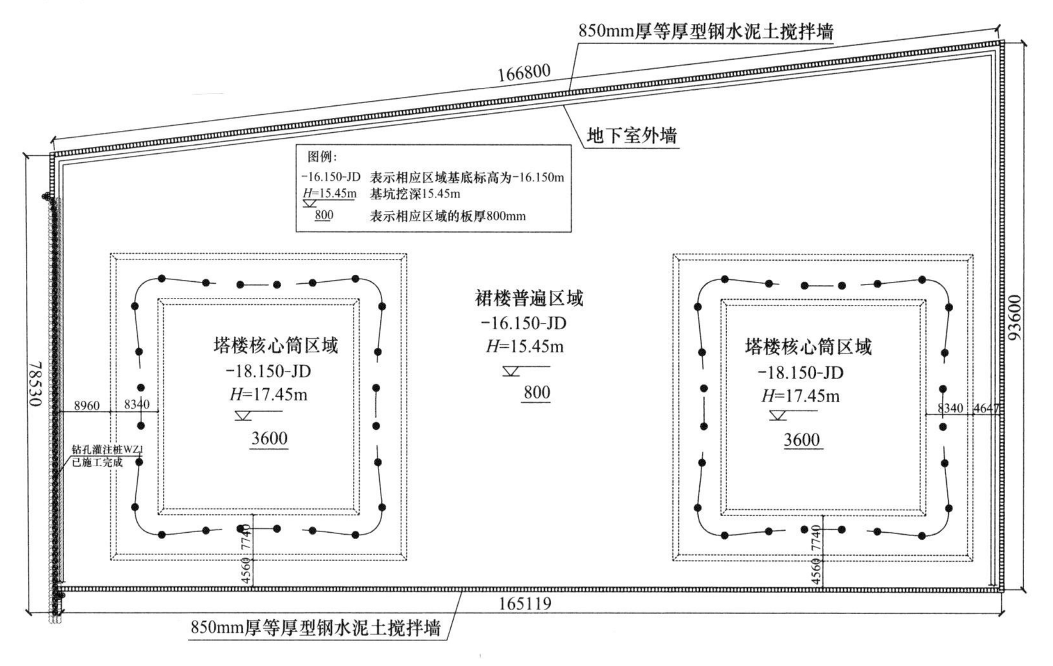

图 5-71 A1 区基坑围护体平面布置图

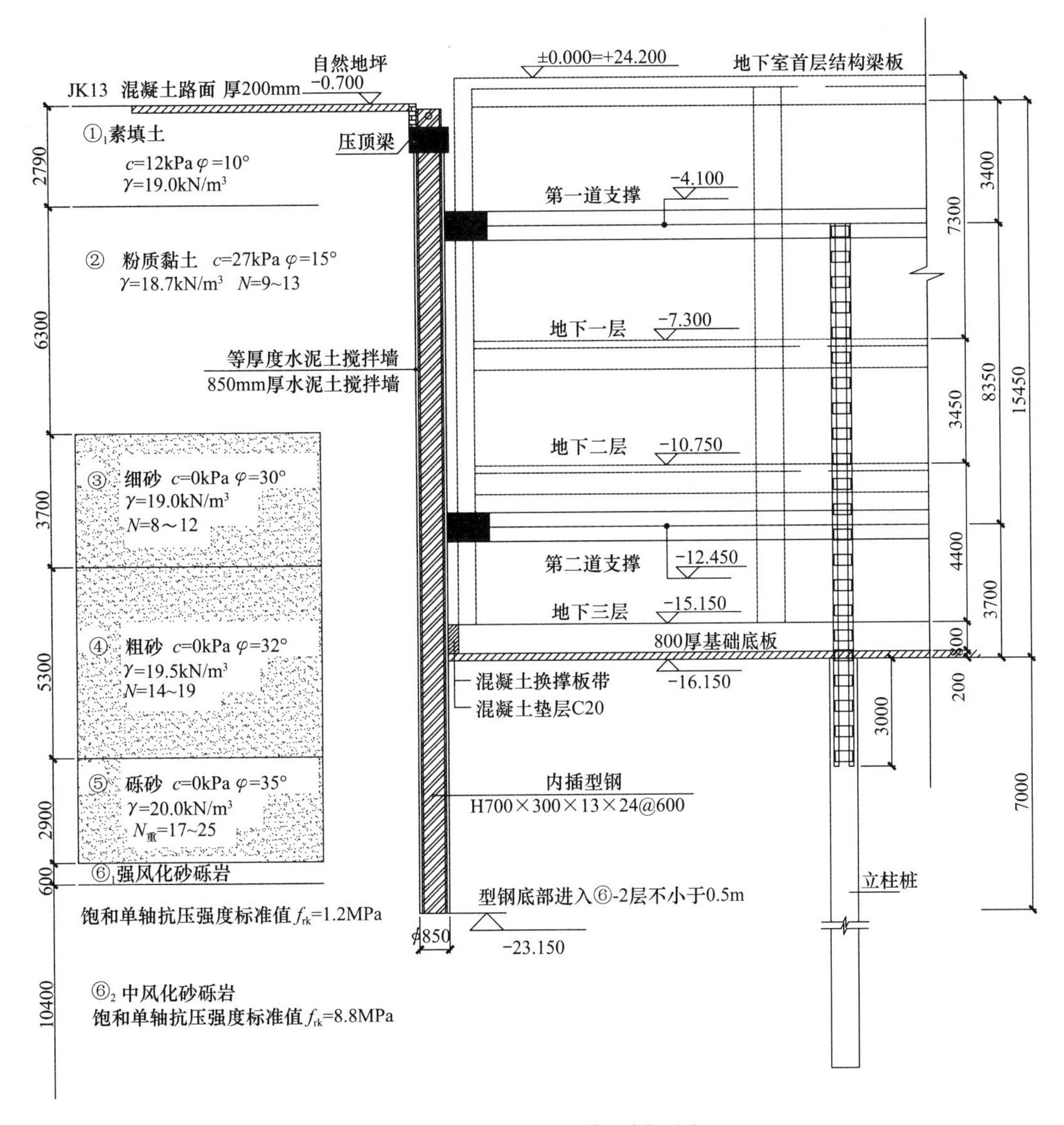

图 5-72　A1 区基坑典型剖面图

D 区在 A1 区基坑施工完成后实施，基坑周边围护体同样采用 850mm 厚的等厚度型钢水泥土搅拌墙，内插 H700×300×13×24 型钢，型钢中心距 600mm。水泥土搅拌墙有效长度约 22m，水泥土搅拌墙底与型钢底部同深，皆嵌入到$⑥_2$层中风化砂砾岩，以隔断地下水。考虑到 A1 区和 C 区基坑均已设置了隔水帷幕，因此在 D 区基坑隔水帷幕设计时在北侧考虑利用 A1 区和 C 区基坑已经施工的隔水帷幕，南侧、北侧和东侧新增等厚度水泥土搅拌墙隔水帷幕与西侧已有隔水帷幕连接，形成封闭的隔水体系，从而解决了 D 区及 A2 区基坑施工阶段的隔水帷幕。

考虑到 D 区基坑面积大，主楼工期紧张，而主楼又基本位于基坑中部，因此对 D 区采用了中心岛方案，如图 5-74、图 5-75 所示，即周边围护结构施工完毕后，在基坑周边首先留土放坡，基坑开挖至基底后首先进行中部结构施工，待中部结构施工至地下一层梁板后，在地下一层结构与围护结构压顶梁之间架设型钢支撑，进行周边留土开挖和结构施

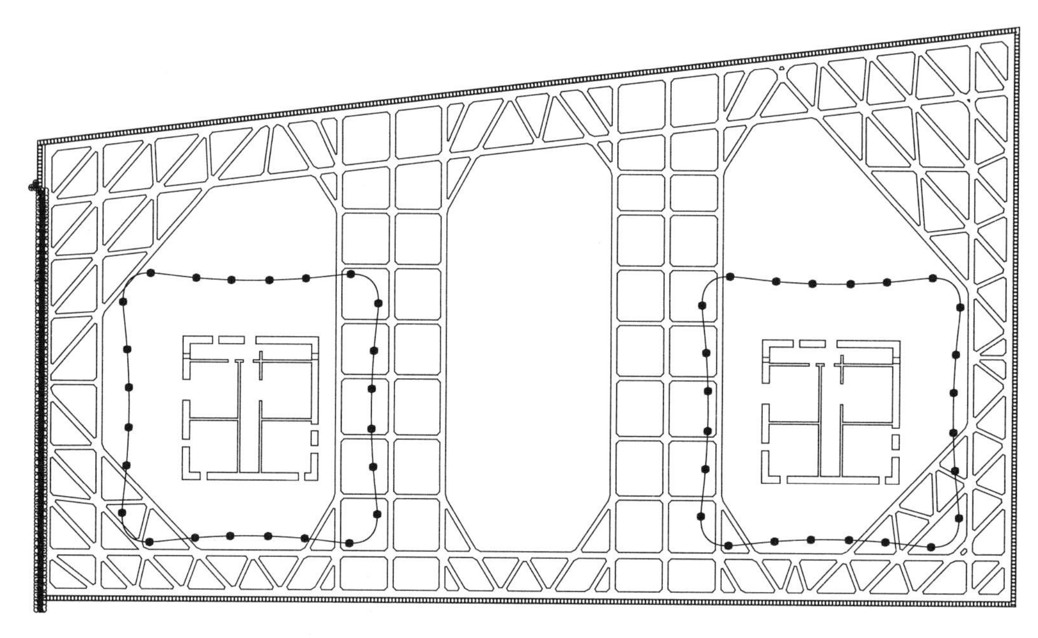

图 5-73　A1 区基坑支撑平面布置图

工。该方案不仅大大加快了主楼施工速度，且节省了工程造价。周边留土为了避让主楼区域，红谷大道侧留土范围有限，为了达到控制围护结构变形的目的，对红谷大道侧浅层另设一道预应力锚索，从而形成竖向的撑、锚相结合的支护结构形式，以控制围护变形及管线沉降。

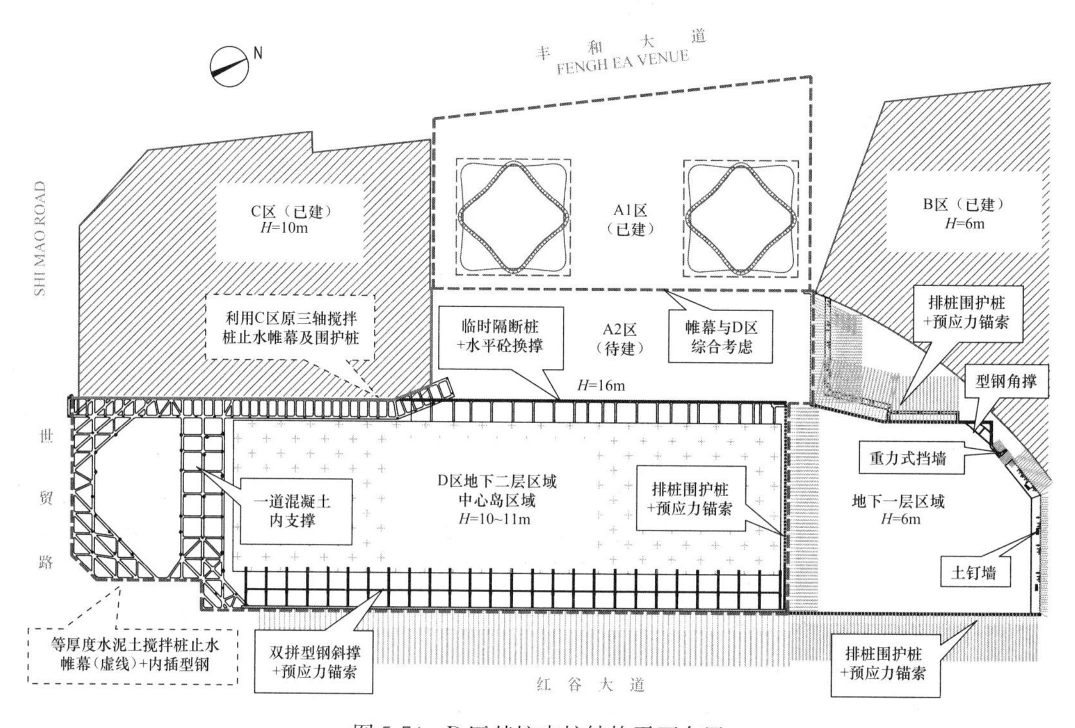

图 5-74　D 区基坑支护结构平面布置

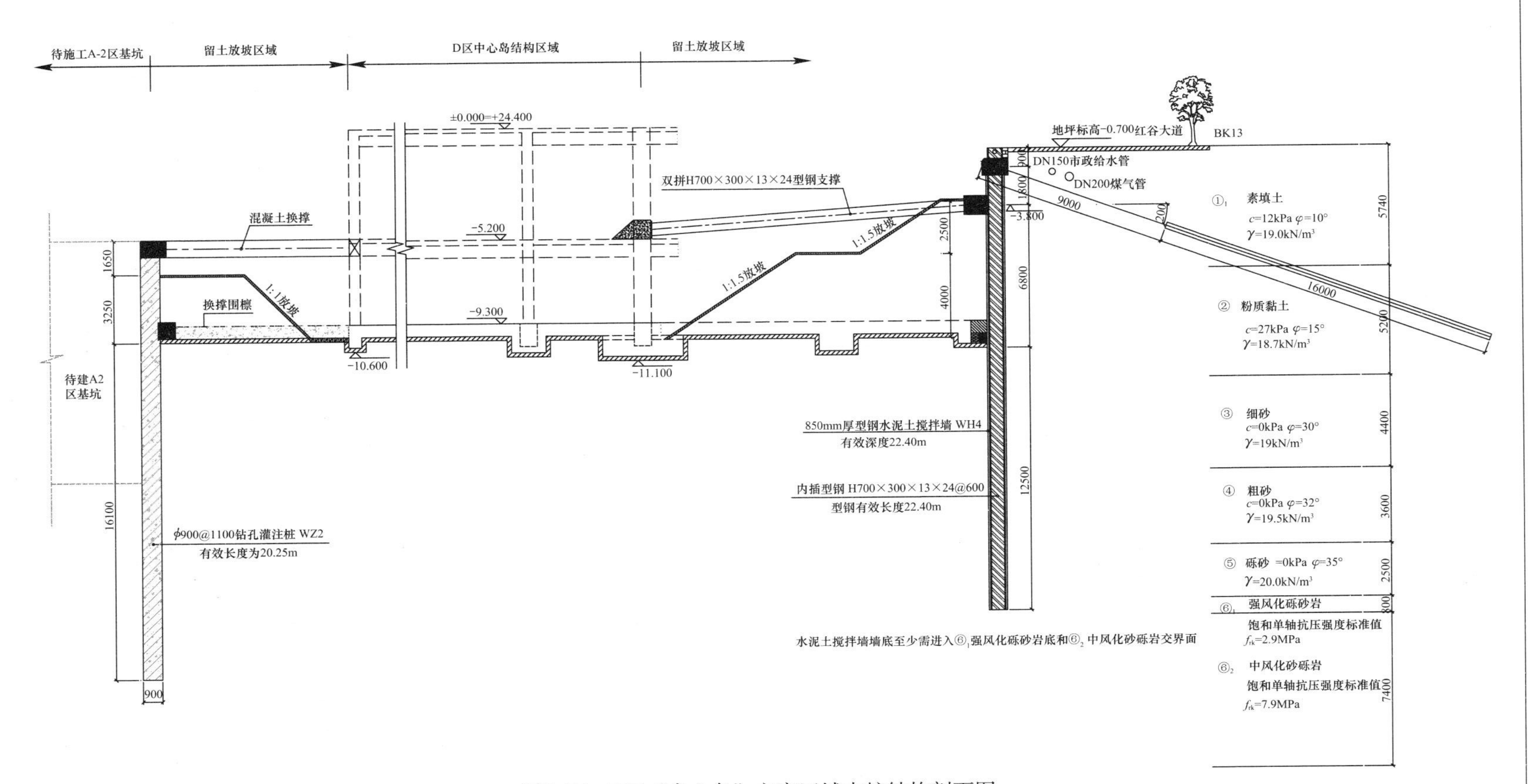

图5-75 D区“中心岛”方案区域支护结构剖面图

5.6.3 等厚度水泥土搅拌墙设计

本项目场地内的第③细砂、④粗砂、⑤砾砂层为承压含水层，与赣江连通，水量丰富，承压含水层下覆中风化砂砾岩层为相对隔水层。由于基坑开挖面已经进入承压含水层，不满足承压水突涌稳定性要求，为了确保基坑安全，防止降压对周边环境产生不利影响，需采用隔水帷幕嵌入基岩，隔断基坑内外承压水的水力联系。由于第⑤层砾砂下部卵砾石含量相对较高，卵石粒径一般为 2～5cm 左右；且隔水帷幕底端需进入的$⑥_1$强风化砂砾岩，其饱和单轴抗压强度标准值 $f_{rk}=1.2$MPa，根据当地的工程经验，在类似地层中采用常规的三轴水泥土搅拌桩设备钻进困难，即使采用预钻孔工艺嵌入岩层，也很难满足隔水要求，且工程造价较高，工效较低。因此，在该工程中引进了 TRD 工法等厚度水泥土搅拌墙作为隔水帷幕，并内插型钢形成复合围护结构，如图 5-76 所示。一方面充分利用了等厚度水泥土搅拌墙施工设备在软岩地层中隔水性能可靠、功效快的特点，另一方面内插型钢可拔出回收，其经济性较好。考虑到第$⑥_2$层中风化砂砾岩单轴饱和抗压强度达到 8.8MPa，水泥土搅拌墙墙底嵌入中风化岩层 0.5m，以满足隔水要求。

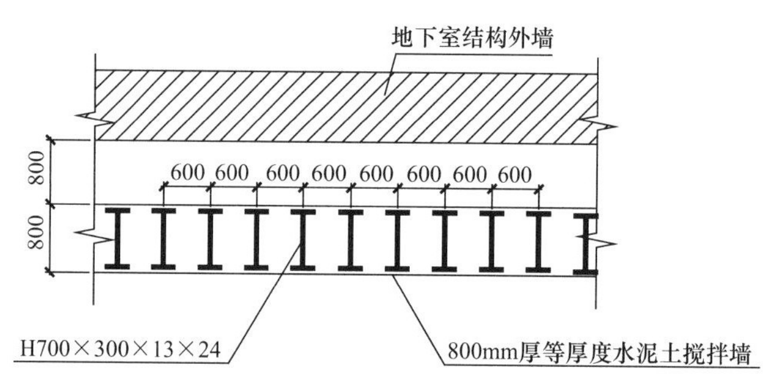

图 5-76 等厚型钢水泥土搅拌墙平面节点示意图

5.6.4 试成墙试验

本工程为 TRD 工法等厚度型钢水泥土搅拌墙在南昌地区的首次应用，由于项目场地水文地质条件复杂，正式施工之前进行了现场试成墙试验，以确定以下施工参数：等厚度水泥土搅拌墙采用三工序（即先行挖掘、回撤挖掘、成墙搅拌）挖掘成墙的推进速度、成墙时间；挖掘液膨润土掺量、固化液水泥掺量、水泥浆液水灰比等施工参数；检验等厚度水泥土搅拌墙成墙质量、水泥搅拌均匀性、胶结情况以及强度；切割箱导向垂直度、搅拌墙成墙的垂直度、插入型钢的垂直度；等厚度水泥土搅拌墙内插入型钢的难易程度，以及水泥土达到 28d 强度后型钢拔出的效果。

试验段墙幅长度为 6.5m，墙厚 850mm，墙深 22.75m。在试验墙段施工过程中插入两根型钢，检验型钢插拔的可行性。TRD 设备掘进过程中每立方米被搅土体掺入 100kg 的膨润土作为挖掘液。为确保喷浆量与 TRD 设备成墙速度相匹配，试验墙段实际水泥掺量为 27%，水灰比为 1.5。

在试验墙段施工过程中顺利插入了两个试验型钢。在试验墙段养护 28d 后，对试验墙段进行了钻孔取芯检测，并将试验型钢顺利拔出。取芯检测结果表明，芯样均匀性较好，强度较高，达到1MPa，水泥土与中风化岩层结合紧密，可以满足隔水要求。

本工程水泥土搅拌墙嵌入中风化岩层，通过试成墙试验确定切割箱嵌入岩层的判定方法：锯链式切割箱自行打入下沉速度达到0.012～0.015m/min（嵌入强风化岩层）；锯链式切割箱自行打入下沉速度达到0.003～0.006m/min（嵌入中风化岩层）；锯链式切割箱水平挖掘推进速度达到90min/m（嵌入中风化岩层）；对上返的挖掘液混合泥浆中带出的岩样进行识别；对照地层勘察剖面进行判别。

5.6.5　实施效果

本项目场地地层条件复杂，施工中通过严格控制挖掘液水灰比，使挖掘液混合泥浆保持合适的流动度，达到提高黏度，控制失水，减少固相分离，悬浮粗颗粒，确保挖掘、搅拌顺利，降低切削具磨耗的综合目的。挖掘液混合泥浆流动度控制在160～170mm；固化液混合泥浆流动度控制值在180～210mm。在砂砾、软岩中先行的挖掘时效为1.5h/m，在砂砾、软岩中先行挖掘时，先行挖掘效率0.4～0.7m/h，成墙搅拌效率3.5m/h，日成墙7.0～10.0m，置换土发生率约60%。

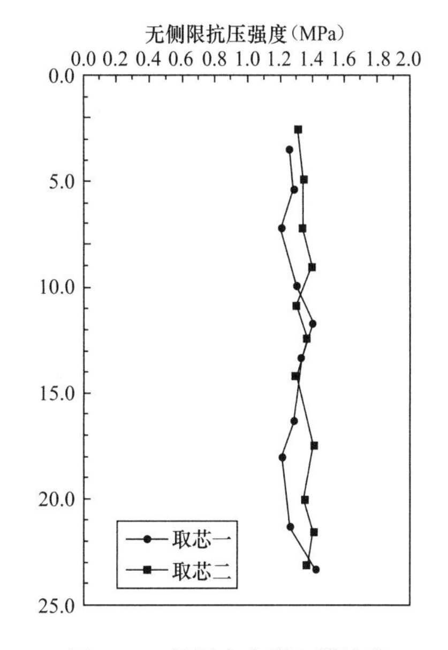

图5-77　等厚度水泥土搅拌墙28天无侧限抗压强度

型钢水泥土搅拌墙施工完毕且养护28d后对水泥土搅拌墙进行了取芯检测。试块28天强度相对稳定，满足设计要求，根据取芯检测结果，墙体在深度方向水泥搅拌均匀，芯样成形良好，胶结度较好，不同地层墙体强度差异较小，墙体钻孔取芯试块抗压强度在1.2～1.4MPa之间，如图5-77所示。

基坑开挖阶段从开挖暴露面观察，如图5-78、图5-79所示，型钢水泥土搅拌墙侧壁干燥，无渗漏水现象，且墙面平整、水泥土强度较高。基坑内疏干降水效果明显，坑外承压水位观测井无明显水位下降现象，说明等厚度水泥土搅拌墙墙身隔水效果良好，其与中风化岩层交界面结合较好，未出现渗漏现象。

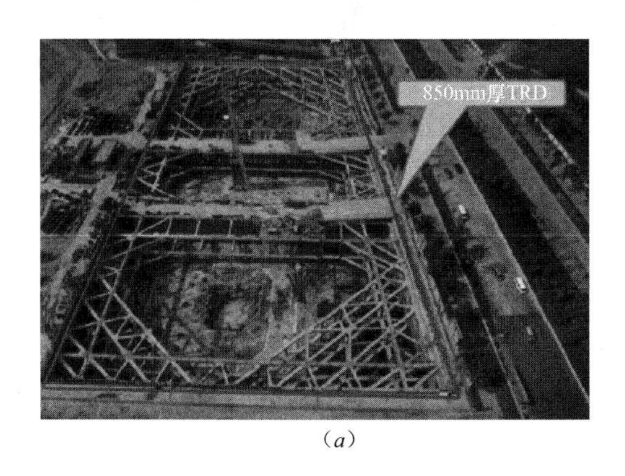

(a)

(b)

图5-78　A区基坑开挖现场照片

(a)

(b)

图 5-79　D 区基坑开挖现场照片

A 区基坑开挖至基础底板施工结束，等厚度型钢水泥土搅拌墙墙身测斜最大水平位移约为 5mm，坑外土体测斜最大水平位移约为 6mm。西侧丰和大道路面沉降监测点最大累积沉降量为 18.1mm，部分沉降可能是由施工车辆频繁通行引起，基坑周边市政管线最大沉降量约为 3.7mm。D 区基坑开挖至基础底板施工结束，“中心岛”区域等厚度型钢水泥土搅拌墙墙身测斜最大水平位移约为 22mm，局部内支撑区域测斜最大水平位移约为 19mm。“中心岛”区域东侧红谷大道侧市政管线最大水平位移约 9mm，最大沉降量约 6mm。

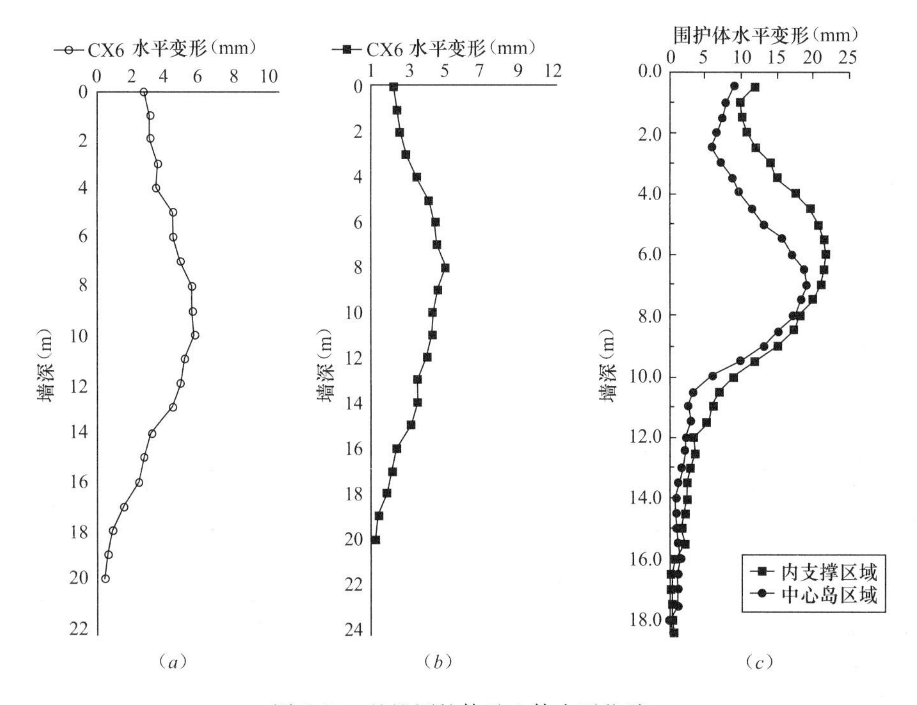

图 5-80　基坑围护体及土体水平位移

(a) A 区墙体水平位移；(b) A 区土体水平位移；(c) D 区墙体水平位移

参 考 文 献

[1] H. Akagi, Y. Kondo, T. Nakayama and H. Naoe. Cost Reduction of Diaphragm Wall Excavation Using Air Form and Case Record [P]. 15th ICEG Environmental Geotechnics, Thomas Telford, London, 2006, 685-692.

[2] F. Gularte, J. Barneich, J. Burton, E. Fordham, D. Watt, T. Johnson and J. Weeks. First Use of TRD Construction Technique for Soil Mix Cutoff Wall Construction in the United States [P]. GeoDenver, Denver, 2007, 12.

[3] T. Katsumi, M. Kamon, T. Inui and S. Araki. Hydraulic Barrier Performance of SBM Cut-Off Wall Constructed by the Trench Cutting and Re-Mixing Deep Wall Method [P]. GeoCongress 2008: Geotechinics of Waste Management and Remediation, Geotechnical Special Publication No. 177, New Orleans, 2008, 628-635.

[4] E. Garbin, J. Hussin and C. Kami. Earth Retention Using the TRD Method [P]. Earth Retention Conference (ER), Bellevue, Washington, 2010, 318-325.

[5] 王卫东，邸国恩，王向军. TRD工法构建的等厚度型钢水泥土搅拌墙支护工程实践. 建筑结构，2012，42 (5)：168-171.

[6] 王卫东，邸国恩. TRD工法等厚度水泥土搅拌墙技术与工程实践. 岩土工程学报，2012，34 (s)：628-634.

[7] 王卫东，常林越，谭轲. 超深TRD工法控制承压水的邻近地铁深基坑工程设计与实践. 建筑结构，2014，44 (17)：56-62.

[8] 王卫东，翁其平，陈永才. 56m深TRD工法搅拌墙在深厚承压含水层中的成墙试验研究. 岩土力学，2014，35 (11)：3247-3252.

[9] 王卫东，陈永才，吴国明. TRD水泥土搅拌墙施工环境影响分析及微变形控制措施. 岩土工程学报，2015，37 (s1)：1-5.

[10] 邸国恩，黄炳德，王卫东. 敏感环境深基坑工程TRD工法等厚度水泥土搅拌墙设计与实践. 岩土工程学报，2014，36 (s1)：25-30.

[11] 吴国明，章兆熊，谢兆良. 型钢等厚度水泥土搅拌墙施工技术在复杂地层、嵌岩深基坑工程中的开发应用. 岩土工程学报，2012，34 (s1)：393-397.

[12] 吴国明，章兆熊，谢兆良. TRD工法在上海国际金融中心56. 73m非原位成墙试验中的应用. 岩土工程学报，2013，35 (s2)：814-818.

[13] 李星，谢兆良，李进军，邸国恩. TRD工法及其在深基坑工程中的应用. 地下空间与工程学报，2011，7 (5)：945-950.

[14] 李星，谢兆良，许磊，袁海兵. 上海地区超深等厚度水泥土搅拌墙成墙试验研究. 建筑施工，2014，9 (36)：1031-1032.

[15] 李星，谢兆良，万星鹤. 超深等厚度水泥土搅拌墙在紧邻高架深大基坑工程中的应用. 施工技术，2014，43 (19)：39-41.

[16] 黄炳德. TRD工法等厚度型钢水泥土搅拌墙在上海深基坑工程中的应用. 土工基础，2014，3 (28)：62-66.

[17] 黄炳德，王卫东，邸国恩．上海软土地层中 TRD 水泥土搅拌墙强度检测与分析．土木工程学报，2015，48（s2）：1-5.
[18] 刘涛，褚立强，王建军，严福久，胡宝山．TRD 工法在复杂地层中的应用．建筑施工，2014，8（36）：903-904.
[19] 谈永卫．复杂环境下多种支护结构相结合的基坑工程设计与实践．岩土工程学报，2014，36（s1）：103-108.
[20] 魏祥，梁志荣，李博，朱作猛．TRD 水泥土搅拌墙在武汉地区深基坑工程中的应用 [J]．岩土工程学报，2014，36（s2）：222-226.
[21] 吴洁妹，张国磊．TRD 工法在软土地层深基坑工程中的几种应用形式．施工技术，2014，13（43）：23-26.
[22] 张鹏，吴阎松．一种新型地下连续墙施工设备 TRD-D 工法机．第四届深基础工程发展论坛，知识产权出版社，广州，2014：199-201.
[23] 董恒晟．超深等厚度水泥土地下连续墙作槽壁加固在邻近轨交区域施工应用．建筑施工，2014，4（36）：330-332.
[24] 陈永才．基坑支护新技术在敏感环境深大地下工程中的应用．岩土工程学报，2015，37（s2）：70-73.
[25] 谭轲，王卫东，邸国恩．TRD 工法型钢水泥土搅拌墙的承载变形性状分析．岩土工程学报，2015，37（s2）：191-196.
[26] 何平，徐中华，王卫东，李青．基于土体小应变本构模型的 TRD 工法成槽试验数值模拟．岩土力学，2015，36（s1）：597-601.
[27] 谢兆良，李星，叶锡东．TRD 工法等厚度水泥土搅拌墙技术在紧邻地铁深基坑工程中的应用．地下空间与工程学报，2015，11（s1）：
[28] 褚立强．深厚砂层及卵砾层中成槽的 TRD 工法挖掘液配置方法与应用．施工技术，2015，44（13）.
[29] 华东建筑设计研究院有限公司．超深等厚度水泥土搅拌墙技术（TRD 工法）与工程应用研究 [R]．上海，2014.
[30] 华东建筑设计研究院有限公司．沿江基坑工程深厚含水层隔水新技术研究 [R]．上海，2015.
[31] JGJ/T 303—2013．渠式切割水泥土连续墙技术规程 [S]．北京：中国建筑工业出版社，2013.
[32] 铃木健夫，国藤祚光．ソイルセメント地中连续壁の材料特性に关する基础实验 [J]．土と基础，1994，42（3）：19-24.
[33] 王健．H 型钢-水泥土组合结构试验研究及 SMW 工法的设计理论与设计方法 [D]．上海：同济大学，1998.
[34] 顾士坦，赵同彬．SMW 工法型钢-水泥土组合梁抗弯性能分析 [J]．岩土力学，2007，28（s1）：673-376.
[35] 郑刚，张华．型钢水泥土复合梁中型钢-水泥土相互作用试验研究 [J]．岩土力学，2007，28（5）：939-944.
[36] 郑刚，陈辉．型钢水泥土组合梁抗弯模型试验的有限元分析 [J]．建筑科学，2003，19（4）：39-42.
[37] 郑刚，李志伟，刘畅．型钢水泥土组合梁抗弯性能试验研究 [J]．岩土工程学报，2011，33（3）：332-440.
[38] 陈辉．SMW 工法中型钢-水泥土共同作用的研究 [J]．建筑科学，2007，23（7）：78-80.
[39] 王卫东，王建华．深基坑支护结构与主体结构相结合的设计、分析与实例 [M]．北京：中国建筑工业出版社，2007.
[40] 博弈创作室编．APDL 参数化有限元分析技术及其应用实例 [M]．北京：中国水利水电出版社，

2004.

[41] JGJ/T 199—2010. 型钢水泥土搅拌墙技术规程 [S]. 北京：中国建筑工业出版社，2010.

[42] GB/T 11263—2010. 热轧 H 型钢和剖分 T 型钢 [S]. 北京：中国标准出版社，2010.

[43] YB 3301—2005. 焊接 H 型钢 [S]. 北京：中华人民共和国国家发展和改革委员会，2005.

[44] GB 50661—2011. 钢结构焊接技术规程 [S]. 北京：中国建筑工业出版社，2011.

[45] 上海中测行工程检测咨询有限公司. 虹桥商务区（一期）08 地块 D13 街坊 TRD 工法等厚度水泥土搅拌墙止水帷幕取芯检测报告 [R]. 上海，2013.

[46] 上海新地海洋工程技术有限公司. 上海白玉兰广场水泥土搅拌墙钻孔取芯检测报告 [R]. 上海，2014.

[47] 上海中测行工程检测咨询有限公司. 上海奉贤中小企业总部大厦水泥土搅拌墙检测报告 [R]. 上海，2012.

[48] 上海岩土工程勘察设计研究院有限公司. 上海国际金融中心 TRD 水泥土搅拌墙检测报告 [R]. 上海，2014.

[49] 上海同丰工程咨询有限公司. 上海新江湾 23 街坊 23-1、23-2 地块商办项目水泥土芯样检测报告 [R]. 上海，2013.

[50] 上海同纳建设工程质量检测有限公司. 上海市轨道交通 10 号线海伦路地块综合开发项目水泥土芯样检测报告 [R]. 上海，2013.

[51] 天津市勘察院. 天津中钢响螺湾岩土工程检测报告 [R]. 天津，2010.

[52] 中国科学院武汉岩土力学研究所. 湖北武汉长江航运中心大厦 TRD 墙体质量检测报告 [R]. 武汉，2013.

[53] 南京东大岩土工程技术有限公司. 江苏南京河西生态公园水泥土搅拌墙钻孔取芯检测报告 [R]. 南京，2014.

[54] 南昌市建筑工程质量检测中心. 绿地中央广场 A 区成墙取芯检测报告 [R]. 南昌，2011.

[55] 上海地矿工程勘察有限公司. 淮安雨润中央新天地基坑止水帷幕水泥土搅拌墙（TRD 工法）取芯检测报告 [R]. 上海，2011.

[56] 苏州市建设工程质量检测中心有限公司. 苏州国际财富广场 TRD 水泥土搅拌墙钻孔取芯检测报告 [R]. 苏州，2012.